移动应用系列丛书

移动互联网技术实用教程

印润远　王传东　李　斌　编著

中国铁道出版社有限公司
CHINA RAILWAY PUBLISHING HOUSE CO., LTD.

内 容 简 介

本书围绕移动互联网技术、物联网技术及电子商务技术方向展开编写，详细介绍了移动互联网技术原理，并从理论与实践相结合的思想出发，编写了移动互联网技术实训指导部分，帮助学习者更好地掌握移动互联网技术原理。

全书共分两大部分，第1～7章是第一部分，第8章是第二部分。第一部分论述移动互联网技术、物联网技术及电子商务技术原理，包括移动互联网基本概念、移动终端、移动操作系统、物联网技术基本概念、感知技术、智能技术以及电子商务技术等内容；第二部分为移动互联网实训指导，包括无线网络的接入、无线网络互联和访问Internet、无线路由器的桥接和MAC地址过滤、建立Arduino IDE开发环境、PWM调光与流水灯实验、Android蓝牙助手控制点亮LED灯、交通灯交互设计实验、温度计设计实验和Arduino Wi-Fi通信等实验内容。

本书适合作为高职高专院校各专业学生"移动互联网技术"通识课程的教材，亦可作为移动互联网技术爱好者的阅读材料。

图书在版编目（CIP）数据

移动互联网技术实用教程/印润远，王传东，李斌编著．—北京：中国铁道出版社，2019.2（2021.3重印）
（移动应用系列丛书）
ISBN 978-7-113-25411-7

Ⅰ.①移… Ⅱ.①印… ②王… ③李… Ⅲ.①移动通信-互联网络-教材 Ⅳ.①TN929.5

中国版本图书馆CIP数据核字(2019)第023734号

书　　　名：**移动互联网技术实用教程**

作　　　者：印润远　王传东　李　斌

策　　　划：祝和谊　　　　　　　　　编辑部电话：(010) 63549508

责任编辑：陆慧萍　鲍　闻

封面设计：乔　楚

责任校对：张玉华

责任印制：樊启鹏

出版发行：中国铁道出版社有限公司（100054，北京市西城区右安门西街8号）

网　　　址：http://www.tdpress.com/51eds/

印　　　刷：国铁印务有限公司

版　　　次：2019年2月第1版　2021年3月第4次印刷

开　　　本：787 mm×1 092 mm　1/16　印张：18　字数：422 千

书　　　号：ISBN 978-7-113-25411-7

定　　　价：48.00 元

前　言
PREFACE

移动互联网体现了"无处不在的网络、无所不能的业务"的思想，它所改变的不仅是接入手段，也不仅是对桌面互联网的简单复制，而是一种新的能力、新的思想和新的模式，并将不断催生出新的业务形态、商业模式和产业形态。

目前，移动互联网正在改变着人们的生活、学习和工作方式，移动互联网使人们可以通过随身携带的移动终端（智能手机、PDA、平板电脑等）随时随地乃至在移动过程中获取互联网服务。

移动互联网具有开放性、互动性、大数据三个明显特性，并由三个要素组成：一是无线资源，二是智能手机，三是基于云计算的大数据平台。正是这三大要素支撑起了移动互联网的繁荣，打车、代驾、家政服务等基于人、基于位置、基于明确需求的各类服务应用层出不穷。移动互联网业务最基本的形态是基于云计算的大数据平台以及基于客户端的大数据产品。

中国移动互联网正在驶入快速发展的轨道，这不仅体现在用户规模的持续快速增长，也体现在移动互联网产品和应用服务类型的不断丰富上。随着移动互联网时代的到来，各行各业都面临着挑战，企业转型以适应移动互联网时代是必然的发展趋势。

许多学生虽然能较熟练地使用移动终端进行"网购、网游、网聊"，但对于移动互联网技术知识知之甚少，对于各行业与移动互联网技术密切相关的发展趋势鲜有了解。为提升学生现代信息素养，适应产业转型升级和学生生涯可持续发展，本书是围绕移动互联网技术、物联网技术及电子商务技术方向展开的，目标是要培养学生掌握"云技术、物联网、大数据、智能技术"时代的理念及思维和基本技术技能。

本书对于移动互联网技术原理进行了详细的介绍，并从理论与实践相结合的指导思想出发，编制了移动互联网技术的实训指导，帮助学习者更好地掌握移动互联网技术原理。全书共分两大部分，第 1～7 章是第一部分，第 8 章是第二部分。第一部分论述移动互联网技术、物联网技术及电子商务技术原理，包括移动互联网基本概念、移动终端、移动操作系统、物联网技术基本概念、感知技术、智能技术以及电子商务技术等内容；第二部分为移动互联网实训指导，包括无线网络的接入、无线网络互联和访问 Internet、无线路由器的桥接和 MAC 地址过滤、建立 Arduino IDE 开发环境、PWM 调光与流水灯实验、Android 蓝牙助手控制点亮 LED 灯、交通灯交互设计实验、温度计设计实验和 Arduino Wi-Fi 通信等实验内容。

上海思博职业技术学院领导顺应互联网技术发展趋势，率先提出在全校各专业学生中开展移动互联网技术通识课程的实践教学，于 2016 年开始将其列入各专业的人才培养方案，本书是在前阶段移动互联网技术通识课程实践教学的基础上整理编写而成的。

本书适合作为高职高专院校各专业学生"移动互联网技术"通识课程的教材，亦可作为移动互联网技术爱好者的阅读材料。

本书提供教学用电子教案，读者可到中国铁道出版社网站 www.tdpress.com/51eds/ 免费下载。

感谢中国铁道出版社为本书的出版和发行给予的支持，感谢上海思博职业技术学院皋玉蒂校长、张学龙副校长对于本书编写提出的指导意见，也感谢给予我们支持的朋友、同仁和学生们。

由于编写时间仓促，书中疏漏和不当之处在所难免，欢迎广大教师、同行、专家以及各位读者批评指正。

编　者

2018 年 10 月

目 录
CONTENTS

第 一 部 分

第1章 移动互联网基本概念

移动互联网是当前信息技术领域的热门话题之一，它将移动通信和互联网这两个发展最快、创新最活跃的领域连接在一起，并凭借数十亿的用户规模，正在开辟信息通信业发展的新时代。据中国互联网络信息中心（CNNIC）2018 年发布的《第 42 次中国互联网络发展状况统计报告》，截至 2018 年 6 月，我国网民规模达 8.02 亿人，手机网民保持良好的增长态势，规模达到 7.88 亿人，较 2017 年末增长 4.7%。2018 年中国网民中使用手机上网的比例高达 98.3%，远高于使用其他设备上网的网民比例。移动互联网领域由于其巨大的潜在商用价值深为业界所看重。

移动互联网体现了"无处不在的网络、无所不能的业务"的思想，它所改变的不仅是接入手段，也不仅是对桌面互联网的简单复制，而是一种新的能力、新的思想和新的模式，并将不断催生出新的业务形态、商业模式和产业形态。

目前，移动互联网正在改变着人们的生活、学习和工作方式，移动互联网使人们可以通过随身携带的移动终端（智能手机、PDA、平板电脑等）随时随地乃至在移动过程中获取互联网服务。

1.1　移动互联网简介

目前，移动互联网已成为学术界和业界共同关注的热点，对其的定义可谓众说纷纭。移动互联网是基于移动通信技术、广域网、局域网及各种移动信息终端按照一定的通信协议组成的互联网络。广义上指的是手持移动终端通过各种无线网络进行通信，与互联网结合就产生了移动互联网。简单说，能让用户在移动中通过移动设备（如手机、平板电脑等移动终端）随时、随地访问 Internet、获取信息，进行商务、娱乐等各种网络服务，就是典型的移动互联网。

1.1.1　移动互联网的定义

（1）中国工业和信息化部电信研究院在 2011 年的《移动互联网白皮书》中提出：移动互联网（Mobinet）是以移动网络作为接入网络的互联网及服务，它包括移动终端、移动网络和应用服务三大要素。

（2）维基百科的定义：移动互联网是指使用移动无线 Modem，或者整合在手机或独立设备（如 USB Modem 和 PCMCIA 卡等）上的无线 Modem 接入互联网。

（3）WAP 论坛的定义：移动互联网是指用户能够依托手机、PDA 或其他手持终端通过各种无线网络进行数据交换。

由以上这些定义可以看出，移动互联网包含两个层面。从技术层面的定义是：以宽带 IP 为技术核心，可以同时提供语音、数据、多媒体等业务的开放式基础电信网络；从终端层面的定义是：用户使用手机、上网本、笔记本电脑、平板电脑、智能本等移动终端，通过移动网络获取移动通信网络服务和互联网服务。

移动互联网包括网络、终端和应用三个基本要素。在网络方面，移动互联网和传统互联网最大的区别在于运营商非常强势，手中完全掌握了用户的基本信息。至于终端形态，目前移动互联网的应用平台主要有 Apple 推出的 iPhone iOS 和 Google 推出的 Android 系统，由此推出的服务模式为 Apple + App Store 和 Google + Android Market，此外，还有 Microsoft 的 Windows Mobile 和其他一些系统。

移动互联网是建立在移动通信网络基础上的互联网，显而易见，没有互联网就不可能有移动互联网。从本质和内涵来看，移动互联网继承了互联网的核心理念和价值，例如体验经济、草根文化、长尾理论等。它与传统互联网最大的区别在于运营商的控制力，在传统互联网中互联网服务提供商（Internet Service Provider，ISP）对用户的控制力很弱，用户可以通过多种手段接入互联网获得基本相同的服务，ISP 基本不掌握用户信息。此外，移动互联网实质上推动了互联网技术的发展。比如，IPv6 标准虽然制定了多年，但实际实施过程一直非常缓慢，移动互联网用户数量的大大增加，特别是"永远在线"功能要消耗大量的 IP 地址，将会极大地推动 IPv6 的发展及相关应用。移动用户最大的特点是位置在不断变化，因此，移动互联网对移动 IP 有很高的需求。在新兴技术中对移动互联网影响最大的就是基于无线技术的 M2M 技术。物联网的英文名字是 Internet of Things，可以稍加改造升级为：Mobile Internet of Things。物联网的接入技术在很大程度上要依赖无线技术，所以移动物联网也是移动互联网的一个非常重要的分支。

移动互联网的第二个要素是终端，终端是移动互联网的前提和基础。随着移动终端技术的不断发展，移动终端逐渐具备了较强的计算、存储和处理能力以及触摸屏、定位、视频摄像头等功能组件，拥有了智能操作系统和开放的软件平台。对传统的互联网来说，终端不是一个瓶颈性的问题，但对移动网络来说，由于受到电源和体积的限制，终端的功能和性能是实现各种业务的关键因素，终端的每个层面都至关重要。首先是终端形态，未来的移动互联网绝对不仅是为了支持现在意义上的手机，各种电子书、平板电脑等都是移动互联网的终端类型。其次是物理特性，如 CPU 类型、处理能力、电池容量、屏幕大小等。另外，附加的各种硬件功能对实现各种业务也具有非常关键的影响。再次是操作系统，不同的操作系统各有特色，相互之间的软件一般来说也不兼容，给业务开发带来了很大的麻烦。

移动互联网的第三个要素是应用及其平台，这是移动互联网的核心。移动互联网服务不同于传统的互联网服务，具有移动性、智能化、个性化、商业化等特征，用户可以随时随地获得移动互联网服务。这些服务可以根据用户位置、兴趣偏好、需求和环境进行定制。随着4G 时代的普及，移动互联网的应用也越来越丰富。

1.1.2　移动互联网的特点

相对于传统的桌面互联网，移动互联网拓展了更广阔的应用创新空间和更灵活多样的商业模式，因而具有更大的市场潜力。随着传输和计算瓶颈的打破，在消费者对于"决策和行动自由"的本能驱使下，大部分传统桌面互联网的业务和模式都将向移动互联网转移。

移动互联网继承了桌面互联网开放协作的特征，又继承了移动网的实时性、隐私性、便携性、准确性、可定位等特点。

移动互联网业务的特点不仅体现在移动性上，可以"随时、随地、随心"地享受互联网业务带来的便捷，还表现在更丰富的业务种类、个性化的服务和更高服务质量的保证。总体来讲，移动互联网业务发展具有以下特点。

（1）精准化。包括用户身份精准、用户行为记录精准以及用户位置精准，在这三个精准的条件下，移动互联网相对桌面互联网就具备了可管理、可支付以及可精准营销的优势。例如，近场支付、位置类服务都是在这个前提下发展起来的。

（2）泛在化。包括终端形式泛在化、网络类型泛在化和用户行为泛在化。终端的突破性发展是实现移动互联网爆发的重要前提，也是继续推动其深入发展的基本力量。网络的泛在化对运营商提出了更高的要求，蜂窝网、WLAN甚至物联网的有机协调统一是网络运营商还没有解决好的难题，而管道经营将是运营商所必须解决的一大核心问题。用户在移动互联网时代几乎 7×24 小时在线，并且，随着移动互联网和现实生活越来越紧密地连接，娱乐、办公、购物、社交都会通过移动互联网解决，移动互联网将成为社会生活的重要载体。

（3）社交化。现在的很多行业，如过去讲的互联网的媒体、电子商务，都会跟社交有联系。社交算是一个成熟的产业了，随着人人网的上市，已经证明了社交模式的发展方向是正确的，但是随着移动互联网的推广以及社交与移动应用的完美结合，社交这个产品领域还是存在很大的发展潜力的。移动应用的最大特点是随身性和熟人社交，对于手机而言，所有社交活动的第一入口是通讯录，这就意味着用户需要和自己熟知的人进行交流，获取信息。社交化决定了移动互联网的业务与现实生活更紧密、更具即时性，竞争者更易形成先发优势，并且用户会更加活跃。近年来移动互联网迎来高速发展期，而未来移动互联网社交化则是全球趋势。

当然，在终端和网络方面，移动互联网也受到了一定的限制。其特点概括起来主要包括以下四个方面。

（1）终端移动性。移动互联网业务使得用户可以在移动状态下接入和使用互联网服务，移动的终端便于用户随身携带和随时使用。

（2）业务与终端、网络的强关联性。由于移动互联网业务受到了网络及终端能力的限制，因而其业务内容和形式也需要适合特定的网络技术规格和终端类型。

（3）业务使用的私密性。在使用移动互联网业务时，所使用的内容和服务更私密，如手机支付业务等。

（4）终端和网络的局限性。移动互联网业务在便携的同时，也受到了来自网络能力和终端能力的限制。在网络能力方面，受到无线网络传输环境、技术能力等因素的限制；在终端能力方面，受到终端大小、处理能力、电池容量等因素的限制。

1.1.3 移动互联网的发展现状及趋势

1. 我国移动互联网发展现状

移动互联网具有开放性、互动性、大数据三个明显特性，并由三个要素组成：一是无线资源，必须有足够的网络资源，才能促进互联网的发展；二是智能手机，没有智能手机，靠桌面电脑、非智能终端难以承载移动互联网时代的相关应用；三是基于云计算的大数据平台。正是这三大要素支撑起了移动互联网的繁荣，打车、代驾、家政服务等基于人、基于位置、基于明确需求的各类服务应用层出不穷。移动互联网业务最基本的形态是基于云计算的大数据平台以及基于客户端的大数据产品。

中国移动互联网正在步入快速发展轨道，这不仅体现在用户规模持续地快速增长，也体现在移动互联网产品和应用服务类型的不断丰富上。随着移动互联时代的到来，运营商、金融业、服务业，甚至工业、企业都将面临着挑战，企业转型升级刻不容缓、迫在眉睫。

（1）用户快速增长，渗透率快速提高

随着移动互联网产业的不断扩张，市场开始出现爆发式增长。移动通信技术的高速发展和通信终端的智能化，使得手机上网的便捷性优势逐渐得到显现。正如微软副总裁、技术战略专家 Eric Rudder 所言："大多数人的初次互联网体验将从手机开始。"手机正成为人们接触网络的最重要渠道之一。

（2）已形成完整的产业链

用户需求是市场的主宰力量，用户在使用移动互联网的同时会对该产业链上的其他地方产生巨大影响。用户需求的持续提高是移动互联网不断发展的动力源泉。

移动终端是用户接入互联网所需要的基础平台。移动互联网要求终端需要具有强大的处理能力、足够的储存空间、大屏幕以及长时间待机的能力。自从苹果公司发布 iPhone，三星、华为等手机厂商纷纷发布基于 Android 平台的手机以来，智能手机逐渐取代传统功能的手机，成为移动终端的首选。随着平板电脑的问世，移动终端的种类得以完善，手机屏幕过小的缺点得以克服。

我国的电信网络运营商为中国移动、中国联通、中国电信。三大运营商是移动通信网络和平台的提供者，负责基础网络设施建设、移动互联平台多方融合、信息传输、信息安全监管等任务，在整个移动互联网产业链中一直处于主导地位。随着移动互联网商业模式的创新和发展，运营商的主导地位将逐渐向终端商、内容和服务提供商转移。

（3）商业模式不清晰

"终端+应用"成为产业链上各参与方比较认可的一种运营模式，主要包括付费下载和"免费+广告"两种。由于中国消费者在互联网时代形成的消费理念与免费习惯，导致在欧美发达国家以下载收费或应用收费为主要盈利模式在中国本土化的进程中却遭遇到了尴尬。在这种背景下，移动应用免费下载+广告植入模式，就成为解决商业模式的利器。移动广告会在未来两年进入井喷阶段，并对传统互联网形成强有力的冲击。当然，移动广告面临很多挑战：表现形式还需要不断创新；优质媒体数量不够；核心价值不清晰；没有盈利；广告平台同质化严重。

（4）移动互联网网民手机上网更加理性化、多元化

随着用户结构的变化以及各种移动终端的快速发展，中国手机上网用户使用移动互联网的日均上网时长有所下降，网民手机上网更加理性化和多元化。目前，苹果的 iPhone 浪潮席卷全球，带来了手机终端的一次变革，谷歌推出 Android 系统与之共舞，共同推进了手机终端功能上的改进和提升，从而在一定程度上影响着用户行为。

2. 我国移动互联网发展前景

工信部发布的《移动互联网白皮书》中指出："移动互联网的发展速度已经远远超越摩尔定律，迭代周期从18个月缩减到6个月。"在移动互联网时代，移动智能终端飞速发展，各类应用层出不穷。整个产业硬件、软件、应用、流量都以惊人的速度增长。随着移动互联网的深化发展，产业链形态初显。

（1）政策方面：扶持政策为行业发展保驾护航

国家出台了一系列产业扶持政策，对移动互联网的发展提供了强有力的政策支撑。《国民经济和社会发展第十二个五年规划纲要》指出："统筹布局新一代移动通信网、下一代互联网，引导建设宽带无线城市，要以广电和电信业务双向进入为重点，实现电信网、广电网、互联网三网融合，促进网络互联互通和业务融合。"

（2）市场方面：市场仍将保持快速增长趋势

网络通信时代互联网以及手机等移动终端已深刻改变了人们的生活方式，对移动互联网访问的需求日趋增长，庞大的市场空间和成长前景成为移动互联网发展的客观基石。

从2004年开始到2018年6月，我国移动互联网用户从350万人增长到7.88亿人，人们使用手机等移动终端看新闻、看天气预报、登录社交网络、搜索信息和看地图，特别是微信、微博等正在产生着惊人的速度和影响力，移动互联网市场呈现快速发展，行业竞争全面展开。移动互联网人群正向主流与高端渗透，规模将进一步加大。同时，移动互联网的应用从娱乐主导向消费和电子商务转移，内容也呈现着自创化趋势。整个移动互联网市场前景可观。

（3）产业结构方面：三网融合打破产业边界，促进行业竞争

电信网、互联网和广电网的三网融合，通信的传媒属性得到进一步体现，快捷的通信技术也进入传媒领域，通信和传媒的特点将有效地结合并共同推动移动互联网产业的发展。

三网融合将加剧市场发展的不确定性和竞争性，加速产业边界的消失。电信运营商、有线电视网经营者、应用开发商、内容提供商、互联网企业甚至终端厂商角色可以互相转换，纷纷参与到大市场竞争中，一些实力强大的服务提供商和应用开发已经开始利用各种数据通道直接为用户提供应用和服务，甚至直接拥有客户。三网融合背景下，任何一家企业不会在产业链上的某一个环节上独大，也不可能覆盖产业链的所有环节，这为企业的业务转型、核心能力的培养以及行业服务水平的提升，带来了广阔的发展空间。

（4）技术方面：新通信技术标准、智能终端、云计算的不断创新及应用

3G网络的进一步普及和4G网络建设的推进，在新兴通信技术的不断推动之下，随着数据通信与多媒体数据业务的需求发展，第四代通信技术开始兴起。4G通信网络已经得到广泛的应用，中国的5G网络建设也已经如火如荼地开展起来。

终端的支持是互联网业务推广的生命线，随着终端制造技术的提升和手机操作系统的多样化，未来智能手机出货量和普及率将逐步提高，智能移动终端的解决方案也不断增多，智能手机终端将成为最大市场。移动终端呈现出高带宽、多用途、互联化的趋势，数据业务将逐渐占据主导地位。主流智能终端平台发展呈现"终端+服务"，智能终端的研发将向4C［即计算（Computer）、通信（Communication）、消费电子（Consume Electronics）、内容（Contents）］融合化、多样化方向发展。此外，终端厂商将带动市场进一步细分和深化，传统终端/系统设备厂商、手机制造商、解决方案提供商也将通过终端整合相关应用及业务，不断加速智能手

机的中低端化趋势，带动产业链变迁，促进 4G 和移动互联网市场总体发展。

此外，云计算在移动互联网中逐步展开应用，作为移动互联网中比较新的应用，云计算能够在有效提升数据处理能力的同时有效降低带宽成本。各种云技术、云方案陆续出台，无论是早期亚马逊的 Cloud Drive，2011 年苹果公司推出的 iCloud，还是微软推出的 System Center 系统等，各大互联网企业正加紧构建自己的云服务平台。云计算可以承载大量应用的计算和数据存储，为移动互联网发展提供了强大的后台支撑，推动移动互联网纵深发展。

（5）商业模式方面：多元商业模式成为移动互联网发展的必然趋势

尽管移动互联网商业模式近年来不断创新，但总体来看依然不成熟。由于手机屏幕较小和用户使用移动互联网时间碎片化的限制，目前移动互联网企业还无法完全移植 PC 互联网上的广告类盈利模式。随着移动通信技术的发展，以及产业链的相关各方对移动互联网产业认识的深入，多元商业模式成为移动互联网发展的必然趋势。新的商业模式将满足人们自我实现、全业务服务的需求，SP 合作策略从封闭、半封闭向开放式模式演进，开放、创新、融合、聚焦新媒体渠道的生态链合作模式成为主流趋势，Freemium 成为基本盈利模式。

对比互联网和移动互联网的发展历程，可以发现今天移动互联网的发展趋势跟十年前的互联网非常类似，而过去十年是互联网爆发式增长的十年，HCR（慧聪研究）认为，移动互联网的发展是对互联网的一脉相承，拥有广阔的发展空间，未来将维持快速增长的趋势。

1.2　移动互联网体系结构

1.2.1　移动互联网架构

移动互联网是互联网的技术、平台、商业模式和应用与移动通信技术结合及实践活动的总称，包括移动终端、移动网络和应用服务三个要素。下面从业务体系和技术体系方面来介绍移动互联网的架构。

1. 移动互联网的业务体系

目前来说，移动互联网的业务体系主要包括三大类，如图 1.1 所示。

（1）桌面互联网的业务向移动终端的复制，从而实现移动互联网与固定互联网相似的业务体验，这是移动互联网业务的基础。

（2）移动通信业务的互联网化。

（3）结合移动通信与互联网功能而进行的有别于固定互联网的业务创新，这是移动互联网业务的发展方向。移动互联网的业务创新关键是如何将移动通信的网络能力与互联网的网络与应用能力进行聚合，从而创新出适合移动互联网的互联网业务。

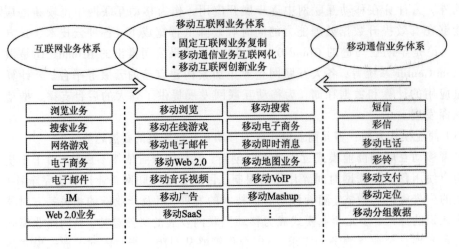

图 1.1　移动互联网的业务体系

2. 移动互联网的技术体系

移动互联网作为当前空旷的融合发展领域，与广泛的技术和产业相关联，纵览当前互联网业务和技术的发展，主要涵盖六个技术领域，如图 1.2 所示。

（1）移动互联网关键应用服务平台技术。

（2）面向移动互联网的网络平台技术。

（3）移动智能终端软件平台技术。

（4）移动智能终端硬件平台技术。

（5）移动智能终端原材料元器件技术。

（6）移动互联网安全控制技术。

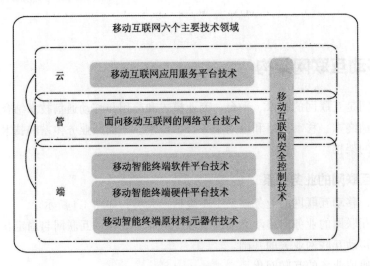

图 1.2　移动互联网的技术体系

3. 未来移动互联网的基本架构

当移动终端作为访问互联网的主要工具时，互联网也由信息网络开始像应用网络迁徙。未来移动互联网的基本架构为 COWMALS（Connect Open Web Mobile Application Location Social）。

（1）C：Connect

互联网从"链接"向"连接"转变，应用服务之间的关系由弱转强，运营者最需要做的事是在自身、用户、其他应用服务之间建立最广泛、最有效的连接性。互联网内各个节点、各类要素之间正在经历连接、重新连接过程。C 是 COWMALS 的前提。

（2）O：Open

开放+分布，一站之内模式彻底终结。网络层—数据层—终端层—OS 层—Web 层—应用层，开放正在重塑整个互联网产业体系结构，开放不仅是大平台的趋向，更是中小服务商的必然选择。基于开放布局提供分布式服务为基态。O 是 COWMALS 的形态。

（3）W：Web

网站依然重要，Web 浏览依然是基础，且未来相当多的 App 存在通过 Web 分发的可能。Web+App 两翼齐飞，互相结合，是互联网服务商的基本业务格局。Website、Web App、移动 App、Software，未来网络天下四分。W 是 COWMALS 的基础。

（4）M：Mobile

移动终端手机成为互联网中心，Mobile 是 Web+App 布局的核心。互联网服务商的服务重心全面向 Mobile 移动，其随时随地人机合一的特性是 PC 互联网难以达到的，移动应用环境碎片化、粉末化生存。

（5）A：App

App 成为互联网应用的基本形态，未来互联网服务基本组合是 Web+App。

（6）L：Location

位置成为各类互联网服务的标配和基准，因此 L 是 Web+App 的基准，也是虚拟与现实充分连接的关键。L 是 COWMALS 的基准。

（7）S：Social

社交网络向社会化网络转变，后者成为互联网的网中网，且把互联网以关系为基础重新组织起来，但关系实质不再局限于人和人的连接，而是人机信息应用的连接。

1.2.2 移动互联网产业链

产业链结构是经营决策和商业模式成功的决定性因素。对目前已经提出的移动互联网产业链结构模型进行深入分析之后，大致可以分为两类：第一类是基于传统移动通信产业链的微调改进；第二类模型跳出了传统移动通信产业链的思维局限，构建以运营商为核心、其他参与者协作或供应的产业链结构。通过前两个小节对各国移动互联网产业链发展情况和产业链主要参与者的分析研究，我们认为移动互联网产业链的结构模型应该具有以下几个特征：

（1）网络、终端和内容是移动互联网产业的三个核心要素，分别对应着产业链上的三个环节：网络运营商、终端提供商和应用内容提供商。这三个环节的企业是相互协作和竞争合作的关系，没有严格意义上的投入产出关系；并且他们都有直接接触最终消费者的机会，有能力形成自己的用户群。

（2）从系统论的观点看，移动互联网产业链是以企业为节点，承载着物流、信息流和资金流，由各种要素组合而成的复杂的动态系统，具有复杂系统的基本特征。因此，移动互联网的产业链结构模型应该体现出复杂系统的特征：系统各个单元间联系广泛而紧密；具有多层次、多功能的结构；能不断重组和完善；开放且与环境联系紧密；动态的且对未来有一定的预测能力。

（3）具有复杂的竞争合作关系是移动互联网产业链的一个重要特征。在体现出产业链上下游企业投入产出的关系和价值流动关系时，应注意与竞争合作关系区分开来。

分析产业链的形成过程和上述特征，移动互联网产业链结构模型如图 1.3 所示。

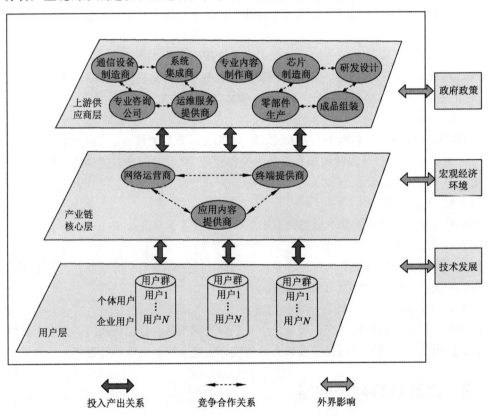

图 1.3　移动互联网产业链结构模型

从图 1.3 中可以看到，移动互联网产业链的结构模型是一个层次化的产业链网络，各产业链环节依投入产出或竞争合作的关系与其他环节相互作用，在这相互间的关系中还蕴含着复杂的产品/服务流、信息流和资金流。在层与层之间以上下游的投入产出关系为主，层内以各个环节的竞争合作关系为主。

1.3 移动互联网技术

1.3.1 蜂窝移动通信网络发展概述

移动通信的发展历史可以追溯到 19 世纪，自无线电通信发明之日就产生了。1864 年麦克斯韦从理论上证明了电磁波的存在；1876 年赫兹用实验证实了电磁波的存在；1900 年马可尼等人利用电磁波进行远距离无线电通信取得了成功，从此世界进入了无线电通信的新时代。现代意义上的移动通信开始于 20 世纪 20 年代初期，1928 年，美国普渡大学学生发明了工作于 2MHz 的超外差式无线电接收机，并很快在底特律的警察局投入使用，这是世界上第一种可以有效工作的移动通信系统；20 世纪 30 年代初，第一部调幅制式的双向移动通信系统在美国新泽西的警察局投入使用；20 世纪 30 年代末，第一部调频制式的移动通信系统诞生，试验表明调频制式的移动通信系统比调幅制式的移动通信系统更加有效。

在 20 世纪 40 年代，调频制式的移动通信系统逐渐占据主流地位，这个时期主要完成通信实验和电磁波传输的实验工作，在短波波段上实现了小容量专用移动通信系统。这种移动通信系统的工作频率较低、话音质量差、自动化程度低，难以与公众网络互通。在第二次世界大战期间，军事上的需求促使技术快速进步，同时导致移动通信的巨大发展。战后，军事移动通信技术逐渐被应用于民用领域，到 20 世纪 50 年代，美国和欧洲一些国家相继成功研制了公用移动电话系统，在技术上实现了移动电话系统与公众电话网络的互通，并得到了广泛的使用。遗憾的是这种公用移动电话系统仍然采用人工接入方式，系统容量小。随着民用移动通信用户数量的急剧增长，业务范围的扩大，有限的频谱供给与可用频道数递增之间的矛盾日益尖锐。为了更有效地利用有限的频谱资源，美国贝尔实验室提出了在移动通信发展史上具有里程碑意义的蜂窝组网理论，为移动通信系统在全球的广泛应用开辟了道路，也开启了第一代蜂窝移动通信系统的大门。

典型的蜂窝移动通信系统如图 1.4 所示。蜂窝式组网放弃了点对点传输和广播覆盖模式，将一个移动通信服务区划分成许多以正六边形为基本几何图形的覆盖区域，称为蜂窝小区。一个较低功率的发射机服务一个蜂窝小区，在较小的区域内设置相当数量的用户。由于传播损耗提供足够的隔离度，在相隔一定距离的另一个蜂窝基站可以重复使用同一组工作频率，称为频率复用。频率复用能够从有限的原始频率分配中产生几乎无限的可用频率，这是使系统容量趋于无限的极好方法，该技术大大缓解了频率资源紧缺的矛盾，增加了用户数目或系统容量。但是与此同时也存在着同频干扰的问题，即指无用信号的载频与有用信号的载频相同，并对接收同频有用信号的接收机造成的干扰。

移动通信无线服务区由许多正六边形小区覆盖而成，呈蜂窝状，通过相应的接口与公众通信网（PSTN、PSDN）互联。移动通信系统包括移动交换子系统（SS）、操作维护管理子系统（OMS）和基站子系统（BSS）（通常包括移动台），是一个完整的信息传输实体。

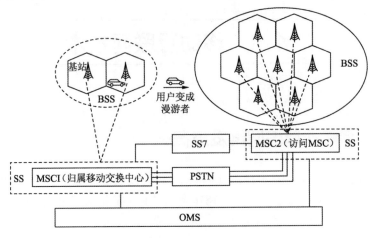

移动通信网的基本组成

图 1.4　典型的蜂窝移动通信系统

移动通信中建立一个呼叫是由基站子系统和移动交换子系统共同完成的。BSS 提供并管理移动台和 SS 之间的无线传输通道，SS 负责呼叫控制功能，所有的呼叫都是经由 SS 建立连接的；操作维护管理子系统负责管理控制整个移动网。移动台（MS）也是一个子系统。移动台实际上是由移动终端设备和用户数据两部分组成的，移动终端设备称为移动设备，用户数据存放在一个与移动设备可分离的数据模块中，此数据模块称为用户识别卡（SIM）。

1. 蜂窝技术分类

常见的蜂窝移动通信系统按照功能不同可以分为三类，它们分别是宏蜂窝、微蜂窝及智能蜂窝，通常这三种蜂窝技术各有特点。

（1）宏蜂窝技术

蜂窝移动通信系统中，在网络运营初期，运营商的主要目标是建设大型的宏蜂窝小区，取得尽可能大的地域覆盖率，宏蜂窝每小区的覆盖半径大多为 1～25 km，基站天线尽可能做得很高。在实际的宏蜂窝小区，通常存在着两种特殊的微小区域。一是"盲点"，由于电波在传播过程中遇到障碍物而造成的阴影区域，该区域通信质量严重低劣；二是"热点"，由于空间业务负荷的不均匀分布而形成的业务繁忙区域，它支持宏蜂窝中的大部分业务。以上两"点"问题的解决，往往依靠设置直放站、分裂小区等办法。除了经济方面的原因外，从原理上讲，这两种方法也不能无限制地使用，因为扩大了系统覆盖，通信质量要下降；提高了通信质量，往往又要牺牲容量。随着用户的增加，宏蜂窝小区进行小区分裂，变得越来越小，当小区小到一定程度时，建站成本就会急剧增加，小区半径的缩小也会带来严重的干扰。另一方面，盲区仍然存在，热点地区的高话务量也无法得到很好的吸收，微蜂窝技术就是为了解决以上难题而产生的。

（2）微蜂窝技术

与宏蜂窝技术相比，微蜂窝技术具有覆盖范围小、传输功率低以及安装方便灵活等特点，该小区的覆盖半径为 30～300 m，基站天线低于屋顶高度，传播主要沿着街道的视线进行，信号在楼顶的泄漏小。微蜂窝可以作为宏蜂窝的补充和延伸，微蜂窝的应用主要有两方面：一是提高覆盖率，应用于一些宏蜂窝很难覆盖到的盲点地区，如地铁、地下室；二是提高容量，主要应用在高话务量地区，如繁华的商业街、购物中心、体育场等。微蜂窝在作为提高网络容量的应用时一般与宏蜂窝构成多层网。宏蜂窝进行大面积的覆盖，作为多层网的底层，微蜂窝则小面积连续覆盖并叠加在宏蜂窝上，构成多层网的上层，微蜂窝和宏蜂窝在系统配置上是不同的小区，有独立的广播信道。

（3）智能蜂窝技术

智能蜂窝是指基站采用具有高分辨阵列信号处理能力的自适应天线系统，智能监测移动台所处的位置，并以一定的方式将确定的信号功率传递给移动台的蜂窝小区。对于上行链路而言，采用自适应天线阵接收技术，可以极大地降低多址干扰，增加系统容量；对于下行链路而言，通过控制信号的有效区域以减少同道干扰。智能蜂窝小区既可以是宏蜂窝，也可以是微蜂窝。利用智能蜂窝小区的概念进行组网设计，能够显著地提高系统容量，改善系统性能。

2. 蜂窝移动通信经历的阶段

到目前为止，蜂窝移动通信大致经历了四个阶段。

（1）模拟时期：第一代蜂窝移动通信系统

第一代蜂窝移动电话，在我国俗称"大哥大"，是以模拟制通信技术为基础的，采用频分多址（FDMA）技术。从 20 世纪 70 年代中期至 80 年代中期，这是移动通信蓬勃发展时期。1978 年，美国贝尔实验室开发了先进移动电话业务（AMPS）系统，建成了蜂窝状移动通信网。这是第一种真正意义上的具有随时随地通信能力的大容量的蜂窝移动通信系统。AMPS采用频率复用技术，可以保证移动终端在整个服务覆盖区域内自动接入公用电话网，具有更大的容量和更好的语音质量，很好地解决了公用移动通信系统所面临的大容量要求与频谱资源限制的矛盾。

AMPS 以优异的网络性能和服务质量获得了广大用户的一致好评。20 世纪 70 年代末，美国开始大规模部署 AMPS 系统。1983 年，首次在芝加哥投入商用。同年 12 月，在华盛顿也开始启用。之后，服务区域在美国逐渐扩大。到 1985 年 3 月已扩展到 47 个地区，约 10 万移动用户。其他工业化国家也相继开发出蜂窝式公用移动通信网。AMPS 在美国的迅速发展促进了在全球范围内对蜂窝移动通信技术的研究。到 20 世纪 80 年代中期，欧洲和日本也纷纷建立了自己的蜂窝移动通信网络，主要包括英国的 ETACS 系统、北欧的 NMT-450 系统、日本的 NTT/JTACS/NTACS 系统等。这些系统都是模拟制式的频分双工（Frequency Division Duplex，FDD）系统，亦被称为第一代蜂窝移动通信系统或 1G 系统。

在这一时期，微电子技术得到长足的发展，因而使得通信设备不断小型化、微型化。同时，大区制在用户数量增长到一定程度时也暴露出不足之处，受到无线频率资源有限性的制约，而蜂窝网，即所谓小区制，由于实现了频率再用，大大提高了系统容量，真正解决了公用移动通信系统要求容量大与频率资源有限的矛盾。并且，随着移动通信中非话业务（数据、传真和无线计算机联网等）的需求增大，加之固定通信网数字化的进展，以及综合业务数字网的逐步投入使用，对移动通信领域数字化的要求愈来愈迫切。而蜂窝网概念的提出完美地解决了这些问题，在技术上取得了突破。

（2）数字时期：第二代移动通信系统

模拟蜂窝网虽然取得了很大成功，但也暴露了一些问题。例如，频谱利用率低；移动设备复杂；制式太多导致兼容性不好，妨碍漫游；费用较贵，业务种类受限制以及通话易被窃听等，最主要的问题是其容量不能满足日益增长的移动用户需求。解决这些问题的方法是开发新一代数字蜂窝移动通信系统。数字无线传输的频谱利用率高，可大大提高系统容量。另外，数字网能提供语音、数据多种业务服务，并与 ISDN 等兼容。实际上，早在模拟蜂窝系统还处于开发阶段时，一些发达国家就着手数字蜂窝移动通信系统的研究。到 20 世纪 80 年代中期，欧洲首先推出了泛欧数字移动通信网（GSM）的体系，随后，美国和日本也制定了各自的数字移动通信体制，数字移动通信系统进入发展的成熟时期。有三种应用最广泛的数字蜂窝移动通信制式，分别为欧洲的 GSM、北美的 DAMPS 和日本的 JDC（Japanese Digital Cellular）。

GSM 网络与其他系统的网络结构相比较为成熟，为接近 30 亿用户提供服务并且被大约 670 家运营商在超过 200 个国家和地区部署，是目前全球应用最广的移动技术。亚洲近年来 GSM 基础设施应用最广，其 GSM 用户数超过全球 GSM 用户数的 40%。拉丁美洲、东欧、中东和非洲等发展中国家和地区也是重要的 GSM 市场。GSM 移动通信业务是指利用工作在 900 MHz/1 800 MHz 频段的 GSM 移动通信网络提供的话音和数据业务。该系统的无线接口采用 TDMA 技术，核心网移动性管理协议采用 MAP 协议。所有用户可以在签署了"漫游协定"移动电话运营商之间自由漫游。GSM 较之它以前的标准最大的不同是其信令和语音信道都是数字式的，因此 GSM 被看作是第二代（2G）移动电话系统，其结构如图 1.5 所示。

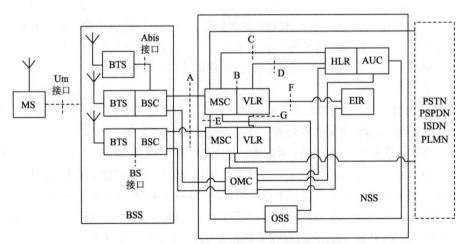

MS：移动台；OSS：操作系统；BTS：基站发信台；BSC：基站控制器
BSS：基站系统；MSC：移动业务交换中心；VLR：访问位置寄存器

图 1.5　GSM 结构示意图

数字移动通信的优点可简单地归纳如下：

- 频谱利用率高。
- 话音质量更好。在多径传播情况下，数字编码的话音信号质量优于调制模拟话音信号质量。又由于在数字系统中可以采用纠错技术，因此可以获得更好的话音质量。
- 保密性好。由于数字系统是以独特的编码技术和严格同步时分结构为基础的，所以保密性比模拟系统好得多。同时数字系统也比较容易加密，可提供更高的保密性能。

- 改善了频率再用能力。数字系统抗同频干扰能力强，与模拟系统相比，最小信噪比可降低 5 dB，每平方千米的话务量可增加 23 erl，从而大大提高了信道利用率。
- 与固定数字网的兼容性好。
- 可降低基站成本。使用 TDM/TDMA 系统后，许多用户可以有效地共用基站无线电设备，从而降低了对机房空间的占用、功耗以及成本。
- 可降低用户设备成本。
- 用户设备体积及容量可进一步缩小。
- 另一个受到广泛应用的网络就是 CDMA 系统，该系统的业务是指利用工作在 800 MHz 频段上的 CDMA 移动通信网络提供的话音和数据业务。CDMA 移动通信的无线接口采用窄带码分多址 CDMA 技术，核心网移动性管理协议采用 IS-41 协议。CDMA 技术因其固有的抗多径衰落的性能，并且具有软容量、软切换、系统容量大、可以运用如话音激活、分集接收等先进的技术，使得 CDMA 系统在移动通信领域的应用备受青睐。在美国以 Qualcomm 公司为首的倡导者提出的 CDMA 系统方案成为 IS-95 标准，并且以 IS-95 为标准的 CDMA 商用系统分别在韩国、北美等国家和地区投入使用，取得良好的用户反映。尽管 CDMA 具有许多优点，但由于它推出较晚，所占据的市场份额还无法与拥有成熟网络的 GSM 相提并论。

（3）数据时期：第三代移动通信系统

为了满足更多、更高速率的业务以及更高频谱效率的要求，同时减少目前存在的各大网络之间的不兼容性，ITU 在 1985 年提出了一个世界性的标准，即未来公共陆地移动通信系统（Future Public Land Mobile Telephone System，FPLMTS）的概念，1996 年更名为国际移动通信-2000（Mobile World Congress，IMT-2000）。1997 年进入实质性的技术选择与标准制定阶段，后经一系列的评估和标准融合后，在 1999 年 11 月举行的 ITU-R TG8/1 赫尔辛基会议上最终确定了第三代移动通信无线接口标准。2000 年 5 月，ITU 正式公布了第三代移动通信标准 IMT-2000 标准。因此，第三代数字蜂窝移动通信（3rd-generation，3G）系统也称 IMT-2000，是在第二代移动通信技术基础上进一步演进的以宽带 CDMA 技术为主，并能同时支持高速数据传输的蜂窝移动通信系统。3G 业务的主要特征是可提供移动宽带多媒体（如话音、数据、视频图像）业务，其中高速移动环境下支持 144 kbit/s 速率，步行和慢速移动环境下支持 384 kbit/s 速率，室内环境支持 2 Mbit/s 速率数据传输，并保证高可靠服务质量（QoS）。

第三代移动通信系统的一个突出特色就是，要在未来移动通信系统中实现个人终端用户能够在全球范围内的任何时间、任何地点，与任何人、用任意方式高质量地完成任何信息之间的移动通信与传输。可见，第三代移动通信十分重视个人在通信系统中的自主因素，突出了个人在通信系统中的主要地位，所以又被称为未来个人通信系统。

（4）宽带多媒体时期：第四代移动通信系统

尽管 3G 提供的多媒体服务已经形成了比较成熟的几个主流标准，在全球得到了广泛的应用，但是第三代移动通信系统仍是基于地面标准不一的区域性通信系统，尽管其传输速率可高达 2 Mbit/s，但其用户容量依然有限，所能提供的带宽和业务依然与人们的需求有一定的差距，仍无法满足多媒体通信的要求，不能称得上是真正的宽带多媒体通信。因此，第四代移动通信系统（4rd-generation，4G）的研究应运而生。一些国际化标准组织在 3G 的基础上进行了新一轮演进型技术的研究和标准化工作。

目前，移动无线技术的演进路径主要有三条：一是 WCDMA 和 TD-SCDMA，均从 HSPA 演进至 HSPA+，进而到 LTE；二是 CDMA 2000 沿着 EV-DORev.0/Rev.A/Rev.B，最终到 UMB；三是 IEEE 802.16 的 WiMAX 路线。而其中由 ITU 和 3GPP/3GPP2 引领的从 3G 走向 E3G（100 Mbit/s），再走向 B3G（1 000 Mbit/s）/4G 的 LTE 拥有最多的支持者，被看作是"准 4G"技术。

LTE 项目改进并增强了 3G 的空中接入技术，以分组域业务为主要目标，系统在整体架构上将基于分组交换，采用 OFDM 和 MIMO 作为其无线网络演进的唯一标准。名义上 LTE 是对 3G 的演进，但事实上它对 3GPP 的整个体系架构进行了革命性的变革，逐步趋近于典型的 IP 宽带网结构。第四代移动通信技术的概念可称为广带（Broadband）接入和分布网络，具有非对称超过 2 Mbit/s 的数据传输能力，对全速移动用户能提供 150 Mbit/s 的高质量影像服务，将首次实现三维图像的高质量传输，同时，在 20 MHz 频谱带宽下能够提供下行 100 Mbit/s 与上行 50 Mbit/s 的峰值速率，改善了小区边缘用户的性能，提高小区容量和降低系统延迟。总之，其优势可总结为高数据速率、分组传送、延迟降低、广域覆盖和向下兼容。

3. 第四代移动通信系统

第四代移动通信系统的关键技术主要包括：

（1）OFDM 技术

正交频分复用技术是一种在无线环境下高速传播网络数据的技术，与 3G 的 CDMA 技术有很大的区别。对多载波调制技术的改进，是 4G 技术的核心。在无线通信的环境中，多普勒效应会对信号产生干扰，OFDM 技术是对抗频率抗干扰有效技术在传输领域中进行信号分解，使各载波进行交互。然后对低速数据进行片段分解，在载波上进行调制，使串行通道变成并行通道。使信道变得相对平坦，减少信号受到信道的影响，从而减少数据的传播。由于高速数据被分解，每个子信道上的传输信号要小于带宽，信号波形间的干扰也会大大减少。

（2）MIMO 技术

多输入多输出（MIMO）技术是一种分集的技术，是多天线技术的发展，它利用天线的两端同时工作，在扩展通道进行可以提高传播速度。并行工作各个接收天线通过角度扩展减少相关空间。在信道独立时，信道的传输能力会不断增强，这样的系统可以在不增加天线的情况下提高带宽。MIMO 技术是无线技术领域的重大突破，发展潜力巨大。在近几年的发展过程中得到了完善，已经广泛应用到通信系统中，被认为是现代通信技术的关键技术要点。其优点是可降低干扰、可提高无线信道容量和频谱利用率。

（3）软件无线电技术

软件无线电技术是改变传统无线终端来设计硬件的核心技术，强调硬件的配置和升级技术。尽量以简化、开放通用的平台实现软件收发功能。在系统的组成上，软件无线电硬件包括天线、射频前端、模拟转换器、数字信号处理器。天线的覆盖范围一般比较广，射频的前端发射变频和滤波功能，信号在完成转换后就由工作软件来处理。

随着社会的不断进步，对 4G 研究的不断深入，具有高数据率、高频谱利用率、低发射功率、灵活业务支撑能力的未来无线移动通信系统，必将是通往未来无线与移动通信系统的必然途径。

1.3.2 第三代蜂窝移动通信系统

1. 第三代移动通信系统的发展历程

随着移动通信在全球范围内以惊人的速度迅猛发展，尤其是 20 世纪 90 年代，以 GSM 和 IS-95 为代表的第二代移动通信系统得到了广泛的应用，提供话音业务和低速数据业务。随着移动通信市场的日益扩大，现有的系统容量与移动用户数量之间的矛盾开始显现出来。在这一时期，互联网在全球逐渐普及，人们对数据通信业务的需求日益增高，已不再满足于传统的以话音业务为主的移动通信网所提供的服务。越来越多的互联网数据业务和多媒体业务需要在移动通信系统上承载，这些都促进和推动了新一代移动通信系统的研究与发展。发展 3G 移动通信将是第二代移动通信前进的必然结果。

为了统一移动通信系统的标准和制式，以实现真正意义上的全球覆盖和全球漫游，并提供更宽带宽、更为灵活的业务，国际电信联盟（International Telecommunication Union，ITU）提出了陆地移动通信系统 FPLMTS 的概念，1996 年更名为 IMT-2000，意指工作在 2 000 MHz 频段并在 2000 年左右投入商用的国际移动通信系统（International Mobile Telecom System），它既包括地面通信系统，也包括卫星通信系统。

基于 IMT-2000 的宽带移动通信系统即称为第三代移动通信系统，简称为 3G，是英文 3rd Generation 的缩写。3G 能够支持速率高达 2 Mbit/s 的业务，处理图像、音乐、视频流等多种媒体形式，提供包括网页浏览、电话会议、电子商务等多种信息服务。

2. G 的系统结构

IMT-2000 的信令和协议研究是由 ITU-T 的 SG11WP3 工作组负责制定的，该工作组于 1998 年 5 月确定了 IMT-2000 的网络框架标准 Q.1701。该标准明确了由 ITU 定义的系统接口，如图 1.6 所示。ITU-T 只规定了外部接口，并没有对系统采用的技术加以限制。

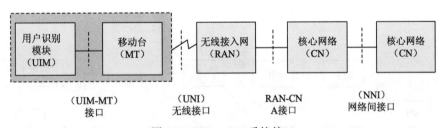

图 1.6 IMT-2000 系统接口

ITU 规定了 IMT-2000 系统由移动终端 MT、无线接入网（RAN）和核心网络 CN 三部分构成。而各个系统间的无线接口，即 UNI 接口，是最重要的一个接口，各种无线技术提案都是围绕该接口展开的，经过发展与融合，最终产生了几大主流标准：CDMA 2000、WCDMA 以及 TD-SCDMA。

通过图 1.6 可以看出，IMT-2000 系统采用的是模块化网络设计，主要由四个部分组成：核心网络（CN）、无线接入网（RAN）、移动台（MT）和用户识别模块（UIM）4 个功能子系统，相应的接口分别是网络间接口（NNI）、无线接口（UNI）、核心网与无线接入网之间的接口（RAN-CN）以及用户识别模块与移动台间的接口（UIM-MT）这 4 个标准接口。这些标准化接口可以完美地将各种不同的现有网络与 IMT-2000 的组件连接在一起。其中 UNI 接口相当于第二代移动通信系统的空中接口 Um，RAN-CN 接口相当于第二代移动通信系统中的 A 接口，网络间接口（NNI）是保证 IMT-2000 系统不同家族成员间的网络互联互通和漫游。因为考虑到 IMT-2000 空中无线接口标准允许使用不同的无线传输技术（RTT），因此可采用不同的标准，于是在 Q.1701 中提出了"家族"的概念，无线接入网与核心网的标准化工作主要在"家族成员"内部进行。目前 IMT-2000 中的核心网主要有 3 种：（1）基于 GSMMAP 核心网的家族；（2）基于 ANSI-41 核心网的家族，分别由 3GPP 和 3GPP2 进行标准化，两者之间的互联互通就是通过 NNI 接口来进行的；（3）全 IP 的核心网。

3. 几种主要的 IMT-2000 无线传输方案

（1）WCDMA

通用移动通信系统（Universal Mobile Telecommunications System，UMTS）是采用 WCDMA 空中接口技术的第三代移动通信系统，通常把 UMTS 系统称为 WCDMA 通信系统。WCDMA 即 Wideband CDMA，也称为 CDMA，Direct Spread，意为宽频分码多重存取，是由 GSM 网发展出来的 3G 技术范围，其技术支持者主要是以 GSM 系统为主的欧洲厂商。这套系统的核心网基于 GSM/GPRS 网络的演进，所以能够保持与 GSM/GPRS 网络的兼容性。核心网络可以基于 TDM、ATM 和 IP 技术，并向全 IP 的网络结构演进。核心网络逻辑上分为电路域和分组域两部分，完成电路型业务和分组型业务。由于是架设在现有的 GSM 网络上，对于系统提供商而言可以较为方便地过渡，对于 GSM 系统相当普及的亚洲来说，接受这套技术会是比较容易的，因此 WCDMA 具有先天的市场优势。

（2）CDMA2000

CDMA2000 系统结构如图 1.7 所示，其核心网和无线接入网的组成基本继承了 IS-95 的系统结构。

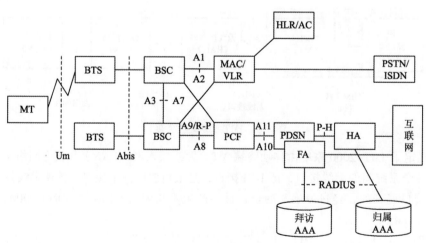

图 1.7　CDMA2000 系统结构

CDMA2000 系统的核心网分为电路域和分组域。其中电路交换核心网由 MAC/VLR、HLR/AC 等组成，其功能要求与第二代移动通信系统基本相同；分组域主要包括 PCF（分组控制功能）、PDSN（分组数据服务节点）、AAA（包括拜访 AAA 和归属 AAA）。其中 AAA 负责认证、授权和计费；PCF 和 BSC 配合，完成与分组数据有关的无线信道控制功能。PDSN负责管理用户状态，转发用户数据。

无线接入网部分由基站控制器（BSC）、基站收发信机（BTS）等组成。BSC 可以控制一个或多个 BTS，它主要负责无线网络资源的管理、小区配置数据管理、功率控制、定位和切换等，同时，负责将话音和数据分别转发给 MSC 和 PCF。BTS 是完全由 BSC 控制的无线接口设备，可以控制一个或多个小区，主要负责无线传输，完成无线与有线的转换、无线分集、无线信道加密等功能。

一些重要的接口有空中接口 Um、BTS 与 BSC 之间的 Abis 接口以及无线接入网与核心网之间的 A 接口。

（3）TD-SCDMA

TD-SCDMA 是由我国大唐电信公司提出的 3G 标准。该标准将智能无线、同步 CDMA 和软件无线等当今国际领先技术融于其中。由于我国国内庞大的市场，该标准受到各大主要电信设备厂商的重视，全球一半以上的设备厂商都宣布可以支持 TD-SCDMA 标准。

（4）WiMAX

微波存取全球互通（Worldwide Interoperability for Microwave Access，WiMAX），又称为 IEEE 802.16 无线城域网，是又一种为用户提供"最后一公里"的宽带无线连接方案。将此技术与需要授权或免授权的微波设备相结合之后，由于成本较低，将扩大宽带无线市场，改善企业与服务供应商的认知度。

三种主流标准无线传输技术对比情况如表 1.1 所示。

表 1.1　三种主流标准无线传输技术对比情况

制　　式	采用国家	继承基础	同步方式	信号带宽/MHz	空中接口	核　心　网
WCDMA	欧洲日本	GSM	异步	5	CDMA2000	GSM MAP
CDMA2000	美国韩国	窄带CDMA	同步	$N \times 1.25$	CDMA2000兼容 IS-95	ANSI-41
TD-SCDMA	中国	GSM	异步	1.6	TD-SCDMA	GSM MAP

4. 第三代移动通信系统中的关键技术

（1）智能天线技术

智能天线技术是多输入多输出（Multi-input Multi-output，MIMO）技术中的一种，基于自适应天线原理。由于移动通信的迅猛发展和频谱资源的日益紧张，自适应天线技术被应用到移动通信中，来提高频谱利用率，利用天线阵的波束赋形产生多个独立的波束，并自适应地调整波束方向来跟踪每一个用户，达到提高信号干扰噪声比（Signal-to Interference and Noise Ratio，SINR）、增加系统容量的目的。

（2）软件无线电技术

软件无线电的基本思路是研制出一种基本的可编程硬件平台，只要在这个硬件平台上改变软件即可形成不同标准的通信设施（如基站和终端）。这样，无线通信新体制、新系统、新产品的研制开发将逐步由硬件为主转变为以软件为主。软件无线电的关键思想是尽可能在靠近天线的部位（中频，甚至射频）进行宽带 A/D 和 D/A 变换，然后用高速数字信号处理器（DSP）进行软件处理，以实现尽可能多的无线通信功能。

（3）高速下行分组交换数据传输技术

3G 的业务在上下行时将会呈现出很大的不对称性。对 FDD 来说，则非常需要能有效地支持不对称业务的一种技术。必须在现有 3G 技术基础上采用新技术。3GPP 技术规范的高速下行分组接入（HSDPA）技术可以实现 10.8 MB/s 的高速下行数据，其中有很多令人瞩目的技术已经在 4G 的系统中得到应用。

（4）正交频分复用（OFDM）

正交频分复用（Orthogonal Frequency Division Multiplexing，OFDM）应用始于 20 世纪 60 年代，主要用于军事通信中，因结构复杂限制了其进一步推广。70 年代人们提出了采用离散傅里叶变换实现多载波调制，由于 FFT 和 IFFT 易用 DSP 实现，所以使 OFDM 技术开始走向实用化。OFDM 在频域把信道分成许多正交子信道，各子信道间保持正交，频谱相互重叠，从而减少了子信道间的干扰，提高了频谱利用率。同时在每个子信道上信号带宽小于信道带宽，虽然整个信道的频率选择性是非平坦的，但是每个子信道是平坦的，减少了符号间的干扰。此外，OFDM 中添加循环前缀可增加其抗多径衰落的能力。由于 OFDM 把整个信道分成相互正交的子信道，因此抗窄带干扰能力很强，因为这些干扰仅仅影响到一部分子信道。正是由于 OFDM 的这些优点，人们不但认为在宽带无线接入领域采用 OFDM 是发展的趋势，而且它将成为未来移动通信系统的关键技术。

（5）多输入多输出技术（MIMO）

MIMO 可以成倍地提高衰落信道的信道容量。假定发送天线数为 m，接收天线数是 n。在每个天线发送信号能够被分离的情况下，信道容量 $C = m\log_2\left(\dfrac{n}{m} \times \mathrm{SNR}\right)$，其中 SNR 是每个接收天线的信噪比。

根据该公式，在理想情况下信道容量将随着 m 线性增加。其次，由于多天线阵本质上是空间分集与时间分集技术的结合，抗干扰能力强，进一步结合信道编码技术，可以极大地提高系统的性能。这样导致了空时编码技术的产生，空时编码技术真正实现了空分多址，是将来无线通信中必然选择的技术之一。

（6）联合检测

目前多用户检测面临的问题有远近效应、异步问题、多径效应等。在此基础上人们提出了联合检测，即多用户检测，同时使用均衡技术，以消除符号间干扰和码间干扰。传统的均衡技术需要用户发送训练序列，在 GSM 系统中，大约有 20% 的发送序列用于训练，由于训练序列的频繁发送，增加了大量的信道开销。盲信道均衡和盲识别技术的研究已经成为当今通信领域的一个热点。在信道的盲均衡中，用户不用发送训练序列，接收端通常只知道输出信号及输入信号的一些统计信息。目前已经提出了很多的盲均衡算法，但是这些算法速度慢而且很难收敛。另外联合接收、天线分集技术和 Turbo 码技术结合起来，可以得到更好的接收性能。使用联合检测技术可以有效地克服传播路径损耗、阴影效应和快衰落现象。

1.3.3 LTE 移动通信系统及其演进

1. LTE 技术概述

无线接入概念的出现，使得用户对于接入移动化、宽带化的业务需求越来越旺盛，对移动通信网速率和质量的要求也越来越高，Wi-Fi 以及 WiMAX 等无线宽带接入方案迅猛发展。尽管 WCDMA/HSDPA/HSUPA 能较好地支持移动性和 QoS，但是由于空中接口和网络结构过于复杂，造成无线频谱利用率和传输时延等能力较差。另外，以 OFDM 技术为核心的新一代技术逐渐成熟，接入速率相应地提升到了 100 Mbit/s，相比之下，2 Mbit/s 的 WCDMA R99 传输速率、14.4 Mbit/s R5 HSDPA 的峰值速率已经不能满足用户的需求，3G 及其增强技术已经无法满足未来业务的发展需求。因此，为保持 3G 技术的竞争能力以及在移动通信领域的领导地位，同时适应新技术和移动通信理念的变革，自 2004 年底，国际标准化组织 3GPP（Third Generation：Partnership Project）和 3GPP2 启动了对 3G 新一轮演进型技术的研究和标准化工作。无线接入技术长期演进计划（Long Term Evolution，LTE）就是对现有 3G 技术的长期演进和升级，并且是在原有的 3G 框架内进行的。LTE 以 OFDM 为核心技术，是关于 UTRA 和 UTRAN 改进的项目，是对包含核心网在内的全网技术的演进。

2. LTE 网络架构

3G 的网络由基站（NB）、无线网络控制器（RNC）、服务通用分组无线业务支持节点（SGSN）和网关通用分组无线业务支持节点（GGSN）4 个网络节点组成。其中，RNC 的主要功能是实现无线资源管理，实现网络相关功能、无线资源控制（RRC）的维护和运行，是网管系统的接口等。RNC 的主要缺点为与空中接口相关的许多功能都在 RNC 中，导致资源分配和业务不能适配信道，协议结构过于复杂，不利于系统优化。

LTE 在网络架构方面做了较大的改变。为有利于简化网络层次架构和减小延迟，LTE 将进一步优化核心网和接入网划分，简化结构，减少接口数量，并增强端到端的 QoS 能力。目前基本确定的是一种扁平化的架构，即 E-UTRAN 结构。2006 年 3 月的全会上，决定 3GPP LTE 接入网由 E-UTRAN 基站（eNB）和接入网关（AGW）组成，网络结构扁平化。这样，整个 LTE 系统由核心网络（Evolved Packet Core，EPC）、地面无线接入网（E-UTRAN）和用户设备（UE）3 部分组成。其中 EPC 负责核心网部分，由 eNB 节点组成的 E-UTRAN 负责接入网部分，UE 为用户终端设备。eNB 与 EPC 通过 S1 接口连接，eNB 之间通过 X2 接口以网格方式互相连接。

LTE 系统架构图如图 1.8 所示，仅由 eNB 组成，因此 LTE 的 eNB 除了具有原来 Node B 的功能外，还增加了原来 RNC 的物理层、MAC 层、RRC、调度、接入控制、承载控制、移动性管理等大部分功能。与空中接口相关的功能都被集中在 eNB，eNB 的主要功能为：在附着状态选择 AGW；寻呼信息和广播信息的发送和调度；无线资源的管理和动态分配，包括多小区无线资源管理；IP 头压缩和用户数据流加密设置和提供 eNB 的测量；无线承载的控制；无线接纳控制；在激活状态的连接移动性控制。eNB 是向 UE 提供的控制平面和用户平面协议的终点。eNB 之间通过 X2 接口互联。eNB 通过 S1 接口同演进的分组交换核心网相连。

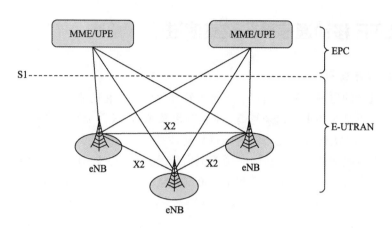

图 1.8　LTE 系统架构图

AGW 的功能主要有：发起寻呼、LTE_IDLE 态 UE 信息管理、移动性管理、用户界面加密处理、PDCP（分组数据的包头压缩）、SAE 承载控制、NAS 信令的加密和完整性保护。AGW 实际上是一个边界节点，如果把它看成是核心网的一部分，那么接入网就主要由 eNB 一层构成。

移动性管理实体（Mobility Management Entity，MME）主要负责移动性管理，将寻呼信息分发至 eNB。MME 的功能主要有：存储 UE 控制面上下文，包括 UE ID、状态、跟踪区（Treaking Area，TA）等；移动性管理；鉴权和密钥管理；信令的加密、完整性保护；管理和分配用户临时 ID。用户平面实体（User Plane Entity，UPE）负责对用户面进行处理，功能主要包括：数据的路由和转发；用户面加密终结点；头压缩；存储 UE 用户面上下文，包括基本 IP 承载信息、路由信息等；eNodeB 间切换（3GPP AS 间切换）用户面支持；LTE_IDLE 时下行数据触发/发起寻呼。

S1 接口是 E-UTRAN 与 EPC 间的接口，沿袭了承载和控制分离的思想，S1 接口包括控制平面接口（S1-C）和用户平面接口（S1-U）两部分。EPC 侧的接入点是控制平面的 MME 或用户平面的 UPE，其中 S1-C 是 eNB 与 EPC 中 MME 的接口，而 S1-U 是 eNB 和 EPC 中 UPE 的接口。S1 是一个逻辑接口，EPC 和 eNB 之间的关系是多到多，即从任何一个 eNB 可能有多个 S1-C 逻辑接口面向 EPC，多个 S1-U 逻辑接口面向 EPC。S1-C 接口的选择由 NAS 逻辑选择功能实体决定；S1-U 接口的选择在 EPC 中完成，由 MME 传递到 eNB。S1-C 无线网络层协议将支持的功能有：移动性功能（支持系统内和系统间的 UE 移动性），连接管理功能（处理 LTE_IDLE 到 LTE_ACTIVE 的转变，漫游区域限制等功能），SAE 承载管理（SAE 承载的建立、修改和释放），总的 S1 管理和错误处理功能（释放请求，所有承载的释放和 S1 复位功能），在 eNB 中寻呼 UE，在 EPC 和 UE 间传输 NAS 信息，MBMS 支持功能。S1-U 无线网络层协议将支持 eNB 和 UPE 之间用户数据包的隧道传输。而隧道协议将支持以下功能，包括对数据包所属的目标基站节点的 SAE 接入承载的标识，减少由于移动性而导致的数据包丢失，错误处理机制，MBMS 支持功能，包丢失检测机制。

X2 接口是 eNB 之间的接口，实现了 eNB 之间的互通，它支持两个 eNB 之间信令信息的交换，支持将 PDU 前转到各自的隧道终结点，支持不同厂商 eNB 之间的互联互通。X2 接口也由两部分构成，分别是控制平面接口（X2-C）和用户平面接口（X2-U）。X2-C 是 eNB 之间控制平面的接口，而 X2-U 是 eNB 之间用户平面的接口。X2-C 无线网络层协议将支持移动性功能（支持 eNB 之间的 UE 移动性，包括切换信令和用户平面隧道控制），多小区 RRM 功能（支持多小区的无限资源管理和总的 X2 管理及错误处理功能）。X2-U 无线网络层协议将支持 eNB 之间用户数据包的隧道传输。隧道协议将支持以下功能，包括对数据包所属的目标基站节点的 SAE 接入承载的标识，减少由于移动性而导致的数据包丢失。

相对于 3G 网络，LTE 的最大特点就是网络扁平化，引入了 S1 和 X2 接口。位于演进基站和移动性管理实体/服务网关间的 S1 接口，将 SAE/LTE 演进系统划分为无线接入网和核心网。网络架构主要由演进型 NodeB（eNB）和接入网关（aGw）两部分构成，和 3G 网络比较，少了 RNC。

LTE 与已有的其他移动通信网络相比，其根本性的优点就是采用了全 IP 的网络体系架构，可以实现不同网络间的无缝互联。LTE 的核心网采用 IP 后，所使用的无线接入方式和协议与核心网络（CN）协议、链路层是相互独立的。IP 与多种无线接入协议相兼容，因此在设计核心网络时具有很大的灵活性，不需要考虑无线接入究竟采用何种方式和协议。

总结 LTE 网络结构的特点为：它定义的是一个纯分组交换网络，为 UE 与分组数据网之间提供无缝的移动 TP 连接；一个 EPS 承载式分组数据网关与 UE 之间满足一定 QoS 要求的 IP 流；所有网元都通过标准接口连接，满足多供应商产品间的互操作性。

3. LTE 性能指标

① 支持 1.25～20 MHz 带宽，能够提供下行 100 Mbit/s、上行 50 Mbit/s 的峰值速率，频谱利用率可达到 3GPP Release 6 的 2～4 倍。

② 提高小区边缘的比特率，改善小区边缘用户的性能，增强 3GPP LTE 系统的覆盖性能，支持 100 km 半径的小区覆盖。

③ 提高小区容量。

④ 降低系统延迟，用户平面延迟（单向）小于 5 ms，控制平面从休眠状态到激活状态的迁移时间低于 50 ms，从驻留状态到激活状态的迁移时间小于 100 ms，以增强对实时业务的支持。

⑤ 能够为 350 km/h 高速移动用户提供大于 100 kbit/s 的接入服务。

⑥ 支持成对或非成对频谱，并可灵活配置 1.25～20 MHz 多种带宽。

⑦ 支持与现有 3GPP 和非 3GPP 系统的互操作。

⑧ 支持增强型的广播多播业务。

⑨ 实现合理的终端复杂度、成本和耗电。

⑩ 支持增强的 IMS（IP 多媒体子系统）和核心网。

1.3.4　移动 IP 技术

在当今飞快发展的信息领域中，Internet 和移动通信是两个引人注目的通信技术和 IT 产业。以 Internet 为代表的信息网络给人们的生活带来了巨大的变化，随着人类生活节奏的加快，需要在任何地点、任何时候都能够在移动的过程中保持 Internet 接入和连续通信，这使得提供移动的 Internet 接入成为当前 Internet 技术研究的热点之一。移动 IP 就是在原来 IP 协议的基础上为了支持节点移动而提出的解决方案。移动 IP 的主要设计目标是移动节点在改变网络接入点时，不必改变节点的 IP 地址，能够在移动过程中保持通信的连续性。

1．移动 IP 的基本概念

（1）移动 IP 的功能实体

① 移动节点（Mobile Node）。指接入互联网的节点（可以是主机或者路由器）从一条链路或网络切换到另一条链路或网络时仍然保持所有正在进行的通信。移动节点可以改变它的网络接入点，但不需要改变它的 IP 地址，使用原有的 IP 地址仍然能够继续与其他节点进行通信。

② 本地代理（Home Agent）。指位于移动节点的本地链路（Home Link）上的路由器。当移动节点切换链路时，本地代理始终将其当前位置通知给移动节点，并将这个信息保存在移动节点的转交地址中。本地代理分析送往移动节点的原始地址的包，并将这些包通过隧道技术传送到移动节点的转交地址上。

③ 外地代理（Foreign Agent）。指位于移动节点所访问的网络上的路由器。它为注册的移动节点提供路由服务，将转交地址信息通知给自己的本地代理，并且接收其通过隧道发来的报文，拆封后再转发给移动节点。外地代理为连接在外地链路上的移动节点提供类似默认路由器的服务。本地代理和外地代理可以统称为"移动代理"。图 1.9 表明了这些功能实体以及它们之间的关系。

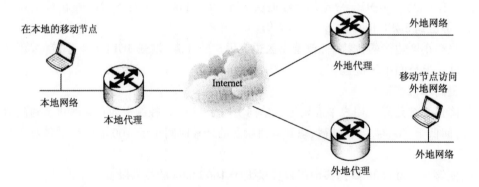

图 1.9　移动 IP 功能实体及相互关系

（2）移动 IP 的基本操作

移动 IP 技术要解决的问题就是，当移动节点在网络之间不断移动时，仍然能够继续保持与已有连接间的通信。下面将简单介绍移动节点在外地网络时，实现与其他节点接收和发送分组的移动 IP 的基本操作。

① 代理发现（Agent Discovery）。代理发现是移动节点检测它当前是在主网还是在客网的一种方法。其基本思想是本地代理和移动代理周期性地广播代理通告（Agent Advertisement）消息，通过扩展 ICMP 报文得到代理通告。移动节点根据接收的代理通告消息来判断其是在本地链路上还是在外地链路上，从而决定是否再利用移动 IP 的其他功能或者是否需要向本地代理进行注册。

② 注册（Registration）。当移动节点在外地网络时，通过通告消息获得外地代理的转交

地址，或通过动态配置协议 DHCP、手工配置等方法获得配置转交地址。然后向本地代理请求注册，本地代理确认后，通过把本地地址和相应的转交地址存放在绑定缓存中完成两个地址的绑定，并且向移动节点发送注册应答。在注册过程中，如果移动节点使用外地代理转交地址，就要通过外地代理进行注册请求和注册应答。

③ 分组路由（Packet Routing）。本地代理和本地链路的路由器与外地链路的路由器交换路由信息，使得发送给移动节点的本地地址的分组被正确转发到本地链路上。本地代理通过 ARP（Address Resolution Protocol）协议来截取发向移动节点本地地址的分组，然后根据分组 IP 的目的地址查找绑定缓存，获得移动节点注册的转交地址，再通过隧道发送分组到移动节点的转交地址。如果转交地址是外地代理的转交地址，那么隧道末端的外地代理拆封分组并转发给移动节点；如果转交地址是配置转交地址，那么直接发送封装的数据分组给移动节点。

移动节点如果使用外地网络的路由器作为默认的路由器，那么它的分组便可通过此路由器直接发送给通信对端，不必再采用隧道机制。如此，通信对端发送的分组通过移动节点的本地代理转发给移动节点，移动节点的分组直接发送通信对端，形成如图 1.10 所示的基本移动 IPv4 的三角路由现象。三角路由并不是优化的路由，优化的路由如图 1.11 所示。

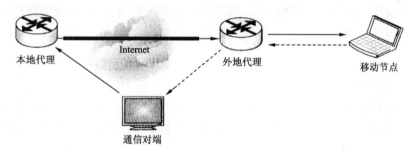

图 1.10　移动 IPv4 的三角路由现象

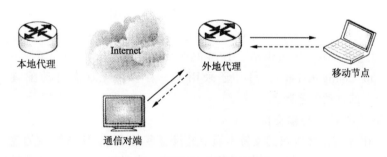

图 1.11　移动 IPv4 的优化路由

④ 注销（Deregistering）。移动节点根据接收的代理通告消息判断该节点是否已经返回到本地链路上，如果移动节点已经在本地链路上，则向本地代理直接注销以前的注册，完成注销后，本地代理就认为节点已经回到本地。

2. IPv4 技术的不足

IPv4 即 IP 协议第 4 版本，已经难以满足 Internet 不断发展的需求。目前 IPv4 主要存在以下不足：

（1）地址资源匮乏

由于 IPv4 规定的 IP 地址位数是 32 位，大约能够提供 1 亿个左右的地址。但是随着 Internet 的不断发展，连接的主机数量不断增加，现有的 IP 地址资源严重匮乏，面临着很快被用光的局面。

（2）路由表越来越庞大

IPv4 的地址分配与网络的拓扑结构无关，当接入的网络以及路由器数目不断增加时，数据传输路由的路由表也就相应地越来越庞大，这不仅增加了路由器的负担，同时降低了 Internet 服务的稳定性。

（3）地址分配烦琐

IPv4 分配地址的方式是手工配置，这不仅增加了管理费用，而且给需要频繁变动地址的企业带来极大不便。

（4）发展受限

随着网络的普及和发展，新型网络业务不断涌现，这些网络业务对网络在传输上的要求不尽相同，很多有关 QoS 的技术，都因局限于 IPv4 协议的局限性而限制其更好的发展。随着网络技术的发展，越来越多类型的数据都需要在 IP 网上传输，相应地对于网络安全性的要求也会提高，而传统的 IPv4 不能完全满足网络对于安全性的要求，所以，IPv4 限制了 IP 网络的发展。

3. IPv6 技术

为了彻底解决 IPv4 存在的地址匮乏等问题，IETF 开发了新一代网络协议 IPv6，它保留了许多 IPv4 的基本特性，并在 IP 地址、多终点传输支持、移动系统支持、对服务质量以及安全性的支持这几个方面进行了改进。

（1）IPv6 的地址及配置

IPv4 地址长度为 32 位，IPv6 为 128 位，有着巨大的地址空间，能为全球数十亿用户提供足够多的地址，因此不再需要管理内部地址与公网地址之间的网络地址翻译和地址映射，网络的部署工作更简单。IPv6 继承了 IPv4 的地址自动配置服务，并将其称为全状态自动配置（Stateful Auto Configuration），另外还采用了一种称为无状态自动配置（Stateless Auto Configuration）的自动配置服务。

（2）IPv6 的多终点传输支持

IPv6 和 IPv4 对于多终点的支持本质上并没有多大区别，IPv6 所做的改进是使所有 IPv6 具有本地多终点能力。多终点能力是低层网络技术本身所固有的，高层的应用可以利用低层协议所提供的这种能力。IPv6 保留了 IPv4 中单一终点和多终点的概念，并增加了任意终点（any-cast）的新概念。一个单一的任意终点地址被分配给一组镜像的数据库或一组 Web 服务器，当用户发送一个数据包给该任意终点地址时，离用户最近的一个服务器会响应用户。这对于一个经常移动和变更的网络用户大有益处。IPv6 允许使用非全局特有（non-globally unique）地址连接至全局 Internet。

（3）IPv6 移动性支持

IPv4 协议对移动的支持是可选部分，IPv4 协议没有足够的地址空间为 Internet 上每个移动设备分配一个全球唯一的临时 IP 地址，很难判断移动节点是否在同一网络上。而移动 IPv6

是 IPv6 协议必不可少的组成部分，其足够的地址空间也能够满足大规模移动用户的需求。IPv6 对移动 IP 的改善也减轻了对原始接口的依赖性，使得 Internet 上的移动节点与其他节点能够直接通信。

（4）IPv6 对服务质量（QoS）的支持

IPv6 与 IPv4 相比，其优势是能提供差别服务，因为 IPv6 的头标增加了一个 20 位长的流标记域，让网络的中间点能确定并区别对待某个 IP 地址的数据流。IPv6 还通过提供永远连接、防止服务中断和提高网络性能等方法提高网络和服务质量。

（5）IPv6 对安全性的支持

IPv6 对 Internet 安全性的改善措施就是对数据包头的结构进行了改进。认证头（Authentication Header，AH）和封装安全净荷（Encrypted Security Payload，ESP）扩展报头提供 IP 分组的认证和加密。一方面，IPv6 对移动性的支持要求移动节点在接入网络前必须接受证实，接收者可以要求发送者首先利用 IPv6 的 AH 进行登录后才能接收数据分组；另一方面，移动节点在网络上自身的位置也被保护起来，利用 IPv6 的 ESP 加密数据分组，这种加密也是算法独立的，意味着可以安全地在 Internet 上传输敏感数据而不用担心被第三方截取。

习　题

1. 简述移动互联网的定义。
2. 移动互联网架构包括哪些方面？
3. 蜂窝移动通信经历了哪几个阶段？
4. 蜂窝技术分为哪几类？
5. 简述移动 IP 的基本概念。

第2章　移 动 终 端

移动终端指的是能够通过接入运营商的移动网络进行相关业务的移动设备。移动终端的形态多种多样，包括手机、平板电脑、可穿戴设备、车载设备等类型。

2.1　移动终端概述

移动终端即移动通信终端，其移动性主要体现在移动通信能力和便携化体积。大体上，移动终端可分为智能型和功能型两类。其中，功能型是指传统的不具备开放操作系统平台的移动通信终端，通常采用封闭式操作系统，通过 Java 或 BREW 提供对第三方软件的支持。而近年来移动终端已进入智能化发展阶段，其智能性主要体现在四个方面：其一是具备开放的操作系统平台，支持应用程序的灵活开发、安装及运行；其二是具备 PC 级的处理能力，可支持桌面互联网主流应用的移动化迁移；其三是具备高速数据网络接入能力；其四是具备丰富的人机交互界面，即在 3D 等显示技术和语音识别、图像识别等多模态交互技术发展的前提下，以人为核心的更智能的交互方式。在移动互联网时代，智能终端将逐渐取代功能型终端占据移动终端市场的主导地位。

以往的终端设备可以通过功能来区分，而目前的终端设备在功能上相互重叠，呈现出融合的大趋势。这体现在：首先，通信和内容逐渐数字化；其次，信息处理能力逐渐增强；再次，移动终端存储空间逐渐增大。此外，终端设备还呈现出多网络特性和多重功能特性。移动终端除了可以接入移动网络之外，还要能够接入无线局域网或 WiMAX 网络，可接收广播电台和 GPS 信号，抑或播放移动电视节目。同时，各类移动终端基本都具有多媒体特性，即配备高像素摄像头可用于拍照、录像和可视电话，能够进行视频播放和音乐播放并支持游戏娱乐等功能。

2.2　移动终端发展过程

移动终端的发展历程从某种程度上反映了整个移动互联网的发展。用户对设备移动性和性能越来越高的需求促使着移动终端不断向前发展。本节以移动终端的典型代表——智能手机和平板电脑为切入点，简述移动终端的发展过程。

2.2.1　智能手机

1983 年，Martin Cooper 带领他的团队设计出了世界上第一部移动电话——摩托罗拉 DynaTAC 8000X，如图 2.1 所示。30 多年来，移动通信网络从之前的模拟信号时代进入 LTE

时代，手机屏幕从单色进化到"视网膜"屏幕，其处理能力也迅速发展，性能直逼入门级个人计算机。

1999 年末，摩托罗拉公司推出了第一款智能手机——天拓 A6188，如图 2.2 所示。这部手机创造了两项纪录：第一，它是全球第一部具有触摸屏的手机；第二，它也是第一部支持中文手写输入的手机。A6188 的 CPU 是摩托罗拉公司研发的 Dragon ball EZ 16MHz CPU，支持 WAP 1.1 无线网络连接，采用 PPSM（Personal Portable Systems Manager）操作系统。

图 2.1　第一部移动电话

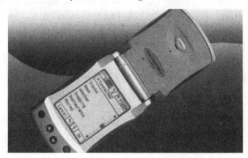

图 2.2　第一款智能手机

一年之后，北欧的通信设备制造厂商爱立信推出了 R380sc 手机，如图 2.3 所示。R380sc 采用了基于塞班（Symbian）平台的 EPOC 操作系统，同样支持 WAP 上网和手写输入。R380sc 是世界上第一款采用 Symbian 操作系统的手机（见图 2.3）。

2001 年 1 月，诺基亚首款 PDA 手机 9110 上市，从此，诺基亚正式进军智能手机市场。诺基亚 9110 采用了 AMD 公司出品的嵌入式 CPU，操作系统代号 GEOS，并内置了 8MB 存储空间。

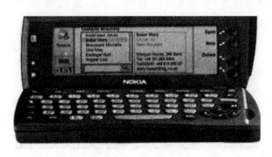

图 2.3　第一款采用 Symbian 操作系统的手机

上述三款手机开创了手机智能化的先河，并激励了更多的手机研发制造厂商。于是，一个智能手机争相亮相的时代来临了。

2002 年 2 月，摩托罗拉推出了 A388，其性能以及丰富的无线上网等扩展功能赢得了大量用户的喜爱。同年 8 月，来自我国台湾地区的手机厂商宏达电（HTC）正式推出了多普达（dopod）686，如图 2.4 所示。这部手机以"能看电影的手机"为卖点，采用了当时性能强劲的英特尔 Strong ARM 206MHz 作为 CPU，操作系统则是来自于微软的 Windows Mobile for Pocket

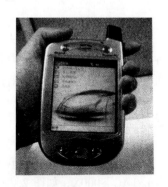

图 2.4　多普达（dopod）686

PC 2002 Phone Edition。多普达 686 以其强大的功能和 4096 色的 TFT 大屏吸引了市场上不少用户的目光。同年 10 月，芬兰，世界上首部基于 Symbian 操作系统的 2.5G 智能手机诺基亚 7650 诞生。它内置了当时极为罕见的蓝牙传输功能，同时，它也是第一部内置数字相机功能的手机。2002 年 12 月，索尼与爱立信的手机部门合并后，推出了高端智能手机 P802，它独创了可以拆卸的半开式键盘。

可以说 2002 年是智能手机发展过程中关键的一年，众多品牌的智能手机的诞生使人们意识到了智能手机广泛的应用领域和强大的应用功能，而手机生产商也看到了智能手机广阔的市场前景，这些都为智能手机在今天的全面繁盛奠定了基础。从此以后，智能手机得到了快速发展，操作系统的能力、CPU 的频率、内存的容量等参数的纪录都在不断地被刷新，智能手机迎来了自己的黄金发展时期。

2005 年 9 月，摩托罗拉发布 Motorola Rokr。其特别之处在于，它是第一款整合了苹果音乐软件 iTunes 的音乐手机。Motorola Rokr 的用户可以将通过 iTunes 购买的音乐传输到手机来聆听，但同时它也存在着传输速度慢、歌曲数目受限等不足。

2006 年 9 月，黑莓 BlackBerry Pearl 上市。它是第一款整合了照相功能和音视频播放器的黑莓手机，使得以商务功能著称的黑莓手机有了多媒体功能。

2007 年，是智能手机发展过程中又一个具有重要意义的年份。这年的 1 月 10 日，在 MacWord 大会上苹果公司正式发布了首款苹果智能手机 iPhone，如图 2.5 所示。iPhone 首次加入了电容触控的理念，并将多点触控功能融入其中。结合 iOS 操作系统，用户可以用双手更加简单纯粹地操作手机。

2008 年，HTC 推出了全球首款基于 Android 操作系统的智能手机 T-Mobile Gl，其向人们展示了 Android 手机的风采，并显现出了 Android 系统强大的扩展能

图 2.5　首款苹果智能手机 iPhone

力。同年，诺基亚发布了 N79、N85 以及 5800 手机，尽管其销售成绩出色，但是已无法阻止 iPhone 的崛起。随后，苹果发布了可支持 3G 网络的 iPhone 3G，并且增加了对企业邮件系统的支持和 GPS 导航功能。

2009 年，iPhone 发布的第三个年头，苹果公司发布了运行速度更快的 iPhone 3GS。iPhone 3GS 在硬件方面提升较大，其处理器主频达到了 667MHz，运行内存提高到 256MB，内部存储器也提升至最大 32GB 容量，同时它还配有全新的 OpenLGES 2.0 图形处理引擎，在 3D 效果方面的表现非常出色。

2010 年苹果发布了号称可以改变一切的 iPhone 4，全新的外观设计、强悍的硬件配置、近乎完美的 iOS 4 系统，让这个苹果变成了金苹果。苹果 iPhone 4 在硬件方面同样有着不小的提升，其配备了主频 1GHz 的 A4 处理器，拥有比 iPhone 3GS 大一倍的 512MB 运行内存。另外，它的摄像头像素也达到了 500 万像素，更是采用了背照式 CMOS 技术，能够在夜间取得相当不错的成像效果，并且受用户期待的前置摄像头也被加入其中。

值得一提的是，CDMA 版 iPhone 4 可支持移动 AirPlay 功能，最多可以让 5 台设备共享 3G 网络。同年，谷歌连续发布其自主设计的 Nexus 手机的第一个和第二个版本——Nexus One

和 Nexus S。Nexus 系列手机是由 Google 公司进行产品设计并由第三方厂家代工生产的 Android 手机产品，其通常搭载 Google 最新开发的 Android 版本，在后期也能第一时间得到系统更新。其中如图 2.6 所示 Nexus One 手机由 HTC 代工，采用 Android 2.1 操作系统，装载一块 3.7 英寸 WVGA 分辨率的 AMOLED 触屏，同时还内置光线感应器和距离感应器。Nexus One 内置有 500 万像素摄像头，不仅支持自动对焦，而且也具备 LED 闪光灯、2 倍数码变焦、照片地理标记等辅助功能。

2010 年 12 月，Google 正式发布 Android 2.3 操作系统，并且对外展示 Google 第二款手机——谷歌 Nexus S。Nexus S 由三星代工制造，整体性能出色，采用 Android 2.3 智能操作系统，配合著名的蜂鸟处理器令该机性能强悍。该机正面采用 4.0 英寸、分辨率为 480×800 像素的 Super AMOLED 或 Super Clear LCD 材质显示屏，显示效果清晰亮丽。值得一提的是，Nexus S 屏幕正面使用一块曲形玻璃面板，在接听电话时会更加贴合脸部，舒适而具有人性化。而作为谷歌 Nexus S 手机在功能上的最大特色之一，该机还提供了对近场通信（NFC）技术的支持。

图 2.6　谷歌自主设计的 Nexus One 手机

iPhone 4S 于 2011 年 10 月由苹果新任 CEO 蒂姆库克在 2011 苹果秋季产品发布会上发布。次年 1 月，首批配备 A5 双核处理器及双显示核的 iPhone 4S 由中国联通独家引进销售。几乎在 iPhone 4S 发布的同时，全球首款搭载 Android 4.0 操作系统的智能手机——Galaxy Nexus 于 2011 年 10 月发布。该机为继 Nexus One 和 Nexus S 之后的谷歌第三代手机，采用 1.2GHz 的得州仪器 OMAP4460 双核处理器，内建 1 GB RAM，ROM 则有 16 GB 与 32 GB 两种版本。机身正面搭载一块 4.65 英寸的 Super AMOLED 电容屏，屏幕分辨率达到 720×1 280 像素，显示效果清晰而艳丽。此外该机还内置有一枚 500 万像素摄像头，支持自动对焦，并配有 LED 闪光灯辅助，以及 130 万像素的前置摄像头。

重要的是，同样在 2011 年 10 月，在英国伦敦开幕的诺基亚世界大会（Nokia World 2011）上，诺基亚正式发布了与微软合作的首批 Windows Phone 手机：诺基亚 Lumia 800/710，内置微软 Windows Phone 7.5（Mango）操作系统。Lumia 800 作为诺基亚推出的首款 Windows Phone 手机，搭载了一颗高通 Snapdargon S2 8255 的处理芯片，主频达到 1.4 GHz，配有一块 800×480 像素分辨率的 3.7 英寸 AMOLED 显示屏，内置 16 GB 的存储空间以及 800 万像素的卡尔·蔡司认证摄像头，如图 2.7 所示。Windows Phone 手机的发布，意味着 PC 领域巨头微软再次回到了智能手机领域的激烈争夺当中。

图 2.7　诺基亚 Lumia 800

2012 年 8 月 29 日三星正式发布了首款 WP8 系统手机 Ativ S，这也是第一款正式发布 Windows Phone 8 系统的手机。三星 Ativ S 采用了 4.8 英寸 HD Super AMOLED 屏幕，机身厚度仅 8.7 mm，800 万/190 万像素双摄像头，1G RAM，支持 NFC，并支持 HSPA+双载波网络。随后的 9 月 12 日，苹果公司发布了自 2010 年以来 iPhone 在设计上的第一个重大改变——iPhone 5。iPhone 5 的屏幕由 3.5 英寸增至 4 英寸，在不影响单手操作的前提下扩大了 iPhone 的显示范围。手机屏幕的比例由 3∶2 调整至接近 16∶9（实际为 71∶40），使其更适合观看视频。iPhone 5 使用 A6 处理器芯片，芯片面积比 iPhone 4S 的小 22%，成为史上最轻巧、最薄的 iPhone。

2012 年 10 月，Google 的第四款 Nexus 品牌 Android 智能手机 Nexus 4 发布。Nexus 4 由 LG 电子设计与制造，采用 Android 4.2 操作系统，搭载 1.5 GHz 高通骁龙 S4 Pro 四核处理器，2 GB RAM，8 GB 或 16 GB ROM。Nexus 4 采用大屏触控式设计，正面采用 4.7 英寸的 True HD IPS Plus 显示屏，分辨率为 1 280×768，边角进行了抛光处理，机身厚度仅为 9.1 mm，整机显得非常的圆润和轻薄。后置一枚 800 万像素的摄像头，前置摄像头则为 130 万像素，采用最新版本的 Google Now，并加入了对无线充电的支持。

2013 年 9 月 10 日，苹果公司于美国加州库比蒂诺备受瞩目的新闻发布会上，推出两款新的 iPhone 型号：iPhone 5S 及 iPhone 5C。iPhone 5S 配备了 4 英寸 1 136×640 像素分辨率的屏幕，与 Home 键结合的指纹扫描仪，A7 处理器和全新的 iOS 7。与上一代产品 iPhone 5 相比，iPhone 5S 最大的变化是 A7 的处理器+M7 运算协处理器，CPU/GPU 性能均比 iPhone 5 的 A6 快两倍。A7 集成四核 PowerVRG6430 GPU，A7 也是首款集成此核心的 CPU，支持 OPENGL3.0。网络兼容方面，部分版本支持 TD-LTE。相应地，谷歌于同年 11 月发布了新一代 Nexus 手机——Nexus 5。该机依然由 LG 代工生产，搭载最新 Android 4.4 kitkat 系统。在配置方面，Nexus 5 采用 4.95 英寸 FHD（1 920×1 080 像素）超大触摸屏，搭载全新高通骁龙 800 四核处理器，主频高达 2.3 GHz，并配备 2 GB 超大运行内存（RAM），同时还拥有 130 万像素前置摄像头、800 万像素主摄像头以及 2 300 mA·h 超大容量电池，硬件配置均属于时下高端顶级水准。

2014 年以来，整个智能手机市场依旧欣欣向荣。从市场普及度来看，目前智能手机市场正面临高端市场饱和的问题，千元以下入门机型或将成为市场的增长点。国产手机表现出了更强的市场竞争力。各国内外厂商一直在使用浑身解数提高产品亮点，未来竞争趋势也将更加明显。

美国西北大学通过一种新型的锂离子电极实现了 10 倍于普通锂离子的电池寿命，压缩的硅及石墨烯充电层的应用可以实现更好的性能、更短的充电时间及长久的电力，高效节能组件的设计也有利于提高智能手机耗电性能。屏幕基本上是手机最费电的部分，更多像素意味着更多的电力消耗，如何改善便是关键。类似 IGZO 等底层面板技术是十分有前途的，当然三星也在进一步优化其 AMOLED 屏幕。高通和夏普合作投资的 MEMS 屏幕也是令人期待的，能够实现更低的功耗。存储空间也在不断攀升，128 GB 的 Micro SD 存储卡已经屡见不鲜。另外，eMMC 5.0 标准也将有效提升传输速度，达到 400 Mbit/s，相比此前的 eMMC 4.5 提升了一倍。新型的智能手机技术将在最近几年给我们带来更多惊喜。

2.2.2　平板电脑

平板电脑（Tablet Personal Computer，简称 Tablet PC、Flat PC、Tablet、Slates）是一种小型、方便携带的个人电脑，以触摸屏作为基本的输入设备，允许用户通过触控笔或直接用手来进行操作。用户可以通过内置的手写识别、屏幕上的软键盘、语音识别或者一个真正的键盘（如果该机型配备的话）进行输入。平板电脑由比尔·盖茨提出，目前平板电脑主要分为 ARM 架构（代表产品为 iPad 和安卓平板电脑）与 X86 架构（代表产品为 Surface Pro 和 Wbin Magic）。下面我们一起简要回顾一下平板电脑的发展与演变。

首先出场的是由兰德公司于 1964 年推出的 RAND 平板，如图 2.8 所示。它采用无键盘的设计，配有数字触笔。用户可通过使用这支笔进行菜单选择、图表制作甚至编写软件等操作。这款平板在当时的售价高达 1 800 美元（约合目前的 130 000 美元），由于售价过高所以使用范围并不广泛。但是，尽管在此之前人们在科幻电影中想象过手触屏幕的产品，但却没有制造出真正的产品，而这款 RAND 平板算得上是真正意义上的首款平板电脑。

1968 年，来自施乐帕洛阿尔托研究中心的艾伦·凯（Alan Kay）提出了一种可以用笔输入信息的名为 Dynabook 的新型笔记本电脑的构想，概念图如图 2.9 所示，他所描绘的 Dynabook 可以随身携带，其主要使用目的是帮助儿童学习。为了发展 Dynabook，艾伦甚至发明了 Smalltalk 编程语言，并发展出图形使用者接口，即苹果麦金塔电脑的原型。

图 2.8　兰德公司推出的 RAND 平板　　　　图 2.9　Dynabook 新型笔记本电脑概念图

1979 年的 Graphics Tablet 平板，如图 2.10 所示，是首款针对美国市场发布的平板电脑。当时它的售价为 650 美元（约合目前的 2 000 美元），但这款平板在市场仍然没有得到消费者青睐。而且 FCC（美国联邦通信委员会）发现它会影响到电视信号，因此并没有获得 FCC 的通过。

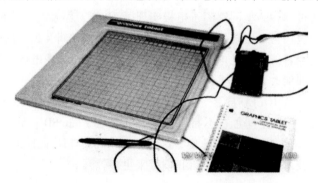

图 2.10　Graphics Tablet 平板

1984 年，终于有款产品在平板电脑市场获得了成功，它就是 KoalaPad，如图 2.11 所示。这款产品允许孩童利用触笔或者手尖在家庭电脑的屏幕上画画，售价比较合理，为 195 美元（约合目前的 425 美元）。

1989 年，平板电脑 GRiDpad 问世，如图 2.12 所示。采用 MS-DOS 系统，10 英寸的通过触笔来控制的触摸屏。这款产品销量很好，但是开发这款产品的母公司在 20 世纪 90 年代的时候出现了财政问题，GRiDpad 也就此沉溺，而其设计者 JeffHawkins 则转向开发 Palm Pilot。

图 2.11　KoalaPad 平板电脑

图 2.12　平板电脑 GRiDpad

1993 年，苹果推出了 Newton，如图 2.13 所示。允许用户通过手写在设备上记录下自己的想法、做笔记、添加联系人信息等。遗憾的是它的技术并不完善，受到公众的批判，使市场对其失去了兴趣，1998 年 Newton 项目被取消。

2001 年，比尔盖茨在 COMDEX 主题演讲时重申了平板电脑的概念，并推出了 Windows XP Fablet PC 版，使得一度消失多年的平板电脑产品线再次走入人们视线。该系统建立在 Windows XP Professional 基础之上，用户可以运行兼容 Windows XP 的软件，同时也为硬件厂商开发平板电脑提供了支持。英特尔低功耗处理器的出现也加快了 X86 架构向平板电脑市场进军的步伐。于是在随后的几年时间里，可以看到三星 Ql、华硕 EeePC T91 等一系列采用 Windows 系统的平板电脑。可以看出这个时期的平板电脑都

图 2.13　苹果的 Newton

是结合着 PC 逐步发展的，但是这些产品并没有成功，因为这个时代的产品不管是在产品外观、价格和用户体验上都没有做到最好，直到后 PC 时代的来临。

2010 年 1 月 27 日，苹果公司发布旗下平板电脑产品——iPad，如图 2.14 所示。优雅的工业设计、多点触控带来的良好操控体验和大量应用带来的使用乐趣使得 iPad 获得了巨大的成功。据乔布斯在 2011 年新品发布会上公布的资料显示，iPad 平板电脑 2010 年销量近 1 500 万台。

2011 年 3 月，Google 因应平板电脑市场的成熟，推出图 2.15 所示的 Android 3.0 蜂巢(Honey Comb) 操作系统。该版本专门为平板电脑设计，新增首页按钮，多功能操作。随后，三星、联想、宏碁、华硕、摩托罗拉等世界一线消费电子厂商纷纷加入 Google 公司的安卓平板阵营，

发布各自品牌搭载 Android 操作系统的平板产品（见图 2.15）。

图 2.14 苹果公司的平板电脑——iPad　　　　图 2.15　Android 3.0 蜂巢（Honey Comb）操作系统

2012 年 6 月 19 日，微软发布了 Surface 系列平板电脑，如图 2.16 所示。该平板具有 x86 架构和 ARM 架构两个版本，且都采用镁合金机身，10.6 英寸触控屏。其中，x86 架构的版本机型可搭载第三代英特尔酷睿 i5 处理器，拥有 USB3.0 接口，硬盘空间为 64 GB 或 128 GB，质量低于 907 g，厚度不足 14 mm；而 ARM 架构的版本则只有 32 GB 和 64 GB 两个版本机型，但厚度、质量都略轻薄，约 9.3 mm，质量 680 g，配备 USB 2.0 接口，机身自带支架。至此，平板电脑市场苹果、谷歌、微软三足鼎立的格局逐渐形成，平板电脑产品百花齐放、井喷式发展的时代终于到来。

图 2.16　微软的 Surface 系列平板电脑

2013 年 10 月 23 日美国苹果公司正式公布了全新产品 iPad Air。iPad Air 的整体设计更偏向于 iPad mini，得益于铝金属 Unibody 一体成型设计，机身仅为 7.5 mm，纤薄轻巧。体积比上一代 iPad 减少近 1/4，质量不足 500 g，坚固程度也同样令人难以置信。它还配备了 Retina 显示屏，像素分辨率为 2 048 × 1 536 像素。它还具有 Apple A7 的处理器和 M7 运算协处理器，其处理器速度和图形处理性能是之前 A6 处理器的 2 倍。GPU 为 A7 集成四核 PowerVR G6430，A7 是首款集成此核心的 CPU，支持 OpenGL 3.0。

2014 年三星公司发布了旗下的 PRO 的平板产品 Galaxy Note Pro P900。该机定位为中高端市场产品，强悍的配置再一次刷新了安卓平板的配置纪录。12.2 英寸屏幕达到 2 560 × 1 600 像素的超高清分辨率，双四核处理器的性能配置也很好地继承了 Galaxy Note 10.1 的传统，并且支持 LTE4G 网络，网络速度和质量都非常好。电池容量为 9 500 mA · h 就有很好的待机性能。

2.3 移动终端的发展趋势

随着移动智能终端的高速发展，移动终端呈现出功能融合化和通信泛在化的发展态势，具体呈现出以下四个特点。

1. 硬件在充分竞争中继续快速升级

除高端旗舰机型的激烈竞争外，移动终端市场已加强向中低端市场的快速渗透，性价比成为终端竞争的关键因素。终端制造商面临着性能竞赛和低价市场的发展需求，在提升硬件水平的同时压缩产品成本和售价，加速了低价高配产品进入市场的速度，带动了整体市场硬件水平的全面提升。移动终端市场的竞争及价格波动，推动了各厂商加快芯片、摄像模块、显示屏、电池等的迭代和升级，竞争日趋激烈。

2. 通信与交互能力进一步增强

支持多模多频的 LTE 芯片、NFC、双频 Wi-Fi 等技术的发展和应用将使移动终端能够在更多样化的场景环境中保持通信连接。同时，以移动终端为中心，与周围设备进行互联、共享并对其进行控制的应用模式进一步发展。例如，通过 DLNA 技术实现移动终端与电视、PC 等多种电子设备之间跨平台的多媒体文件共享。

3. 终端形态进一步丰富

智能终端能力的不断增强，使其具有颠覆其他消费电子领域、缔造新产品分支的能力。同时智能手机和平板电脑之间将继续细化，针对不同应用场景分化，终端至少将包括便携尺寸的通信和信息设备（智能手机等）、便携尺寸的全能型信息设备（超大屏手机和 mini Pad 等）、小屏娱乐终端（平板电脑等）、可移动大屏娱乐终端（家庭移动屏）四类。语音、手势识别与交互都将逐步从应用体系渗透到系统软件层面，而跨尺寸（屏）的易用性也将成为操作系统及上层应用生态竞争的新热点。除此以外，智能手表、智能眼镜、智能手环等可穿戴移动设备作为下一个移动终端领域的"蓝海"，将会在各厂商的重视下迎来大规模的发展，通过移动互联网与物联网的深度融合，移动互联网将更为深入地改变人们的生活。

4. 移动终端与新技术进一步融合，促进新应用发展

移动终端自身计算能力的提升使其能够更好地与一些新兴技术相结合。例如，与裸眼 3D 技术的结合可以使用户无须佩戴特殊眼镜便可在终端上直接观看三维影像；与增强现实技术相结合能够在用户所看到的现实环境中叠加虚拟场景，为用户提供一个效果真实的新环境。而这些技术融合，将进一步促进搜索技术、基于地理位置的社交游戏、体感游戏、移动支付类应用的发展。

习 题

1. 简述移动终端的种类。
2. 移动终端的智能性体现在哪些方面？
3. 简述移动终端发展过程。
4. 你所了解的智能手机有哪些？
5. 简述移动终端的发展趋势。

第 3 章　移动操作系统

移动通信在刚出现时只是扮演单一的固定电话移动化的角色，所支持的功能也只是单一的通话功能。移动操作系统出现之前，移动设备一般使用嵌入式系统运行。伴随着通信产业的不断发展，单一的通话功能已经远远不能满足用户的需求。今天的移动终端已经向语音、数据、图像、视频综合的方向演变。像可拍照手机、摄像手机、彩屏手机、音乐手机、游戏手机等都是迎合用户的需要所产生的。随着手机的日益普及，手机功能也越来越完善。而 3G、4G 的出现极大地推动了移动通信与互联网的融合，加入了移动性的互联网将会为移动用户带来全新的应用，这些新应用的出现必将对移动终端的技术含量和处理能力提出更高的要求。移动通信终端除了具备普通移动终端的通话功能外，还应具有无线上网能力甚至是 PC 功能。移动终端操作系统作为连接软硬件、承载应用的关键平台，在移动终端中扮演着举足轻重的角色。随着移动通信技术的发展，功能越来越强、应用越来越丰富的移动终端不断问世，操作系统之间的竞争也将越来越白热化。

3.1 移动操作系统概述

移动互联网的迅猛发展彻底颠覆了传统通信产业的竞争格局，移动互联网时代已经到来，移动设备大行其道。人们把移动设备上运行的操作系统称为移动操作系统（Mobile Operating System，MOS）。移动操作系统近似于台式机上运行的操作系统，通常较之简单，并且提供了无线通信功能。移动操作系统是国际上研发竞争激烈的基础软件，是移动设备中最基本的系统软件，它控制移动设备的所有资源并提供服务和应用程序开发的基础，可以说，MOS 是移动设备的核心。使用移动操作系统的设备主要有智能手机、PDA、平板电脑等，此外也包括移动通信设备、无线设备等。移动操作系统在移动互联网产业中占据了核心的位置，它连接着硬件开发者、软件开发者、运营商以及终端用户，其发展日新月异。

手机如今已经像钱包和钥匙一样成为了人们的随身必备品。能像计算机一样浏览互联网、自由扩展功能的智能手机引起了越来越多消费者的青睐。据统计，在 2011 年全球智能手机出货量（4.87 亿）历史性地全面超过计算机（4.14 亿，含 PC 和平板）之后，2012 年第一季度，Android 设备出货量又首次超过了 Windows 设备。中国互联网络信息中心（CNNIC）2018 年 7 月发布的报告显示，我国网民中用手机接入互联网的用户占比已达到 98.3%，远超过台式计算机。移动终端真正成为主流，以 iPhone 为代表的新一代智能手机已彻底改变了人们的生活，就像苹果之父乔布斯说过的，已经很难想象没有 iPhone 的日子了。而智能手机之所以与传统功能型手机不同，最重要的就是它拥有一个开放性的操作系统。我们通常将智能手机的操作系统称为移动操作系统或者智能手机操作系统。移动操作系统的发展决定了智能手机的发展。

移动操作系统呈现新的发展态势，一方面，Android 优势持续扩大，2013 年占据全球 78.4% 的市场，谷歌在最新版本中推出带有革命性的技术方案——"新一代运行环境"（ART），更进一步强化了其对 Android 演进方向的主导权，也冲击了我国之前所做的一些研发努力；另一方面，移动操作系统仍保持快速创新态势，新一代 Web 技术、泛智能终端的发展有可能带来技术变革和产业格局重塑的新机遇。近年来，通过学习利用全球移动操作系统开源成果，我国移动互联网和智能终端产业竞争力显著提升，但也正形成新的路径依赖，当前亟须紧紧把握技术创新方向和产业新机遇，做好前瞻部署，通过分类施策和差异化布局，推动实现移动操作系统的新突破。

3.1.1 移动操作系统发展过程

1. 智能手机的诞生及 Symbian 系统的统治时代

说到智能手机的兴起需要回溯到 20 世纪末。手机巨头摩托罗拉在 1999 年末推出了一款名为天拓 A6188 的手机，它正是现在如日中天的智能手机的鼻祖。A6188 采用了摩托罗拉公司自主研发的龙珠（Dragon ball EZ）16 MHz CPU，支持 WAP 1.1 无线上网，采用了 PPSM（Personal Portable Systems Manager）操作系统。A6188 一经推出，便成为了高端商务人士的首选。时隔一年之后，来自北欧的爱立信推出了 R380sc 手机。R380sc 采用基于 Symbian 平台的 EPOC 操作系统，同样支持 WAP 上网，支持手写识别输入。R380sc 作为世界上第一款采用 Symbian OS 的手机被记入史册。

2002 年 10 月，世界上首部 2.5G、基于 Symbian OS 操作系统的智能手机在芬兰诞生了，它就是诺基亚 7650。7650 采用了 4 096 色 TFT 屏幕，内置当时极为罕见的蓝牙传输功能，同时它也是第一部内置数字相机功能的手机。它的出现一度让整个手机业界瞠目结舌，原来手机也可以具备这么多功能。直到今天，人们仍对这款开创多个第一的智能手机津津乐道。Symbian OS（中译音"塞班系统"），在一开始之初是由诺基亚、索尼爱立信、摩托罗拉、西门子等几家大型移动通信设备商共同出资组建的一个合资公司，是专门研发手机操作系统的。2004 年诺基亚开始收购持有 Symbian 股份的公司，当年收购了 Psion 公司持有的价值大约 1.357 亿英镑的 Symbian 公司 31.1% 的股权，使诺基亚在 Symbian 公司的股权达到 63.3%。这一年，Symbian 锋芒毕露，7610、6670 两款热门手机奠定了诺基亚智能手机霸主的地位。而 Symbian 平台也在诺基亚的栽培下成为最受欢迎的智能手机平台。

2005 年的 Symbian 系统经历了一次巨大的飞跃，Symbian OS v9.0 版的发布以及 Symbian S60 3rd Edition 的出现将 Symbian 的用户体验带到了一个全新的高度，这在当时以键盘输入为主的时代里是无人能及的。另外，在这一年，全球 Symbian OS 操作系统手机累积出货量达到 1 920 万部，而在 2004 年累积前 9 个月的出货量仅为 869 万部。在 Symbian S60 3rd Edition 的强势带动下，Symbian 智能系统的手机得到了飞速发展。

2006 年，外形与性能在当时都几乎无可挑剔的诺基亚 N73 上市，并且毫无意外地成为年度手机。售价在 4 000 元以上的诺基亚 N73 就像如今的 iPhone 一样得到多数人的追捧。2006 年一年的时间，Symbian 智能手机的出货量达到了 1 亿部。

2007 年 Symbian 历史上最为成功的产品之一诺基亚 N95 正式发布，标志着 Symbian 巅峰时代的到来。2008 年，Symbian 智能手机累计出货量已超过 2 亿部。"我们用了 8 年时间达到 1 亿部手机的累计出货量，而仅仅过去 18 个月就完成了另一个 1 亿部。"诺基亚的负责人如是说。

2. 苹果 iPhone 发布，iOS 的兴起与 Symbian 的日益衰落

2007 年 1 月 10 日，苹果公司发布了 iPhone。乔布斯称苹果重新发明了手机。iPhone 的主要特点有：全触摸屏幕，独特的外观设计；融合产物，可看作 iPod+手机+Internet 浏览器的结合；独特的界面、重力感应和多点触摸。iPhone 发布之后，各大品牌对 iPhone 不屑一顾，分析师也表示暂不看好，甚至有人认为，苹果公司将会因为 iPhone 而开始走下坡路。然而，正如我们看到的那样，iPhone 的出现不仅彻底地打破了智能手机行业的格局，也让我们的生活发生了巨大的变化。乔布斯所说的"重新定义手机"一点也没错。

而从市场反映情况来看，iPhone 也是当之无愧的苹果公司有史以来最伟大的产品，尽管苹果公司在之前已经推出了多种革命性的产品，如 Mac、iPod 等。而 iPhone 所获得的成功，很大程度上取决于它所内置的独具特色的操作系统——iOS。iOS 最开始名叫 iPhone runs OS X，意思为可以在 iPhone 上运行的 Mac OS X 系统（苹果 Mac 计算机内置的系统名叫 Mac OS X），2008 年 3 月改名为 iPhone OS，2010 年 6 月改名为 iOS 并一直沿用至今。

iOS 的开发语言是 Objective-C，系统结构分为四个层次：核心操作系统（Core OS Layer）、核心服务层（Core Services Layer）、媒体层（Media Layer）、Cocoa 触摸框架层（Cocoa Touch Layer）。iOS 用户界面概念的基础是能够使用多点触控直接操作，控制方法包括滑动、轻触开关及按键；与系统交互包括滑动（Wiping）、轻按（Tapping）、挤压（Pinching）及旋转（Reverse Pinching）。此外，通过其内置的加速器，可以令其旋转设备改变其 Y 轴以令屏幕改变方向，这样的设计令 iPhone 更便于使用。屏幕的下方有一个主屏幕按键，底部则是 Dock，有四个用户最经常使用的程序的图标被固定在 Dock 上。屏幕上方有一个状态栏能显示一些有关数据，如时间、电池电量和信号强度等。其余的屏幕用于显示当前的应用程序。

启动 iPhone 应用程序的唯一方法就是在当前屏幕上点击该程序的图标，退出程序则是按下屏幕下方的 Home（iPad 可使用五指捏合手势回到主屏幕）键。在第三方软件退出后，它直接就被关闭了，但在 iOS 及后续版本中，当第三方软件收到了新的信息时，Apple 的服务器将把这些通知推送至 iPhone、iPad 或 iPod Touch 上（不管它是否正在运行中），在 iOS5 中，通知中心将这些通知汇总在一起。iOS 开创了一种全新的人机交互方式，在 iPhone 之前，智能手机多是偏向商务化，全键盘基本都是标配，而在 iPhone 之后，触屏已经大行其道，智能手机从一个效率设备转换为一个体验设备，而用户体验已经成为当前最热的名词，几乎所有的公司都在强调自己是如何重视用户体验，并且不断改进产品。2011 年，iPhone 的累计销量突破一亿台，iOS 已经占据了全球智能手机系统市场份额的 30%，在美国的市场占有率为 43%。iPhone 几乎成为时髦的代名词，虽然价格不菲，但其巨大的吸引力还是使之成为了大街小巷随处可见的手机。

2010 年，诺基亚发布了 Symbian3 系统，一个全新的专为触摸屏幕打造的 Symbian 系统就此诞生。比起之前的版本，Symbian3 拥有众多的改变。Symbian3 对内核进行了优化，并原生集成了 QT 平台，可以获得更华丽的桌面插件效果，以及切换页面效果。由于硬件性能的提升，以及对内存管理机制的改进，Symbian3 可以允许更多程序同时运行。而硬件支持 3D 的特性，使游戏效果更加绚丽。Symbian3 的上市，让更多软件开发人员看到了 Symbian 强劲的生命力。然而，由于其先天性的设计缺陷（为键盘手机而设计），导致其在触屏手机上的运行始终显得笨重而臃肿，完全不能和 Android 以及 iOS 系统抗衡，Symbian3 也丝毫不能扭转

Symbian 系统的颓势。

2010 年，三星电子宣布退出 Symbian 转向 Android，至此，Symbian 仅剩诺基亚一家支持。2010—2011 年，Symbian 系统的全球市场份额在短短的一年中从 51% 降到了 41.2%。2011 年 11 月，Symbian 的全球市场份额降至 22.1%，霸主地位已彻底被 Android 取代，中国市场占有率则降为 23%。

3. App Store 模式

iOS 的成功，除了其本身有着出色的操作体验外，还有一个更为重要的创新，那就是 App Store。App Store 即 Application Store，通常理解为应用商店，于 2008 年 7 月 11 日在 iPhone 上正式上线。App Store 是一个由苹果公司为 iPhone 和 iPod Touch、iPad 以及 Mac 创建的服务，允许用户从 iTunes Store 或 Mac App Store 浏览和下载为 iPhone 或 Mac 开发的应用程序。用户可以购买或免费试用，让该应用程序直接下载到 iPhone 或 iPod touch、iPad、Mac 中。但"应用商店"仅仅是对 App Store 狭义上的定义，并没有真正体现出 App Store 本身作为软件、服务及电子商务交易平台的核心内在价值。App Store 模式的商业价值在于为第三方软件的开发者提供了方便而又高效的产品销售平台，不仅大大提高了这些开发商的参与积极性，同时也适应了手机用户对个性化应用的需求，从而使手机软件业开始进入了一个高速、良性发展的轨道。

苹果公司把 App Store 这样一个商业行为升华到了一个吸引用户参与的经营模式，开创了手机应用的新篇章，App Store 无疑将会成为手机业务发展史上的一个重要里程碑，其意义已远远超越了"iPhone 的软件应用商店"的本身。在 App Store 模式出现之前，让一款手机软件流行的最佳途径只能是通过说服运营商在手机中预装该软件这个单一的方式进行，苹果应用程序商店，不仅为苹果公司带来了业绩优良的销售收入，更重要的是带来了一种新的模式——App Store 模式，它彻底改变了人们使用手机的方式，使手机变成可定制的并拥有各种工具的随身设备；而对于整个手机行业的经营者来说，改变了整个经营的概念和方向——实现了手机行业从封闭向开放的根本转变。App Store 上线三天后，其可供下载的应用程序已达 800 个，下载量达到 1 000 万次。

2009 年 1 月 16 日，数字刷新为逾 1.5 万个应用，超过 5 亿次下载。2011 年 1 月 6 日，App Store 扩展至 Mac 平台。两年半的时间全球用户通过 App Store 的下载量已突破 100 亿大关。2012 年 6 月，App Store 的应用数量已达 65 万，下载量突破 300 亿次。截至 2013 年 1 月 7 日，苹果官方应用商店 App Store 的应用下载量已经突破 400 亿次，活跃用户数达 5 亿个。2013 年 3 月，根据移动广告网络 inMobi 调查显示，中国 3/4 的 iOS 和安卓系统用户该月使用手机 App 个数达 6 个以上，其中 27% 的用户使用 App 数量多于 21 个。

2014 年是车载 App 高速发展的一年，各大汽车厂商展开了激烈的竞争。智能手机中的 App 应用技术加载到车载 App 中，这绝对是一场革命性的技术革新。世界知名汽车制造商，诸如本田、奥迪、宝马、奔驰都将新兴的车载 App 开发作为 2014 年的工作重点之一，集体大力推动车载 App 的研发制造。非车载企业的苹果公司同样不甘示弱，在充满技术挑战的领域里，已经开始进军车载 App 技术并开发了 carPlay 应用程序，该信息系统仿制了智能手机中的应用技术，但在汽车功能方面更加深化。

App Store 模式彻底改变了移动信息产业的格局，智能操作系统之争的本质变成了各自生态系统之争，这种竞争已经远远超越技术本身的优劣，而是更高层次的生态链层面的竞争。

4. Android 的崛起

2007 年秋，苹果 iPhone 问世后，在全球掀起一股"苹果风潮"，以诺基亚为主的 Symbian 阵营逐渐感受到了威胁，正苦苦思索着对抗 iPhone 的方案。微软发布了全新的 Windows Mobile 6，却并没有取得预期的效果。此时，智能手机产业迫切需要一个新兴的操作系统来与苹果 iOS 对抗。于是，Android 应运而生。2003 年 10 月，Andy Rubin 等人创建 Android 公司，并组建 Android 团队。两年后，公司被 Google 收购。Andy Rubin 为 Google 公司工程部副总裁，继续负责 Android 项目。

2007 年 11 月 5 日，Google 公司正式向外界展示了这款名为 Android 的操作系统，并联合 65 家企业建立了开放手持设备联盟（Open Handset Alliance，OHA）来共同研发改良 Android 系统，这一联盟将支持 Google 发布的手机操作系统以及应用软件，Google 以 Apache 免费开源许可证的授权方式发布了 Android 的源代码。

2008 年 9 月，Google 正式发布了 Android 1.0 系统。Google 发布的 Android 1.0 系统并没有被外界看好，甚至舆论称 Google 最多再有一年就会放弃 Android 系统。不久后，第一款搭载 Android 1.0 系统的手机现身，这款手机就是 T-Mobile G1，由运营商 T-Mobile 定制，HTC（宏达电）代工制造，手机的全名为 HTC Dream。这款手机采用了 3.17 英寸 480×320 像素分辨率的屏幕，手机内置 528 MHz 处理器，拥有 192 MB RAM 以及 256 MB ROM。

Android（中文名：安卓）是一种基于 Linux 的自由及开放源代码的操作系统，其系统架构和其操作系统一样，采用了分层的架构，分为四层，从高层到低层分别是应用程序层、应用程序框架层、系统运行库层和 Linux 核心层。其所有的应用程序都是使用 Java 语言编写的。

Android 系统并不像 iPhone 那样一经发布就备受瞩目，相反，Android 的发展之路可以说是相当艰难曲折的。Android 刚推出时，大部分人并不认可它。但是，不断的创新及其前所未有的开放性，也让 Android 逐渐得到消费者的认可，受到了广泛的好评。

开放性是 Android 最大的优势。Android 是一个开源的系统，这点与全封闭的 iOS 系统截然不同。Android 操作系统的开源意味着开放的平台允许任何移动终端厂商加入 Android 联盟中来。因为 Android 的开源，专业人士可以利用开放的源代码来进行二次开发，打造出个性化的 Android。例如，中国小米科技的 MIUI 就是基于 Android 原生系统深度开发的 Android 系统，其与原生系统相比有了较大的改动。而且开放性可以缩短开发周期，降低开发成本，这样更有利于 Android 的发展。联盟战略是 Android 能够攻城拔寨的另一大法宝。Symbian 也曾经使用过联盟战略，但由于 Symbian 的开源程度不够，导致系统臃肿、难以为继，合作伙伴先后离开阵营，且从联盟成员来看，Symbian 联盟主要以手机厂商为主。而 Google 为 Android 成立的开放手持设备联盟（OHA）不但有摩托罗拉、三星、HTC、索尼爱立信等众多大牌手机厂商拥护，还受到了手机芯片厂商和移动运营商的支持，仅创始成员就达到 34 家。开源、联盟，Android 凝聚了几乎遍布全球的力量，这是 Android 形象及声音能够被传到全球移动互联网市场每一个角落的根本原因。

2011 年 1 月，Google 称每日的 Android 设备新用户数量达到了 30 万部，到 2011 年 7 月，这个数字增长到 55 万部，而 Android 系统设备的用户总数达到了 1.35 亿，占全球智能手机操作系统市场 76% 的份额，中国市场占有率为 90%。

在 CES 2011 会展上，使用 Android 3.0 平板电脑专用优化版系统的摩托罗拉 XOOM 正式诞生，同时也将 Android 推至 3.0 版，是 Android 发展史上极具历史意义的一次重大更新。从 Android 3.0 开始，Android 的发展将更注重良好的互动性，交互界面效果与 Android 2.X 及其以前版本完全不同。Android 系统 4.0 命名为 Ice Cream Sandwich（以下简称 ICS），并于 2013 年 9 月 4 日发布 Android 4.4 KitKat。据市场研究公司 Strategy Analytics 发表的研究报告称，2013 年第三季度全球安卓智能手机的出货量为 2.044 亿部，上一年同期安卓智能手机的出货量为 1.296 亿部，同比增长 57.7%。市场份额从上一年同期的 75% 提高到了 81%。这表明安卓系统的市场份额在持续增长。

5. 成长中的 Windows Phone

2010 年 2 月，微软正式向外界展示了 Windows Phone 操作系统。2010 年 10 月，微软公司正式发布 Windows Phone 智能手机操作系统的第一个版本 Windows Phone 7，简称 WP7。Windows Phone 的诞生，宣告了 Windows Mobile 系列彻底退出了手机操作系统市场。全新的 WP7 完全放弃了 Windows Mobile 5、6X 的操作界面，而且程序互不兼容，并且微软完全重塑了整套系统的代码和视觉。

Windows Phone 系统给人焕然一新的感觉，其界面的最大特色在于使用了 Metro UI。Metro UI 是一种界面展示技术，和苹果的 iOS、Google 的 Android 界面最大的区别在于：后两种都是以应用为主要呈现对象，而 Metro 界面强调的是信息本身，而不是冗余的界面元素。显示下一个界面部分元素在功能上的作用主要是提示用户"这儿有更多信息"。同时在视觉效果方面有助于形成一种身临其境的感觉。2011 年 2 月 11 日，诺基亚在英国伦敦宣布与微软达成战略合作关系。诺基亚手机将采用 Windows Phone 系统，并且将参与该系统的研发。诺基亚将把 Windows Phone 作为智能手机的主要操作系统，并在该平台上，在诺基亚处于市场领先地位的领域进行创新，如拍照等。全面转型后的诺基亚，在与微软达成深度合作协议后，接连发布了几款表现出色的 Windows Phone 手机，包括工业设计备受好评的 Lumia 900 以及第一款支持无线充电的 Lumia 920 等。目前，诺基亚在 Windows Phone 手机生产厂商中的份额高达 76%。

2012 年 6 月 21 日，微软在美国旧金山正式发布了全新 Windows Phone 8。Windows Phone 8 放弃了 WinCE 内核，改用与 Windows 8 相同的 NT 内核。Windows Phone 8 系统也是第一个支持双核 CPU 的 Windows Phone 版本，宣布 Windows Phone 进入双核时代，同时宣告着 Windows Phone 7 退出历史舞台。Windows Phone 8 新增了包括 IE10、全新界面、MicroSD 卡扩充、支持多核处理器和高分辨率屏幕在内的多项重大更新，使 Windows Phone 进入了一个新的时代。但因其内核改变，微软宣布不再继续支持 Windows Phone 7，Windows Phone 7 的手机无法升级到 Windows Phone 8，也无法使用 Windows Phone 8 的应用程序，使得广大的 Windows Phone 7 用户对微软的做法感到不满。根据市场研究机构 IDC 和 Garther 的统计，截至 2012 年底，微软 Windows Phone 的全球市场份额为 2.8%，落后于黑莓，在全球排名第四。但是，当时 Windows Phone 的市场份额较上一年同期已增长了 150%，这样的增幅远远领先业内其他平台。

2013 年，微软的全球市场份额为 3.6%，相较 2012 年底，增长超过 150%，超越黑莓，并在不断缩减和 iOS（iPhone）之间的差距，成为名副其实的全球第三大平台。2014 年 4 月 2 日在美国旧金山举行的 Build 2014 开发者大会上，微软宣布了若干 Windows 平台的重要更新，包括发布 Windows Phone 8.1、Windows 8.1 Update 正式推出、新的授权政策、全新融合的开发平台等。2014 年是 Windows Phone 系统强劲发展的一年。首先，在系统版本更新至 Windows Phone 8.1 之后（之前所有的 Windows Phone 8 设备均可以升级），会带来更加完善的功能，无论是个人级还是企业级功能；其次，当前 Windows Phone 应用商店中的应用数量已达 24 万以上，未来将有更多的开发者进行 Windows Phone 应用的开发，当前应用质量也将不断提高，新应用的开发注重三平台版本的同步和齐全；最后，随着微软大幅降低系统的授权费用，同时在 MWC2014 上有更多的 OEM 厂商加入 Windows Phone 系统硬件的制造。总体来说，Windows Phone 系统在未来将有很大的发展。

3.1.2　移动操作系统的发展趋势

随着智能操作系统的大行其道，智能终端设备的软件架构也随之发生了明显的变化。移动操作系统出现之前，移动设备如手机一般使用嵌入式系统运作。首台智能手机推出后，1996 年，Palm 及微软先后推出了 Palm OS 和 Windows CE，开启了移动操作系统争霸的局面。诺基亚、黑莓公司研究手机上的移动操作系统，以争夺市场。2007 年，苹果推出 iPhone，搭载 iOS 操作系统，着重于应用触控式面板，改进了用户界面与用户体验。其后，谷歌于 2007 年 9 月成立开放手持设备联盟，并推出 Android 操作系统。Android 的发布造成苹果和谷歌之间的裂痕，最终导致谷歌公司首席运营官埃里克•施密特辞去苹果董事会职务。由于苹果的 iOS 以及谷歌的 Android 推波助澜，至 2010 年 5 月，智能手机用户量大大增加。截至 2011 年 1 月，谷歌持有全球智能手机市场份额高达 33.3%，成为全球第一大智能手机操作系统。2012 年第三季度移动操作系统用户使用比率最高的仍为 MTK 与 Symbian，用户占比分别为 29.39% 与 24.98%，Android 用户占比 22.44%，名列第三位，iOS 用户占比增长至 5.77%，居于第四位。2013 年 1 月诺基亚宣布停止研发 Symbian 系统。与此同时，以谷歌的 Android、苹果的 iOS、微软的 Windows Phone 为主流的三大系统发展稳健。尽管苹果与安卓仍是手机操作系统领域的霸主，但是两者之间逐渐发生了微妙的变化，安卓手机操作系统垄断现象进一步加深。2013 年第一季度两大手机操作系统的市场份额分别是 Android 68.8%、iOS 18.8%；而到了第三季度这两个数据分别变成了 81.3% 和 13.4%。

当前，Android 系统被指已经进入瓶颈期，iOS 变得越来越缺乏创新，而向整合看齐的微软去年的一系列举动在今年有望得到体现，Windows Phone 或可加速打破个位数市场占有率的困局，甚至在更远的将来向安卓和苹果发起挑战。微软操作系统平台的整合是向多元化的内容和元素探索。

智能终端上的软件架构也可大致分为三个阶段，简单来讲就是全封闭、半封闭和开放平台三个阶段。开放平台的核心是其必须提供标准化公开化的应用程序接口，使得整个平台面向第三方应用开放。开放平台的兴起使得软件生态系统的重要性大大提升。相对于封闭平台的在"有限"的生态系统中开发，开放平台无疑将自己放在了一个"无限大"的软件生态系统之上，由此也产生了我们已经看到和将要看到的许多极具创新力的产品。

目前移动终端采用的几大开放式操作系统在移动性、性能、扩展能力、模块化程度、耗电量等方面各有千秋，在市场上也都想扩充自己的势力范围，达到一统天下的目的，至于孰胜孰负，还有一个博弈的过程。但是发展到现在，这几种操作系统都在向一个方向发展，即通用性、开放性和易用性。

Windows Mobile 系列操作系统是在微软的 Windows 操作系统上变化而来的，因此，它们的操作界面非常相似。Windows Mobile 系列操作系统功能强大，多数具备了音频/视频文件播放、上网冲浪、MSN 聊天、电子邮件收发等功能。而且，支持该操作系统的智能手机多数都采用了英特尔嵌入式处理器，主频较高。另外，采用该操作系统的智能手机在其他硬件配置（如内存、存储卡容量等）上也较采用其他操作系统的智能手机要高出许多，因此性能比较强劲，操作起来速度会比较快。但是，此系列手机也有一些缺点，如因配置高、功能多而产生耗电量大、电池续航时间短、硬件成本高等缺点。Windows Mobile 系列操作系统包括 SmartPhone 以及 Pocket PC Phone 两种平台。Pocket PC Phone 主要用于掌上电脑型的智能手机，而 SmartPhone 则主要为手机型的智能手机提供操作系统。

与 Windows Mobile 系列操作系统一样，Linux 手机操作系统是由计算机 Linux 操作系统变化而来的。简单地说，Linux 是一套免费使用和自由传播的操作系统，具有稳定、可靠、安全等优点，有强大的网络功能。在相关软件的支持下，可实现 WWW、FTP、DNS、DHCP、E-mail 等服务。Linux 开放源代码的这一特点非常重要，因为丰富的应用是智能手机的优越性体现和关键卖点所在。从应用开发的角度看，由于 Linux 的源代码是开放的，有利于独立软件开发商（ISV）开发出硬件利用效率高、功能强大的应用软件，也方便行业用户开发自己的安全、可控认证系统。

Symbian 操作系统对移动终端产品进行了最优化设计。Symbian 操作系统在智能移动终端上拥有的强大的应用程序以及通信能力，都要归功于它有一个非常健全的核心——强大的对象导向系统、企业用标准通信传输协议以及完美的 Sunjava 语言。Symbian 认为无线通信装置除了要提供语音沟通的功能外，同时也应具有其他多种沟通方式，如触笔、键盘等。在硬件设计上，它可以提供许多不同风格的外形，就像使用真实或虚拟的键盘；在软件功能上，它可以容纳许多功能，包括和他人互相分享信息、浏览网页、收发电子邮件、传真以及个人生活行程管理等。此外，Symbian 操作系统在扩展性方面为制造商预留了多种接口。

从一开始的 Symbian 独霸到计算机操作系统霸主微软的进入，再到后来 Android、iOS、Linux 的崛起，没有哪一种操作系统在短时间内能够一统天下，在相当长的一段时间内这几种操作系统还会共存。但我们可以发现，由于操作系统的不同造成了上层应用软件的不兼容，实现同一功能的软件需要适配不同的操作系统开发不同的版本，对应用开发商的资质要求较高，这大大限制了应用的开发与发展，同时挫伤了应用开发商的积极性。从操作系统的发展历程来看，目前移动终端操作系统的发展可以预见的是：未来的移动终端的操作系统将逐渐统一，具有统一的平台与接口，操作系统的通用性也会更好；操作系统会逐渐发展，屏蔽底层硬件系统的细节，为上层的应用开发开放更简单和更统一的接口，这就大大降低了对移动终端应用开发商的要求，降低了门槛，很多有创意但是技术实力并不雄厚的应用开发商也能借此机会进入，使得应用越来越丰富，共同推动操作系统的进一步发展。

近年来，移动互联网市场的发展逐渐走向封闭，导致开发者、手机制造商、用户在移动设备的开发和使用上受到诸多限制，移动互联网市场的垄断现象日趋严重。对一个厂商而言，iOS 和 Android 仍显得过于保守和约束，你能使用 Android，但你只能跟随它，不能领导它。Mozilla 一向是开放平台的先锋，并聚集起了一大批开发爱好者。更加开源的 Ubuntu 也忍耐不住，期待在移动市场上翻身。

不得不提的是，虽然 Windows Phone、BlackBerry 10 与 iOS 和 Android 外观、设计理念、内核都各不相同，但实际架构却都属于传统的 C/S 架构，而火狐在 MWC 上最新推出的 Firefox OS，以及 Ubuntu Touch 则兼容 HTML5 WebApps。

目前来看，完全 HTML5 化的 Firefox OS 应用主要基于 HTML5+JavaScript 实现，是一款真正的 Web OS。而由于 B2G 是将 HTML 层盖在硬件之上，没有中间层，直接用 HTML 调用硬件，只需要比 Android 更低的配置就能达到同样的体验。这样不仅能减少开发成本、快速迭代，无须更新，支持平板电脑、手机、台式计算机、电视多平台，甚至其手机硬件成本都将大大降低（100 美元以下）。此外，目前，App Store 上超过 50%的应用已经是用 HTML5 来开发的，将来可能 90%的应用会用 HTML5 来开发，而余下的 10%可能永远也不适合 HTML5。

相比之下，Ubuntu 的目标则更直接一点，它属于较为温和的颠覆。Ubuntu Touch 可以与 Android 同时并存，一部手机既可以执行 Android 应用程序，也可以执行 Ubuntu Linux 应用程序，这是因为 Android 的底层也是 Linux。此外，Ubuntu 还在倡导超级手机——最高端的智能手机也能够运行 Ubuntu，届时它不但可以作为一个普通的电话，还可以连接屏幕与键盘，可以像一个台式计算机那样工作，并提供统一无缝体验。手机实际上变成了一个独立大脑，可以指挥多个设备。

运营商同样支持这类手机系统。首先是成本较低，像 Android 这样的操作系统是免费的，但 Firefox OS 的设计主要针对的是低端设备，而 Android 在这些设备上运行糟糕，有时甚至无法运行。其次，Firefox OS 和 Ubuntu Touch 是开源的，运营商能够通过运行其自己的应用以及服务在该操作系统上完成任何他们想完成的事。

回顾过去，虽然属于键盘机的时代已一去不复返了，但以 Symbian 为主的第一代智能手机操作系统在多任务处理、第三方应用程序的扩展方面都可以说是现在智能手机的先驱，而 Symbian 系统以其简单实用和超低功耗等特点也成了操作系统中永恒的经典。立足今日，我们看到自 iPhone 出现后，移动操作系统焕然一新，而智能手机产业的竞争也进入了白热化状态，各大企业不断创新，精彩迭出，智能手机的数量首次超过了 PC，一个属于移动终端的后 PC 时代已来临。展望未来，移动操作系统需要一个真正的开放平台、多种新技术和服务的融合以及云技术与智能终端设备的无缝对接。HTML5 的出现，让我们看到了未来的方向。移动操作系统还会以怎样的方式继续改变我们的生活?让我们拭目以待。

3.2 移动操作系统架构

3.2.1 iOS 架构

iOS 架构和 Mac OS 的基础架构相似。站在高级层次来看，iOS 扮演底层硬件和应用程序

（显示在屏幕上的应用程序）的中介，应用程序不能直接访问硬件，而需要和系统接口进行交互，从而可以防止应用程序改变底层硬件。iOS 系统框架分为四大层——Cocoa Touch 层、Media 层、Core Services 层、Core OS 层，底层为所有应用程序提供基础服务，高层则包含一些复杂巧妙的服务和技术。

1. Cocoa Touch 层

Cocoa Touch 层包含创建 iOS 应用程序所需的关键框架。上至实现应用程序可视界面，下至与高级系统服务交互，都需要该层技术提供底层基础。在开发应用程序的时候，尽可能不要使用更底层的框架，而是尽可能使用该层的框架。Address Book UI 框架（AddressBookUI. framework）是一套 Objective-C 的编程接口，可以显示创建或者编辑联系人的标准系统界面。该框架简化了应用程序显示联系人信息所需的工作。

iOS 3.0 引入了 Game Kit 框架（GameKit.framework），该框架支持点对点连接及游戏内语音功能，可以通过该框架为应用程序增加点对点网络功能。点对点连接以及游戏内语音功能在多玩家的游戏中非常普遍，不过也可以将其加入非游戏应用程序。此框架通过一组建构于 Bonjour 之上的简单而强大的类提供网络功能，这些类将许多网络细节抽象出来，从而让没有网络编程经验的开发者可以更加容易地将网络功能整合到应用程序。

iOS 3.0 导入了 Map Kit 框架（MapKit.framework），该框架提供一个可被嵌入应用程序的地图界面，该界面包含一个可以滚动的地图视图，用户可以在视图中添加定制信息，并可将其嵌入应用程序视图，通过编程的方式设置地图的各种属性（包括当前地图显示的区域以及用户的方位）。用户也可以使用定制标注或标准标注（例如使用测针标记）突出显示地图中的某些区域或额外的信息。

iOS 3.0 引入了 Message UI 框架（Message UI framework）。可以利用该框架撰写电子邮件，并将其放入用户的发件箱排队发送。该框架提供一个视图控制器界面，可以在应用程序中展现该界面，通过该界面撰写邮件。界面的字段可以根据待发送信息的内容生成。例如，可以设置接收人、主题、邮件内容并可以在邮件中包含附件。这个界面允许用户先对邮件进行编辑，然后再选择接收。在用户接收邮件内容后，相应的邮件就会放入用户的发件箱排队等候发送。

iOS 4.0 引入了 Event Kit UI 框架（EventKitUI.framework），它提供一个视图控制键可以展现查看并编辑事件的标准系统界面。EventKit 框架（查看"EventKit 框架"可获得该框架的进一步信息）的事件数据是该框架的构建基础。

iOS 4.0 引入了 iAd 框架（iAd.framework），用户可以通过该框架在应用程序中发布横幅广告，广告会被放入标准视图，用户可以将这些视图加入用户界面，并在合适的时机向用户展现。这些视图和苹果的公告服务相互协作，自动处理广告内容的加载和展现，同时也可以响应用户对广告的点击。

在 iOS 4.0 系统中，该框架开始支持可拖动标注以及定制覆盖层。可拖动标注允许用户通过编程方式或通过用户交互方式重定位某个标注的位置，覆盖层可用于创建多个点组成的复杂地图标注，地图表面诸如公交路线、选举地图、公园边界或者气象信息（如雷达数据）等可以使用覆盖层进行显示。

在 iOS 4.0 及其后续的系统中，该框架提供一个 SMS 撰写面板控制器，可以通过它在应用程序中创建并编辑 SMS 信息（无须离开应用程序）。和电子邮件撰写界面一样，该界面也允许用户先编辑 SMS 信息再发送。UIKit 框架（UIKit.framework）的 Objective-C 编程接口为实现 iOS 应用程序的图形及事件驱动提供关键基础。iOS 系统所有程序都需要通过该框架实现下述核心功能：应用程序管理、用户界面管理、图形和窗口支持、多任务支持、处理触摸及移动事件等。

2. 媒体层

媒体层包含图形技术、音频技术和视频技术，这些技术相互结合就可为移动设备带来最好的多媒体体验，更重要的是，它们使创建外观音效俱佳的应用程序变得更加容易。可以使用 iOS 的高级框架更快速地创建高级的图形和动画，也可以通过底层框架访问必要的工具，从而以某种特定的方式完成某种任务。高质量的图形是 iOS 应用程序的重要组成部分。

创建应用程序最简单、最有效的方法是使用事先渲染过的图片，搭配上标准视图以及 UIKit 框架的控件，然后把绘制任务交给系统来执行。但是在某些情况下，可能需要一些 UIKit 所不具有的功能，而且需要定制某些行为。iOS 音频技术可为用户提供丰富多彩的音响体验，可以使用音频技术来播放或录制高质量的音频，也可以用于触发设备的振动功能（具有振动功能的设备）。iOS 系统提供数种播放或录制音频的方式供用户选用。

iOS 有数种技术可用于播放应用程序包的电影文件以及来自网络的数据流内容。如果设备具有合适的视频硬件，这些技术也可用于捕捉视频，并可将捕获到的视频集成到应用程序。系统还提供多种方法用于播放或录制视频内容，用户可以根据需要选择。视频技术的高级框架可以简化为提供对某种功能的支持所需的工作。

iOS 2.2 引入了 AV Foundation 框架（AV Foundation Framework），该框架包含的 Objective-C 类可用于播放音频内容。通过使用该框架，可以播放声音文件或播放内存中的音频数据，也可以同时播放多个声音，并对各个声音的播放进行特定控制。在 iOS 4.0 及后续版本中，该框架提供的服务得到了很大的扩展，包含了媒体资产管理、媒体编辑、电影捕捉、电影播放等服务。

3. Core Services 层

Core Services 层为所有的应用程序提供基础系统服务。可能应用程序并不直接使用这些服务，但它们是系统很多部分赖以建构的基础。Address Book 框架（AddressBook.framework）支持编程访问存储于用户设备中的联系人信息。如果应用程序使用到联系人信息，则可通过该框架访问并修改用户联系人数据库的记录。CFNetwork 框架（CFNetwork.framework）提供一组高性能基于 C 语言的接口，它们为使用网络协议提供面向对象抽象。通过这些抽象，用户可以对协议栈进行更精细的控制，而且可以使用诸如 BSD socket 这类底层结构。用户也可以通过该框架简化诸如与 FTP 或 HTTP 服务器通信以及 DNS 主机解析这类任务。

iOS 3.0 引入 Core Data 框架（CoreData.framework）。Core Data 框架是一种管理模型—视图—控制器应用程序数据模型的技术，它适用于数据模型已经高度结构化的应用程序。通过此框架，用户再也不需要通过编程定义数据结构，而是通过 Xcode 提供的图形工具构造一份代表数据模型的图表。在程序运行的时候，（Core Data 框架就会创建并管理数据模型的实例，同时还对外提供数据模型访问接口。通过 Core Data 管理应用程序的数据模型，可以极大限度地减少需编写的代码数量。Core Foundation 框架（CoreFoundation.framework）是一组 C 语言接口，它们为 iOS 应用程序提供基本数据管理和服务功能。

Core Location 框架（CoreLocation.framework）可用于定位某个设备的当前经纬度。它可以利用设备硬件，通过附近的 GPS、蜂窝基站或者 Wi-Fi 信号等信息计算用户方位。Maps 应用程序就是利用此功能在地图上显示用户当前位置的，可以将此技术结合到应用程序，以此向用户提供方位信息。iOS 4.0 引入了 Core Media 框架（CoreMedia.framework），此框架提供 AV Foundation 框架使用的底层媒体类型。只有少数需要对音频或视频创建及展示进行精确控制的应用程序才会涉及该框架，其他大部分应用程序应该都用不上。

iOS 4.0 引入了 Core Telephony 框架（CoreTelephony.framework），此框架为访问具有蜂窝无线的设备上的电话信息提供接口，应用程序可通过它获取用户蜂窝无线服务的提供商信息。如果应用程序对于电话呼叫感兴趣，也可以在相应事件发生时得到通知。iOS 4.0 引入了 Event Kit 框架（EventKit.framework），此框架为访问用户设备的日历事件提供接口，可以通过该框架访问用户日历中的现有事件，可以增加新事件。日历事件可包含闹铃，而且可以配置闹铃激活规则。iOS 4.0 引入 Quick Look 框架（QuickLook.framework），应用程序可以通过该框架预览无法直接支持查看的文件内容。如果应用程序从网络下载文件或者需处理来源未知的文件，则非常适合使用此框架。因为应用程序只要在获得文件后调用框架提供的视图控制器就可以直接在界面中显示文件的内容。

iOS 3.0 引入了 Store Kit 框架（StoreKit.framework），此框架为 iOS 应用程序内购买内容或服务提供支持。例如，开发者可以利用此框架允许用户解锁应用程序的额外功能，或者游戏开发人员可使用此特性向玩家出售附加游戏级别。在上述两种情况中，Store Kit 框架会处理交易过程中和财务相关的事件，包括处理用户通过 iTunes Store 账号发出的支付请求并且向应用程序提供交易相关信息。Store Kit 框架主要关注交易过程中和财务相关的事务，目的是确保交易安全准确。应用程序需要处理交易事物的其他因素，包括购买界面和下载（或者解锁）恰当的内容。通过这种任务划分方式，就可拥有购买内容的控制权，可以决定希望展示给用户的购买界面以及何时向用户展示这些界面，同时也可以决定和应用程序最匹配的交付机制。System Configuration 框架（SystemConfiguration.framework）可用于确定设备的网络配置，可以使用该框架判断 Wi-Fi 或者蜂窝连接是否正在使用中，也可以用于判断某个主机服务是否可以使用。

4. Core OS 层

Core OS 层的底层功能是很多其他技术的构建基础。通常情况下，这些功能不会直接应用于应用程序，而是应用于其他框架。但是，在直接处理安全事务或和某个外设通信时，则必须要应用到该层的框架。iOS 系统不但提供内建的安全功能，还提供 Security 框架（Security.framework）用于保证应用程序所管理之数据的安全。该框架提供的接口可用于管理证书、公钥、私钥以及信任策略，它支持生成加密的安全伪随机数。同时，它也支持对证书和 Keychain 密钥进行保存，是用户敏感数据的安全仓库。CommonCrypto 接口另外还支持对称加密、HMAC 以及 Digests。实际上，Digests 的功能和 OpenSSL 库常用的功能兼容，但是 iOS 无法使用 OpenSSL 库。系统层包括内核环境、驱动及操作系统底层 UNIX 接口。内核以 Mach

为基础，它负责操作系统的各个方面，包括管理系统的虚拟内存、线程、文件系统、网络以及进程间通信。这一层包含的驱动是系统硬件和系统框架的接口。出于安全方面的考虑，内核和驱动只允许少数系统框架和应用程序访问，应用程序可以使用 iOS 提供的 LibSystem 库访问多种操作系统的底层功能。

3.2.2　Android 架构

Android 是一个开放的软件系统，为用户提供了丰富的移动设备开发功能，从上至下包括应用程序（Application）、应用程序框架（Application Framework）、各种类库（Libraries）和 Android 运行时（Android Runtime）、操作系统（OS）。

1. 应用程序（Application）

应用层是和用户交互的一个层次，是用户可以看得见和可以操作的一些应用，这类应用基本都是通过 Java 语言编写的独立的能够完成某些功能的应用程序。Android 本身提供了桌面（Home）、联系人（Contacts）、拨打电话（Phone）、浏览器（Browers）等很多基本的应用程序。开发人员可以使用应用框架提供的 API 编写自己的应用程序，普通开发人员要做的事情就是开发应用层的程序并提供给广大消费者使用。

2. 应用程序框架（Application Framework）

开发人员具有和核心应用相同的框架 API 访问权限。应用程序的构建模式被设计成简单的可重用的组件。所有应用能够分享该框架的能力，所有应用都是如此（这是被框架强迫的安全约束），从而允许用户在相同的机器上替换组件。

3. 类库（Libraries）

Android 包含一整套 C/C++库，用于构建 Android 系统的大量不同的组件，这些能力通过 Android 应用程序框架暴露给开发人员。部分核心库如下所述。

（1）系统 C 库：一个由 BSD 发起的标准 C 库实现，专门为基于 Linux 的嵌入式设备做了调整。

（2）媒体库：基于 PacketVideo's OpenCORE。该库支持回放和录制大量流行的音视频格式和静态图片，包括 MPEG4、H.264、MP3、AAC、AMR、JPG、PNG。

（3）Surface 管理：用于管理显示子系统和无缝合成不同应用的 2D 和 3D 图形层。

（4）LibWebCore：先进的 Web 浏览器引擎。用来构建 Android 浏览器和内嵌的 Web 视图。

（5）SGL：底层的 2D 图形引擎。

（6）3D 库：实现 OpenGL ES 1.0 APIs；该库使用硬件加速（当硬件可用时）或者高度优化的 3D 软件光栅。

（7）FreeType：用于点阵和矢量字体渲染。

（8）SQLite：能够被所有应用使用的强大的轻量级关系数据库引擎。

（9）SSL（Secure Sockets Layer）：中文名为"安全套接层协议层"，它是网景（NetScape）公司提出的基于 Web 应用的安全协议，当前版本为 3.0。SSL 协议指定了一种在应用程序协议（如 HTTP、Telnet、NMTP 和 FTP 等）和 TCP/IP 协议之间提供数据安全性分层的机制，它为 TCP/IP 连接提供数据加密、服务器认证、消息完整性以及可选的客户机认证，它已被广泛地用于 Web 浏览器与服务器之间的身份认证和加密数据传输。

SSL 协议位于 TCP/IP 协议与各种应用层协议之间，为数据通信提供安全支持。SSL 协议可分为两层：SSL 记录协议（SSL Record Protocol），它建立在可靠的传输协议（如 TCP）之上，为高层协议提供数据封装、压缩、加密等基本功能的支持。SSL 握手协议（SSL Handshake Protocol），它建立在 SSL 记录协议之上，用于在实际的数据传输开始前通信双方进行身份认证、协商加密算法、交换加密密钥等。SSL 协议提供的服务主要有：认证用户和服务器，确保数据发送到正确的客户机和服务器；加密数据以防止数据中途被窃取；维护数据的完整性，确保数据在传输过程中不被改变。

4. Android 运行时（Android Runtime）

Android 包含了一整套核心库，它为 Java 语言提供了很多有用的功能。所有的 Android 应用都运行在它自己的进程里，该进程是一个 Dalvik 虚拟机的实例，且 Dalvik 被设计成能在一台设备上高效地运行多个虚拟机实例。Dalvik 虚拟机的可执行文件被封装成 Dalvik 可执行格式（.dex）。这是被优化过的最小内存依赖的格式，Java 编译器（dx 工具）将注册了的和运行时用到的类编译成 .dex 格式。

Dalvik 虚拟机依赖于底层 Linux 内核提供的功能，如线程机制和内存管理机制。

- android.util 涉及系统底层的辅助类库；
- android.os 提供系统服务、消息传输、IPC 管道；
- android.graphics GPhone 图形库，包含文本显示、输入/输出、文字样式；
- android.database 包含底层的 API 操作数据库（SQLite）；
- android.view 提供基础的用户界面接口框架；
- android.Widget 显示各种控件，如按钮、列表框、进度条等；
- android.app 提供高层的程序模型，提供基本的运行环境；
- android.provider 提供各种定义变量标准；
- android.telephony 提供与拨打电话相关的 API 交互；
- android.webkit GPhone 默认浏览器操作接口。

5. 操作系统（OS）

Android 的核心系统服务依赖于 Linux 2.6 内核，操作系统为 Android 提供的服务包括：安全性（Security）、内存管理（Memory Management）、进程管理（Process Management）、网络堆栈（Network Stack）、驱动程序模型（Driver Model）。该内核的另一个作用是提供一个屏蔽层用于屏蔽硬件和上层软件。

Linux kernel：Android 操作系统的核心，是典型的开源系统。

OpenGLES：一个免费开放的 3D 标准，标准组织没有提供实现，但很多芯片公司都可以提供。JSR239 是该标准的 Java 接口，在 Android 的 SDK 中使用的就是该接口。

SQLite：是免费的开源自由数据库，整体代码量很小。

WebKit：是一个通用浏览器的核心。早期是 KDE 平台的 Konqueror 浏览器的核心。

Dailvik：是 Android 的核心，是一个私有的 Java 虚拟机（Google 没有对此核心开源）。

adt：是 Android 在 eclipse 上的开发插件。eclipse 是著名的开源的 Java IDE 环境，以插件的架构著称。

qeum：是一个开源虚拟机，用其搭建各开发平台上的 Android 系统模拟器。

sdl：是一个开源的多媒体处理库。

驱动程序模型包含以下这些常规的驱动程序：Display Driver，Keypad Driver，Camera Driver，WiFi Driver，Flash Memory Driver，Audio Driver，Binder (IPC) Driver，Power Management。

普通开发者可以使用 Android 基本应用程序使用的系统 API，Android 应用框架中的各个模块都可以被复用，各种服务也可以被复用。理解了这个机制，开发人员就可以更好、更轻松地开发出优秀的 Android 应用。

对 Android 的整体框架有了一定的了解后对于理解 Android 的一些机制和应用开发有很大的帮助，只有了解了 Android 框架才能更好地使用 Android 提供的功能和服务，从而使学习 Android 应用开发少走弯路。

3.2.3　Windows Phone 架构

Windows Phone 的平台架构分为两大部分：一是 Screen——直接展现在手机前端的技术架构；二是 Cloud——使用网络服务的技术架构。

1. Screen（屏幕）

在支持应用程序开发方面，Windows Phone 7 提供了两种 Framework，分别是 Silverlight Framework 与 XNA Framework。Silverlight Framework 是以 XAML 文件为基础的应用程序设计概念，通过事件驱动机制的帮助，提供与开发 Windows 应用程序和 Silverlight 应用程序相同的程序开发体验。XNA Framework 主要的目的则是用来支持 XNA 开发技术的游戏程序，这样可以让手机上的游戏达到专业游戏机的流畅游戏效果。

2. Cloud（云端）

Windows Phone 7 的云端机构主要分为两大块：一块是 Developer Portal Services，这部分主要用于开发者应用程序的注册、认证、发布、更新管理以及 Marketplace 的付费管理等。另外一块是 Cloud Service，这部分主要用于开发者使用的云服务 API，如 maps、feeds、social 以及云计算（Azure）服务。

Windows Phone 7 支持的 Location 功能可以和云端服务提供的 Location 服务整合，协助应用程序查询装置的实际位置，在装置位置改变时得到通知，判断装置移动的方向和速度，或是计算两点之间的距离。

Windows Phone 7 应用程序也可以使用到网络的云端服务，包括 Windows Azure、Xbox LIVE 服务，Notification 服务、Location 服务，以及其他各种协议厂商提供的 Web 服务和 WCF 服务，甚至是 REST 服务（Representational StateTransfer）等先进的技术，为 Windows Phone 7 应用程序提供更丰富的功能支持。通过云端服务的帮助，能够让使用者在使用不同的计算机时都可以存取到共同的资料，享受相同的服务，是支持发展新一代的行动运算解决方案的重要基础。通过云端服务的帮助，不但能够使用到超越 Windows Phone 7 本身内建的功能以外的更多功能，而且云端服务是 24 小时不间断的服务，不会因为手机的电池电力耗尽而无法取得服务。

在 Microsoft 提供的云端服务中，Notification 服务能够协助 Windows Phone 7 应用程序以订阅的方式收到欲处理的事件，节省定时询问特定资料或状态耗费的电力。Location 服务能够利用 Wi-Fi、Cellular 和 GPS 等资料，为 Windows Phone 7 应用程序提供定位相关的功能。另外，Identity 服务能够提供身份验证功能，Feed 服务能够提供资料喂入服务，Social 服务能够提供社群服务，而 Map 服务则可以提供地图与导览服务。Windows Phone 7 应用程序开发完成后，程序设计师可以利用 Portal 服务将开发好的应用程序发布到手机线上软件商店（即 Marketplace），让使用者购买和使用。

应用程序商店服务 Windows Marketplace for Mobile 和在线备份服务 Microsoft My Phone 也已同时开启，前者提供多种个性化定制服务，比如主题。

3.2.4　Symbian 架构

塞班的基本组成部分包含核心 EKA1 或 EKA2 程序。塞班有个微核心架构，定义了核心内部所必需的最少功能。微核心架构包含调度系统和存储器管理，但不包含网络和文件系统支持。网络和文件系统支持用来提供给用户端服务器（User-side Server）。基本层则包含文件服务器，它在设备内提供类似 DOS 的显示模式（每个磁盘驱动器有个代号，反斜线当作目录定义符号）。塞班支持数种不同的文件系统，包含 FAT 以及塞班专有的文件系统，而文件系统一般不会在手机上显示出来。可供选择的系统数据库提供了该设备的市场定位，数据库的内容包含字符转换表、数据库管理系统和文件资源管理。此外，有一个很庞大的网络及通信子系统，含有三个主要服务，分别是 ETEL（EPOC Telephony）、ESOCK（EPOC 协议）及 C32（串行通信回应）。每个服务都有模块化方案。例如，ESOCK 允许不同的 ".PRT" 通信协议模块，实现了不同方式的网络通信协议方案，如蓝牙、红外线及 USB 等。

Symbian 架构也有一个庞大的用户界面。即使使用他人制造的用户界面，除了某些相关服务（例如 View Server 提供手机间的用户界面转换）以外，基本的类和子结构（UIKON）的所有用户界面都会出现在塞班操作系统中。而这里也有很多相关的绘图码，就像视窗服务以及字体与位图服务。应用程序架构提供标准的应用程序种类、连接和文件数据辨识，它也有可选择的应用程序引擎给予智能手机的基本程序，如行事历、电话簿等。通常典型的塞班操作系统的应用程序分散在各个 DLL 引擎和图形化程序中，程序就像是包装纸把 DLL 引擎包装在一起。塞班也提供了一些 DLL 引擎供程序使用。

当然，有很多东西并没有一起放入设备内，如 SyncML、Java ME 提供另一组应用程序接口给操作系统及多媒体应用。要注意的是这些都只是架构（Framework），程序开发者要能够获得从协办厂商提供 Framework 的插件支持（例如 RealPlayer 使用多媒体解码器）。这提供了应用程序接口在不同型号的手机可以正常使用的优势，而软件开发人员得到了更多弹性，但是手机制造商就需要很多的综合成品来制造使用塞班操作系统的手机。塞班操作系统的设备制造商也提供名为 Tech View 的用户界面示例层。这与 Psion 5 系列的 Personal Organiser 感觉非常相似，所以它与任何移动电话的用户界面不太相同，但它还是提供了个人化用户界面。

在 Symbian 系统上运行的四种软件有：应用程序、服务、引擎、内核。Symbian 系统使用活动对象与客户/服务器对事件处理系统进行了优化。

硬件资源：一个 CPU、32 位 ARM、一个 ROM。只读存储器，里面有操作系统与内建的中间件和应用程序，ROM 盘被映射到 Z 盘，所有的文件都可以通过 Z 盘访问。系统 RAM 用于两方面，一是被当前活动的程序和系统核心使用，另一个是当成"C"盘的磁盘空间。这两个部分的大小是变化的。由于 RAM 通常只有 8 MB 到 16 MB，所以内存可能用完，因此经常出现内存越界错误或（写文件时）磁盘已满错误。

服务是没有用户界面程序的。服务管理一个或多个资源，并提供 API，让客户可以访问它的服务。服务的客户可以是一个程序或是其他服务，且每个服务运行在独立的进程空间中。在 Symbian 系统中，使用服务的形式提供类似其他操作系统上用驱动程序或是内核程序提供的功能，如文件系统的访问也是客户/服务类型的。

引擎是一个应用程序中操作数据而不是与用户交互的部分。通常可以把一个程序分成引擎部分和一个 GUI 部分，多数 Symbian 内带的程序都是这样的。一个应用程序引擎可以是一个独立的代码模块或一个独立的.dll 文件或是几个.dll 文件。

所以在 Symbian 系统中有四个组件类型与三个边界类型。.dll 文件或模块组件对交叉引用来说很方便，它们使系统模块化与保持封装。权限对交叉引用来说比较费资源，但是保证系统对用户程序隐藏内核与设备。进程权限是所有交叉中最昂贵的，它们保证在 RAM 中能够分开每个程序。

3.3 主流移动操作系统

操作系统可以说是手机最重要的组成部分，手机所有的功能要依靠操作系统来实现，而用户的感知也基本都是来自于与操作系统之间的互动。本节针对当前主流操作系统进行简单介绍。

3.3.1 iOS

iOS 操作系统由美国苹果公司开发，主要是供 iPhone、iPod Touch（类似于 iPhone 的娱乐终端，不具备通信模块）以及 iPad（苹果公司的平板电脑）使用，最早于 2007 年 6 月 29 日发布。原本这个系统名为 iPhone OS，直到 2010 年 6 月 7 日苹果计算机全球研发者大会上宣布改名为 iOS。

因为 iOS 中极具创新的 Multi-Touch 界面专为手指而设计，因此，即使是第一次上手，也能轻松玩转 iPhone、iPad 和 iPod Touch。其界面优雅、简洁、直观，从内置 App 到 App Store 提供的 700 000 多款 App 和游戏，从进行 FaceTime 视频通话到用 iMovie 剪辑视频，所能触及的一切，无不简单、直观、充满乐趣。

iOS 最大的特点是"封闭"，苹果公司要求所有对系统做出更改的行为（包括下载音乐、安装软件等）都要经由苹果自有的软件来操作，此举虽然提高了系统的安全性，但也限制了用户的个性化需求，正因为如此，能够突破苹果限制的软件应运而生，通过这些软件，用户可以不经苹果的自有软件而任意将下载的音乐、破解的软件等装入 iPhone，这一过程称为"越狱"。每次苹果推出新版本的系统更新时，全球的 IT 高手就会针对新系统寻找漏洞，开发出可以"越狱"的工具，自第一代 iPhone 起至今，这种较量就从未停止。

iOS 系统打破了原有操作系统的概念，开创性地内置了两个关键的应用程序：iTunes Store 和 App Store（应用程序商店）。用户可以通过手机中的 iTunes Store 购买歌曲和视频，可以通过 App Store 购买软件，这两个应用可以说是中国移动无线音乐俱乐部与 Mobile Market 的灵感来源。

3.3.2　Android

Android 中文音译为安卓、安致，是由美国 Google（谷歌）公司于 2007 年 11 月 5 日发布的基于 Linux 平台的开源手机操作系统，主要供手机、上网本等终端使用。

与 iOS 正好相反，Android 系统最大的特点是"开放"，它采用了软件堆层（Software Stack，又名软件叠层）的架构，主要分为三部分，底层 Linux 内核只提供基本功能，其他的应用软件则由各公司自行开发，这就给了内置该系统的设备厂商很大的自由空间，同时也使得为该系统开发软件的门槛变得极低，这也促进了软件数量的增长。开发性对于 Android 的发展而言，有利于积累人气，这里的人气包括消费者和厂商，而对于消费者来讲，最大的受益正是丰富的软件资源。开放的平台也会带来更大竞争，如此一来，消费者将可以用更低的价位购得心仪的手机。

在过去很长的一段时间，特别是在欧美地区，手机应用往往受到运营商的制约，使用什么功能、接入什么网络，几乎都受到运营商的控制。从 iPhone 上市以来，用户可以更加方便地连接网络，运营商的制约随之减少。随着 EDGE、HSDPA 这些 2G 至 3G 移动网络的逐步过渡和提升，手机已经可以随意接入网络。互联网巨头 Google 推动的 Android 终端天生就有网络特色，使用户离互联网更近。

Android 系统的另一大特色是实现了与 Google 各类应用的无缝连接，使得用户可以十分便捷地使用如搜索、地图、邮箱等 Google 的服务。中国移动的 OMS 系统正是基于 Android 系统，进行了包括 UI（User Interface，用户界面）在内的部分个性化的修改而诞生的。

3.3.3　Windows Phone

Windows Phone 力图打破人们与信息和应用之间的隔阂，提供适用于包括工作和娱乐在内的各方面功能，提供最优秀的端到端体验。微软公司于 2010 年 2 月正式发布 Windows Phone 7 智能手机操作系统，简称 WP7，并于 2010 年底发布了基于此平台的硬件设备。WP 系统的最大特点仍然是内置微软的明星产品，包括 Windows Live、Outlook、Office 套件和重新为手机设计的 IE 浏览器，在 2011 年世界移动通信大会（MWC2011）上，HTC 发布了最新的 WP7 手机 HD7。

2012 年 6 月 21 日，微软正式发布最新手机操作系统 Windows Phone 8（简称 WP8）。Windows Phone 8 采用和 Windows 8 相同的内核。由于内核变更，WP8 将不支持目前所有的 WP 7.5 系统手机升级，而现在的 WP 7.5 手机只能升级到 WP 7.8 系统。

Windows Phone 的系统特色体现为：增强的 Windows Live 体验，包括最新源订阅，以及横跨各大社交网站的 Windows Live 照片分享等；更好的电子邮件体验，在手机上通过 Outlook Mobile 直接管理多个账号，并使用 Exchange Server 进行同步；Office Mobile 办公套装，包括 Word、Excel、PowerPoint 等组件；在手机上使用 Windows Live Media Manager 同步文件，使用 Windows Media Player 播放媒体文件；重新设计的 Internet Explorer 手机浏览器，支持 Android Flash Lite；应用程序商店服务 Windows Marketplace for Mobile 和在线备份服务 Microsoft My Phone 也已同时开启，前者提供多种个性化定制服务，比如主题。

3.3.4 BlackBerry

BlackBerry 是由加拿大 RIM 公司（Research in Motion Ltd.）开发，仅用于黑莓手机的操作系统，是唯一的从未预装到黑莓以外手机上的系统，而且黑莓手机也是唯一的从未预装 BlackBerry OS 以外系统的手机。

该系统的一个重要特点是主打 Push email（推送电子邮件）功能，也称为无线电子邮件。为了配合该功能，RIM 公司自 1999 年开始提供黑莓企业服务器（BES），所有邮件经过黑莓企业服务器进行加密后直接推送到客户的手机，大大提高了效率和安全性，特别是"9•11"事件之后，由于 BlackBerry 及时传递了灾难现场的信息而在美国掀起了人人拥有一部 BlackBerry 终端的热潮。除了曾为了适应潮流而推出的几款触摸屏手机外，黑莓手机几乎都是全键盘手机，快捷的英文输入法也使得黑莓手机在英语国家的商务人士中非常普及。

正是由于在 Push email 上的成功，使得 RIM 公司将该功能作为一款软件直接销售给其他的手机厂商，例如诺基亚、三星等厂商在部分机型中均内置了 BlackBerry 服务，BlackBerry 已经成为 Push email 的代名词。但由于使用习惯、文化差异等原因，黑莓在中国的发展并不是很理想，因此该系统的影响也十分有限，中国移动的 139 邮箱也已经推出了 Push email 的服务。

习　题

1. 简述移动操作系统的功能。
2. 主流移动操作系统有哪些？
3. iOS移动操作系统有哪些优缺点？
4. Android移动操作系统有哪些优缺点？
5. 简述移动操作系统的发展趋势。

第4章 物联网技术基本概念

4.1　初识物联网

关于物联网概念的构想最早是由施乐公司首席科学家 Mark Weiser 于 1991 年在《科学美国》杂志中提出的，他对计算机在未来的发展和应用进行了大胆预测。

1995 年，微软公司的缔造者比尔·盖茨在 *THE ROAD AHEAD*（《未来之路》）一书中提出了将虚拟世界与现实世界紧密连接的远大理想，他认为互联网仅实现了计算机间的联网，没有实现与世间万物的联网。由于当时网络与技术的局限性，这一构想无法真正实现。

1999 年，美国麻省理工学院 Ashton 教授在研究 RFID 时提出了依据无线射频识别（RFID）技术构建物流网络，其理念是基于射频识别（RFID）、电子代码（EPC）等技术，在互联网的基础上，构造一个实现全球物品信息实时共享的实物互联网，即物联网。此设想有两层意思：第一，物联网的核心和基础是互联网，是在互联网基础上的延伸和扩展的网络；第二，其用户端延伸和扩展到了任何物体与物体之间，并进行信息交换和通信。这是公认的最早的物联网的概念。

2005 年 11 月 17 日，在突尼斯举办的"信息社会峰会"上，国际电信联盟（ITU）正式发布了《ITU 互联网报告 2005：物联网》。该报告中物联网的定义和范围已经发生了变化，覆盖范围也有了较大的拓展，不再只是指基于 RFID 技术的物联网。该报告正式使用"The Internet of Things"（IOT）这个词组，国内译为物联网。该报告深入探讨了物联网的技术细节及其对全球商业和个人生活的影响。该报告指出：通信将进入无所不在的"物联网"时代，世界上所有的物体，从轮胎到牙刷，从房屋到公路设施，从洗发水到电冰箱都可以通过计算机互联网进行数据交换。无线射频识别（RFID）技术、传感器技术、纳米技术、智能嵌入技术等将得到更为广泛的应用。

物联网概念的提出被预言为继互联网之后全球信息产业的又一次科技与经济浪潮，受到各国政府、企业和学术界的重视，美国、欧盟、日本等甚至将其纳入国家和区域信息化战略。面对当前的国际形势，迫切需要着眼于中国国情，早一点谋划未来，制定我国的物联网发展战略，突破大规模产业化瓶颈，使其深入国民经济和社会生活的各个方面，切实解决国计民生的重大问题。物联网将带动我国相关领域科技水平的提升，保障经济安全甚至国家安全，推动信息产业新的发展浪潮，培育新的经济增长点，促进经济结构调整和转型升级，增强我国的可持续发展能力和国际竞争力。

物联网是"物物相连的互联网"，也是"传感网"在国际上的通称。通俗地讲，物联网就是万物都可以上网，物体通过装入射频识别设备、红外感应器、全球定位系统或其他方式进行连接，然后接入互联网或移动通信网络，最终形成智能网络，通过计算机或手机实现对物体的智能化管理。物联网互联对象主要分为两类：一类是体积小、能量低、存储容量小、运算能力弱的智能小物体的互联，如传感器网络；另一类是没有上述约束的智能终端的互联，如无线 POS 机、智能家电、视频监控等。

目前，物联网产业在中国发展迅速，例如 RFID 已具有自主开发生产低频、高频与微波电子标签及读写器的技术及系统集成能力，在芯片设计与制造、标签封装、读写器设计与制造、系统集成与管理软件、网络运营、应用开发等方面取得了较大进步，市场培育和应用示范初见成果。目前，中国物联网相关企业已有数百家，物联网产业链如图 4.1 所示。从产业链角度看，与当前的通信网络产业链是类似的，但是最大的不同点在于上游新增了 RFID、NFC 和传感器等近距离通信系统，下游新增了物联网运营商。其中，RFID、NFC 和传感器是给物品贴上身份标识和赋予智能感知能力，物联网运营商是海量数据处理和信息管理服务提供商。

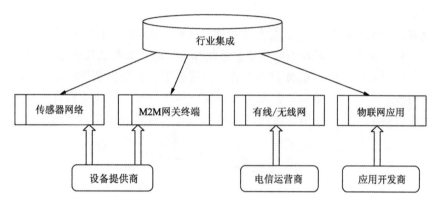

图 4.1 物联网产业链

从信息流程的角度，可以将物联网分为信息采集、信息传输和信息处理三大环节，每个环节都需要若干技术的支撑。物联网最大的革命性的变化体现在信息采集手段上，传感器、RFID、二维码以及 GPS 等关键技术实现了对物品的状态和属性的实时获取。

从物联网的参与主体角度，可以将其产业链分为上游、中游、下游三个部分，上游定义为信息采集部件及通信模块供应商，中游定义为电信运营商，下游定义为解决方案提供商。物联网是技术变革的产物，它代表了计算技术和通信技术的未来，它的发展依靠某些领域的技术革新，包括无线射频识别（RFID）技术、云计算、软件设计和纳米技术。以简单的 RFID 系统为基础，结合已有的网络技术、数据库技术、中间件技术等，构筑一个由大量联网的阅读器和无数移动的标签组成的，通过射频信号自动识别目标对象并获取物体的特征数据，将日常生活中的物体连接到同一个网络和数据库中。

物联网是信息化向物理世界的进一步推进，它能使当前携带互联网信息的智能手机和平板随人移动，这就使得物联网用途广泛，遍及智能交通、环境保护、政府工作、公共安全、平安家居、智能消防、工业监测、老人护理、个人健康等多个领域。

4.1.1 物联网的定义

物联网自从问世以来，就引起了人们的极大关注，被认为是继计算机、互联网、移动通信网之后的又一次信息产业浪潮。

物联网中的"物"能够被纳入"物联网"的范围是因为它们具有接收信息的接收器；具有数据传输通路；有的物体需要有一定的存储功能或者相应的操作系统；部分专用物联网中

的物体有专门的应用程序；可以发送接收数据；传输数据时遵循物联网的通信协议；物体接入网络中需要具有网络中可被识别的唯一编号。

从技术角度来看，物联网是指物体的信息通过智能感应装置，经过传输网络，到达指定的信息处理中心，最终实现物与物、人与物之间的自动化信息交互、处理的一种智能网络；从应用角度来看，物联网是指把世界上所有的物体都连接到一个网络中，形成"物联网"，然后"物联网"又与现有的"互联网"结合，实现人类社会与物理系统的整合，从而以更加精细和动态的方式去管理生产和生活。一般通俗地理解，物联网则是将无线射频识别和无线传感器网络结合使用，为用户提供生产生活的监控、指挥调度、远程数据采集和测量、远程诊断等方面服务的网络。

早在物联网的概念产生之前，在自动化领域人们就提出了 M2M 通信的控制模型，如图 4.2 所示。M2M 表达的是多种不同类型的通信技术，即：机器之间通信、人机交互通信、移动通信、GPS 和远程监控。M2M 技术综合了数据采集、传感器系统和流程自动化。这一类服务在自动抄表、自动售货机、公共交通系统、车队管理、工业流程自动化和城市信息化等领域已经得到了广泛的应用。因此，M2M 模型应该可以看成是物联网的前身。

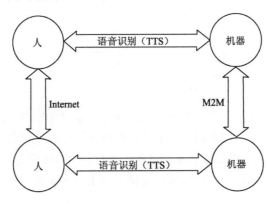

图 4.2　M2M 通信的控制模型

简而言之，物联网就是将无处不在的末端设备和设施，包括具备"内在智能"的传感器、移动终端、工业系统、楼宇控制系统、家庭智能设施、视频监控系统等和"外在使能"（Enabled）的，如贴上 RFID 的各种资产（Assets）、携带无线终端的个人与车辆等"智能化物件或动物"或"智能尘埃"（Mote），通过各种无线/有线的长距离/短距离通信网络实现互连互通（M2M）、应用大集成以及基于云计算的 SaaS 营运等模式，在内网（Intranet）、专网（Extranet）或因特网（Internet）环境下，采用适当的信息安全保障机制实现对"万物"的"高效、节能、安全、环保"的"管、控、营"一体化。在这里，物联网的关键技术不仅是对物实现操控，它通过技术手段的扩张，实现了人与物、物与物之间的相融与沟通。物联网既不是互联网简单的翻版，也不是互联网的接口，而是互联网的一种延伸。作为互联网的扩展，物联网具有互联网的特性，物联网不仅能够实现由人找物，而且能够实现以物找人。

目前，国内外对物联网还没有一个统一公认的标准定义，但从物联网的本质分析，物联网是现代信息技术发展到一定阶段后，才出现的一种聚合性应用与技术提升，它是将各种感知技术、现代网络技术和人工智能与自动化技术聚合与集成应用，使人与物智慧对话，创造一个智慧的世界。因此，物联网技术的发展几乎涉及信息技术的方方面面，是一种聚合性、系统性的创新应用与发展，因此被称为是信息产业的第三次革命性创新。其本质主要体现在三方面：一是互联网特征，即对需要联网的物一定要能够实现互联互通的互联网络；二是识别与通信特征，即纳入物联网的"物"一定要具备自动识别、物物通信的功能；三是智化特征，即网络系统应具有自动化、自我反馈与智能控制的特点。

2009年9月，在北京举办的物联网与企业环境中欧研讨会上，欧盟委员会信息和社会媒体司RFID部门负责人Lorent Ferderix博士给出了欧盟对物联网的定义：物联网是一个动态的全球网络基础设施，它具有基于标准和互操作通信协议的自组织能力，其中物理的和虚拟的"物"具有身份标识、物理属性、虚拟的特性和智能的接口，并与信息网络无缝整合。物联网将与媒体互联网、服务互联网和企业互联网共同构成未来互联网。

总体来说，物联网可以概括为：通过传感器、射频识别技术、全球定位系统、激光扫描器等信息传感设备，实时采集任何需要监控、连接、互动的物体或过程的声、光、热、电、力学、化学、生物、位置等各种需要的信息，通过各种可能的网络接入，实现物与物、物与人的泛在连接，进行信息交换和通信，提供安全可控乃至个性化的实时在线监测、定位追溯、报警联动、调度指挥、预案管理、远程控制、安全防范、远程维保、在线升级、统计报表、决策支持、领导桌面等管理和服务功能，从而实现对物品和过程的智能化感知、识别和管理，如图4.3所示。

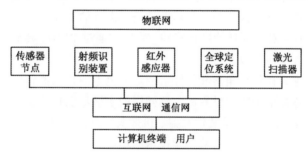

图4.3 物联网的定义

4.1.2 物联网的特点

物联网广泛用于交通控制、取暖控制、食品管理、生产进程管理等各个方面。在物联网中，物体通过智能感知装置，经过传输网络，到达指定数据处理中心，实现人与人、物与物、人与物之间信息交互与处理。具体地说，就是把感应器嵌入和装备到电网、铁路、桥梁、隧道、公路、建筑、供水系统、大坝、油气管道等各种物体中，然后将物联网与现有的互联网整合起来，通过传感器侦测周边环境，如温度、湿度、光照、气体浓度、振动幅度等，并通过无线网络将收集到的信息传送给监控者或系统后端。监控者解读信息后，便可掌握现场状况，进而维护和调整关系，实现人类社会与物理系统的整合，以更加精细和动态的方式管理生产和生活，达到"智慧"状态，提高资源利用率和生产力水平，改善人与自然间的关系。这里包括三个层次：首先是传感网络，也就是包括RFID、条码、传感器等设备在内的传感网；其次是信息传输网络，主要用于远距离传输的传感网所采集的海量数据信息；最后则是信息应用网络，也就是智能化数据处理和信息服务。

物联网的核心是物与物以及人与物之间的信息交互，其基本特征可简要概括为三方面：

全面感知、可靠传输和智能处理，如图 4.4 所示。

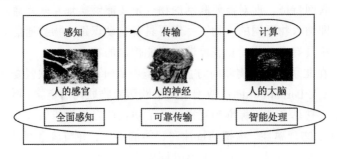

图 4.4　物联网的特征

1. 全面感知

物联网要将大量物体接入网络并进行通信活动，对各物体的全面感知是十分重要的。全面感知是指物联网随时随地获取物体的信息。要获取物体所处环境的温度、湿度、位置、运动速度等信息，就需要物联网能够全面感知物体的各种需要考虑的状态。全面感知就像人体系统中的感觉器官，眼睛收集各种图像信息，耳朵收集各种音频信息，皮肤感觉外界温度等。所有器官共同工作，才能够对人所处的环境条件进行准确的感知。物联网中各种不同的传感器如同人体的各种器官，对外界环境进行感知。物联网通过 RFID、传感器、二维码等感知设备对物体各种信息进行感知获取。

物联网正是通过遍布在各个角落和物体上的形形色色的传感器，以及由它们组成的无线传感器网络，来最终感知整个物质世界的。感知层的主要功能是信息感知与采集，主要包括二维条码标签和识读器、RFID 标签和读写器、摄像头、声音感应器和视频摄像头等，完成物联网应用的数据感知和设施控制。随着科学技术的不断发展，传统的传感器正逐步实现微型化、智能化、信息化、网络化，正经历着一个从传统传感器到智能传感器再到嵌入式 Web 传感器的内涵不断丰富的发展过程。现在，传感器以其低成本、微型化、低功耗和灵活的组网方式、铺设方式以及适合移动目标等特点受到广泛重视，是关系国民经济发展和国家安全的重要技术。在传感器网络中，节点可以通过飞机布撒或人工布置等方式，大量部署在被感知对象内部或者附近。这些节点通过自组织方式构成无线网络，以协作的方式实时感知、采集和处理网络覆盖区域中的信息，并通过多跳网络将数据经由 Sink 节点和链路将整个区域内的信息传送到远程控制管理中心。传感器网络节点的基本组成包括如下几个基本单元：传感单元、处理单元、存储器、通信单元以及电源。此外，可以选择的其他功能单元包括定位系统、移动系统以及电源自供电系统等。可以说，全面感知是物联网的重要特点之一。

2. 可靠传输

可靠传输对整个网络的高效正确运行起到了很重要的作用，是物联网的一项重要特征。可靠传输是指物联网通过对无线网络与互联网的融合，将物体的信息实时准确地传递给用户。获取信息是为了对信息进行分析处理从而进行相应的操作控制。将获取的信息可靠地传输给信息处理方。可靠传输在人体系统中相当于神经系统，把各器官收集到的各种不同信息进行传输，传输到大脑方便人脑做出正确的指示。同样也将大脑做出的指示传递给各个部位进行相应的改变和动作。

物联网的可靠传输是指通过各种通信网络与互联网的融合,将物体接入信息网络,随时随地进行可靠的信息交互和共享,通过各种电信网络与互联网的融合,将物体的信息实时准确地传递出去。而网络层是各种通信网络与互联网形成的融合网络,不但要具备网络运营的能力,还要提升信息运营的能力,包括传感器的管理,利用云计算能力对海量信息的分类、聚合和处理,对样本库和算法库的部署等。网络层是核心承载工具,承担物联网接入层与应用层之间的数据通信任务。它主要包括现行的通信网络,如3G/4G移动通信网、互联网、Wi-Fi、WiMAX、无线城域网等。

3. 智能处理

在物联网系统中,智能处理部分将收集来的数据进行处理运算,然后做出相应的决策,来指导系统进行相应的改变,它是物联网应用实施的核心。智能处理指利用各种人工智能、云计算等技术对海量的数据和信息进行分析和处理,对物体实施智能化监测与控制。智能处理相当于人的大脑,根据神经系统传递来的各种信号做出决策,指导相应器官进行活动。

信息采集的过程中会从末梢节点获取大量原始数据,对于用户来说这些原始数据只有经过转换、筛选、分析处理后才有实际价值。由于物联网上有大量的传感器,那么随之而来的就是海量数据的融合和处理。对物联网的各种数据进行海量存储与快速处理,并将处理结果实时反馈给网络中的各种"控制"部件,必须依托于先进的软件工程技术和智能技术。智能分析与控制技术主要包括人工智能理论、先进的人机交互技术、海量信息处理的理论和方法、网络环境下信息的开发与利用、机器学习、语义研究、文字及语言处理、虚拟现实技术与系统、智能控制技术与系统等。除此之外,物联网的智能控制还包括物联网管理中心、信息中心等利用下一代互联网的能力对海量数据进行智能处理的云计算功能。

所谓数据融合,是指将多种数据或信息进行处理,组合出高效、符合用户要求的信息的过程。数据融合技术需要人工智能理论的支撑,包括智能信息获取的形式方法,海量数据处理理论和方法,在网络环境下数据系统开发与利用方法,以及机器学习等基础理论。

数据融合技术起源于军事领域多传感器的数据融合,是传感网中的一项重要技术。在物联网技术开发中,面临诸多技术开发方面的挑战。物联网是嵌入式系统、联网和控制系统的集成,它由计算系统、包含传感器和执行器的嵌入式系统等异构系统组成,首先需要解决物理系统与计算系统的协同处理。由于物联网应用是由大量传感网节点构成的,在信息感知的过程中,采用各个节点单独传输数据到汇聚节点的方法是不可行的,需要采用数据融合与智能技术进行处理。因为网络中存在大量冗余数据,会浪费通信带宽和能量资源,还会降低数据的采集效率和及时性。

4.2 物联网的基本架构

物联网整体上可分为软件、硬件两大部分,软件部分为物联网的应用服务层,包括应用、支撑两部分。硬件部分分为网络传输层和感知控制层,分别对应传输部分、感知部分;软件部分大都基于互联网的 TCP/IP 通信协议,而硬件部分则有 GPRS、传感器等通信协议。通过

了解物联网的主要技术，分析其知识点、知识单元、知识体系，掌握实用的软件、硬件技术和平台，理解物联网的学科基础，从而达到真正领悟物联网本质的要求，见表4.1。

表 4.1　物联网体系框架

	感知控制层	网络传输层	应用服务层
主要技术	EPC 编码和 RFID 技术	无线传感器网络，PLC，蓝牙，Wi-Fi，现场总线	云计算技术、数据融合与智能技术、中间件技术
知识点	EPC 编码的标准和 RFID 的工作原理	数据传输方式，算法，原理	云连接、云安全、云存储、知识表达与获取、智能 Agent
知识单元	产品编码标准、RFID 标签、阅读器、天线、中间件	组网技术，定位技术，时间同步技术，路由协议，MAC 协议，数据融合	数据库技术、智能技术、信息安全技术
知识体系	通过对产品按照合适的标准来进行编码实现对产品的辨别，及通过射频识别技术，完成对产品的信息读取、处理和管理	技术框架，通信协议，技术标准	云计算系统、人工智能系统、分布智能系统
软件(平台)	RFID 中间件（产品信息转换软件、数据库等）	NS2，IAR，KEIL，Wave	数据库系统、中间件平台、云计算平台
硬件(平台)	RFID 应答器、阅读器、天线组成的 RFID 系统	CC2430，EM250，JENNIC LTD'FREESCALE BEE	PC 和各种嵌入式终端
相关课程	编码理论、通信原理、数据库、电子电路	无线传感器网络简明教程，电力线通信技术，蓝牙技术基础，现场总线技术	微机原理与操作系统、计算机网络、数据库技术、信息安全

物联网作为一种形式多样的聚合性复杂系统，涉信息技术自上而下的每一层面，其体系结构分为感知层、传输层、应用层三个层面，如图 4.5 所示。

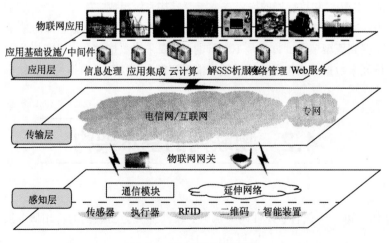

图 4.5　物联网体系框架

4.2.1　感知层

感知层是物联网发展和应用的基础，感知层在物联网中，如同人的感觉器官对人体系统的作用，用来感知外界环境的温度、湿度、压强、光照、气压、受力情况等信息，通过采集这些信息来识别物体。感知控制层由数据采集子层、短距离通信技术和协同信息处理子层组成。

数据采集子层通过各种类型的传感器、RFID、EPC 等数据采集设备，获取物理世界中发生的物理事件和数据信息，例如各种物理量、标识、音频和视频多媒体数据。物联网的数据采集涉及 RFID 技术、传感和控制技术、短距离无线通信技术以及对应的 RFID 天线阅读器研究、传感器材料技术、短距离无线通信协议、芯片开发和智能传感器节点等。也包括在数据传送到接入网关之前的小型数据处理设备和传感器网络。

短距离通信技术和协同信息处理子层将采集到的数据在局部范围内进行协同处理，以提高信息的精度，降低信息冗余度，并通过自组织能力的短距离传感网接入广域承载网络。感知层中间件技术旨在解决感知层数据与多种应用平台间的兼容性问题，包括代码管理、服务管理、状态管理、设备管理、时间同步、定位等。在有些应用中还需要通过执行器或其他智能终端对感知结果做出反应，实现智能控制。

作为一种比较廉价实用的技术，一维条码和二维条码在今后一段时间还会在各个行业中得到一定应用。然而，条形码表示的信息是有限的，而且在使用过程中需要用扫描器以一定的方向近距离地进行扫描，这对于物联网中动态、快读、大数据量以及有一定距离要求的数据采集、自动身份识别等有很大的限制，因此基于无线技术的射频标签（RFID）发挥了越来越重要的作用。

传感器作为一种有效的数据采集设备，在物联网感知层中扮演了重要角色。现在传感器的种类不断增多，出现了智能化传感器、小型化传感器、多功能传感器等新技术传感器。基于传感器而建的传感器网络也是物联网发展的一个大方向。

感知层是物联网发展的关键环节和基础部分。感知层涉及的主要技术包括资源寻址与 EPC 技术、RFID 技术、传感技术、无线传感网技术等。EPC 技术解决物品的编码标准问题，使得所有物联网中的物体都有统一的 ID 标识。RFID 技术解决物品标识问题，可以快速识别物体，并获取其属性信息。传感器完成的任务是感知信息的采集。无线传感器网络完成了信息的获取和上传，实现无线短距离通信。通过这些技术，实现物体的标识与感知，为物联网的应用和发展提供基础。

4.2.2　传输层

网络传输层将来自感知层的各类信息通过基础承载网络传输到应用层，相当于人的神经系统。神经系统将感觉器官获得的信息传递到大脑进行处理，传输层将感知层获取的各种不同信息传递到处理中心进行处理。使得物联网能从容应对各种复杂的环境条件，这就是各种不同的应用。目前，物联网传输层都是基于现有的通信网和互联网建立的，包括各种无线、有线网关、接入网和核心网，主要实现感知层数据和控制信息的双向传递、路由和控制。通过对有线传输系统和无线传输系统的综合使用，结合 6LoWPAN、ZigBee、Bluetooth、UWB

等技术实现以数据为中心的数据管理和处理。也就是实现对数据的存储、查询、挖掘、分析以及针对不同应用的数据决策和分析。

物联网传输层技术主要是基于通信网和互联网的传输技术，通过各种接入设备与通信网和互联网相连，传输方式分为有线传输和无线传输。这两种通信方式对物联网产业来说处于同等重要、互相补充的作用。

有线通信技术可分为中、长距离（WAN）的广域网络（包括 PSTN、ADSL 和 HFC 数字电视 Cable 等），短距离的现场总线（Field Bus，也包括电力线载波等技术）。

无线通信也可分为长距离的无线广域网（WWAN），中、短距离的无线局域网（WLAN），超短距离的 WPAN（Wireless Personal Area Network，无线个域网）。

传感网主要由 WLAN 或 WPAN 技术作为支撑，结合传感器。"传感器"和"传感网"二合一的 RFID 的传输部分也是属于 WPAN 或 WLAN。

物联网传输层可分为汇聚网、接入网和承载网三部分。汇聚网的关键技术主要是短距离通信技术，如 ZigBee、蓝牙和 UWB 等技术。接入网主要采用 6LoWPAN、M2M 及全 IP 融合架构实现感知数据从汇聚网到承载网的接入。承载网主要是指各种核心承载网络，如 GSM、GPRS、WiMax，3G/4G、WLAN、三网融合等。

4.2.3　应用层

物联网应用涉及行业众多，涵盖面宽泛。应用服务层主要将物联网技术与行业专业系统相结合，实现广泛的物物互联的应用，通过人工智能、中间件、云计算等技术，为不同行业提供应用方案。物联网把周围世界中的人和物都联系在网络中，应用涉及广泛，包括家居、医疗、城市、环保、交通、农业、物流等方面。交通方面涉及面向公共交通工具、基于个人标识自动缴费的移动购票系统、环境监测系统以及电子导航地图；医疗方面涉及医疗对象的跟踪、身份标识和验证、身体症状感知以及数据采集系统；工控与智能楼宇方面涉及舒适的家庭/办公环境的智能控制、工厂的智能控制、博物馆和体育馆的智能控制应用；基于位置的服务方面涉及人与人之间实时交互网络、物品轨迹或人的行踪的历史查询、遗失物品查找以及防盗等应用。

物联网应用层主要包括业务中间件和行业应用领域。其中，物联网服务支撑子层用于支撑跨行业、跨应用、跨系统之间的信息协同、共享、互通的功能。物联网应用服务子层包括智能交通、智能医疗、智能家居、智能物流、智能电力等行业应用。

物联网应用层关键技术包括中间件技术、对象名称解析服务、嵌入式智能、云计算、物联网业务平台及安全等技术。物联网中间件处于物联网的集成服务器端和感知层、传输层的嵌入式设备中，对感知数据进行校对、过滤、汇集，有效地减少发送到应用程序的数据的冗余度，在物联网中起着很重要的作用。对象名称解析服务是联系前台中间件软件和后台服务器的网络枢纽，将 EPC 关联到这些物品相关的物联网资源。云计算技术是构建物联网运营平台的关键技术，云计算是基于网络将计算任务分布在大量计算机构成的资源池上，使用户能够借助网络按需获取计算力、存储空间和信息服务。物联网业务平台主要针对物联网不同业务，研究其系统模型、体系架构等关键技术。

随着互联网时代信息与数据的快速增长，大规模和海量的数据需要处理。为了节省成本和实现系统的可扩展性，云计算的概念应运而生。云计算受到广泛推崇，是因为它可利用最小化的客户端实现复杂高效的处理和存储。云计算是一个很好的网络应用模式，物联网的发展需要"软件即服务""平台即服务"，以及按需计算等云计算模式的支撑。可以说，云计算是物联网应用发展的基石。其原因有两个：一是云计算具有超强的数据处理和存储能力；二是由于物联网无处不在的数据采集，需要大范围的支撑平台以满足其规模需求。

4.3 物联网的主要技术

物联网的发展离不开相关技术的发展，技术的发展是物联网发展的重要基础和保障。在物联网的概念提出之前，一些技术已经出现和使用，这些技术的不断进步、演变催生了物联网的出现。物联网不是一门技术或一项发明，而是过去、现在和将来多项技术的高度集成和创新。物联网的主要技术架构如图 4.6 所示。

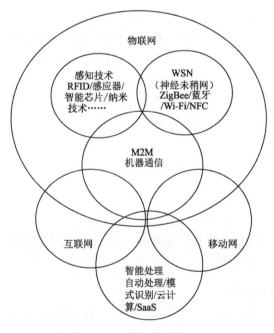

图 4.6 物联网的主要技术架构

1. RFID 技术

RFID 即射频识别，俗称电子标签，可以快速读写、长期跟踪管理，被认为是 21 世纪最有发展前途的信息技术之一。经过几年的发展，RFID 技术的发展也是相当迅速的。在很多关键技术点上，RFID 已日趋成熟，尤其表现在阅读器识读距离的提高、标签和识读器之间数据交互稳定性的提高，以及与无线通信技术结合等多个方面。作为一种自动识别技术，RFID 通过无线射频方式进行非接触双向数据通信对目标加以识别，与传统的识别方式相比，RFID 技术无须直接接触、无须光学可视、无须人工干预即可完成信息输入和处理，且操作方便快捷。

目前 RFID 的工作频率已经从低频（30～300 kHz）和高频（3～30 MHz）发展到超高频（2.4 GHz）微波频率。超高频的读写设备分为手持式和固定式两种，手持式识读距离在 4 m 左右，而固定式识读距离则为 15 m 左右；2.4 GHz 微波的距离则可达到 70～80 m，甚至是 3 km。它能够广泛应用于生产、物流、交通、运输、医疗、防伪、跟踪、设备和资产管理等需要收集和处理数据的应用领域，并被认为是条形码标签的未来替代品。

2. EPC 编码技术

EPC（Electronic Product Code）即产品电子代码，其目标是为物理对象提供唯一标识，从而通过计算机网络来标识和访问单个物体。EPC 编码体系是新一代的与全球贸易项目代码（Global Trade Item Number，GTIN）兼容的编码标准，也是 EPC 系统的核心。EPC 的载体是 RFID 电子标签，并借助互联网来实现信息的传递。EPC 旨在为每一件单品建立全球的、开放的标识标准，实现全球范围内对单件产品的跟踪与追溯，从而有效提高供应链管理水平、降低物流成本，是一个完整、复杂、综合的系统。

3. ZigBee 技术

ZigBee 技术是一种近距离、低复杂度、低功耗、低速率、低成本的双向无线通信技术。它主要用于短距离、低功耗且传输速率不高的各种电子设备之间进行数据传输以及典型的有周期性数据、间歇性数据和低反应时间数据传输的应用。ZigBee 技术与蓝牙技术类似，它是一种新兴的短距离无线技术，用于传感控制应用，是一种高可靠的无线数据传输网络，类似于 CDMA 和 GSM 网络，并且数据传输模块类似于移动网络基站。其通信距离从标准的 75 m 到几百米、几千米不等，并且支持无限扩展。

4. 移动互联网技术

移动互联网就是将移动通信和互联网两者结合起来，成为一体，同时移动互联网又是一个全国性的、以宽带 IP 为技术核心的，可同时提供话音、传真、数据、图像、多媒体等高品质电信服务的新一代开放的电信基础网络，是国家信息化建设的重要组成部分。在最近几年里，移动通信和互联网成为当今世界发展最快、市场潜力最大、前景最诱人的两大业务，它们的增长速度是任何预测家都未曾预料到的。

5. 无线传感器网络技术

无线传感器网络技术（WSN）广泛应用于军事、国家安全、环境科学、交通管理、灾害预测、医疗卫生、制造业、城市信息化建设等领域，是典型的具有交叉学科性质的军民两用战略技术。它由众多功能相同或不同的无线传感器节点组成，每一个传感器节点由数据采集模块、数据处理和控制模块、通信模块和供电模块等组成。近年来微电子机械加工（MEMS）技术的发展为传感器的微型化提供了可能，微处理技术的发展促进了传感器的智能化，通过 MEMS 技术和射频（RF）通信技术的融合促进了无线传感器及其网络的发展。传统的传感器正逐步实现微型化、智能化、信息化、网络化。

6. 中间件技术

中间件是物联网的神经系统，是连接标签读写器和应用程序的纽带，是介于应用系统和系统软件之间的一类软件，用于加工和处理来自读写器的所有信息和事件流，包括对标签数据进行过滤、分组和计数，以减少发往信息网络系统的数据量，并防止错误识读、漏读和冗余信息的出现。中间件的种类有很多，如通用中间件、嵌入式中间件、数字电视中间件、RFID中间件和 M2M 物联网中间件等。

7. 智能技术

物联网智能是利用人工智能技术服务于物联网络的技术，是将人工智能的理论方法和技术通过具有智能处理功能的软件部署在网络服务器中去，服务于接入物联网的物品设备和人。物联网智能化也要研究解决三个层次的问题：一是网络思维，具体讲是网络思维、网络学习、网络诊断等；二是网络感知，让网络像人一样能感觉到气味、颜色、触觉；三是网络行为，研究网络模拟、延伸和扩展人的智能行为（如智能监测、智能控制等行为）。

8. 云计算技术

云计算是物联网平台的关键技术，它是由分布式计算、并行处理、网格计算发展来的，是一种新兴的计算模型。目前，对于云计算的认识在不断发展变化，云计算的"云"就是存在于互联网上的服务器集群上的资源，它包括硬件资源（如服务器、存储器、CPU 等）和软件资源（如应用软件、集成开发环境等），本地计算机只需要通过互联网发送一个需求信息，远端就会有成千上万的计算机为你提供需要的资源并将结果返回到本地，所有的处理都由云计算提供商所提供的计算机群来完成。云计算将所有的计算资源集中起来，并由软件实现自动管理，无须人为参与。这使得应用提供者无须为烦琐的细节而烦恼，能够更加专注于自己的业务，有利于创新和降低成本。

9. UWB 技术

UWB 超宽带（Ultra-wideband，UWB）技术是一种与其他技术有很大区别的无线通信技术，其信号带宽大于 500 MHz 或信号带宽与中心频率之比大于 25%。与常见的通信方式使用连续的载波不同，UWB 采用极短的脉冲信号来传送信息，通常每个脉冲的持续时间只有几十皮秒到几纳秒，这些脉冲所占用的带宽甚至高达数吉赫兹（GHz），这样最大数据传输速率可以达到数百兆比特每秒（Mbit/s）。在高速通信的同时，UWB 设备发射的功率却很小，只有现有设备的几百分之一。它将为无线局域网（LAN）和个人局域网（PAN）的接口卡和接入技术带来低功耗、高带宽并且相对简单的无线通信技术。UWB 技术解决了传统无线技术困扰多年的有关传播方面的重大难题，具有对信道衰落不敏感、发射信号功率谱密度低、低截获能力、系统复杂度低以及能提供厘米级定位精度等优点。尤其适用于军事通信和室内等密集多径场所的高速无线接入。

10. MEMS 技术

微机电系统（MEMS）一般泛指特征尺度在亚微米至亚毫米范围的装置。完整的 MEMS是由微传感器、微执行器、信号处理和控制电路、通信接口和电源等部件组成的一体化的微型器件系统。其目标是把信息的获取、处理和执行集成在一起，组成具有多功能的微型系统，

71

并集成于大尺寸系统中，从而大幅度提高系统的自动化、智能化和可靠性水平。

4.4　物联网的应用领域

物联网具有非常广泛的应用领域，如智能交通、电网管理、农业方面溯源项目、铁路信号识别系统、电子医院、电子图书馆、超市供应链管理、食品安全等，如图 4.7 所示。

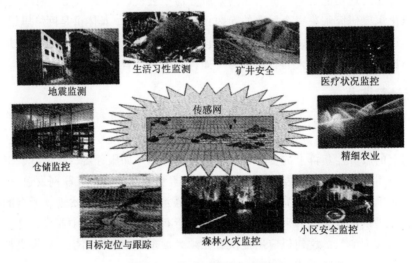

生活习性监测　　矿井安全

地震监测　　　　　　　医疗状况监控

传感网

仓储监控　　　　　　　精细农业

目标定位与跟踪　　森林火灾监控　　小区安全监控

图 4.7　物联网的应用领域

应用的另外一种方式就是将传感器嵌入和装备到电网、铁路、隧道、建筑、供水系统、大坝、油气管等各种物体中，然后将物联网与现有的网络整合起来，达到"智慧"状态，提高资源利用率和生产管理水平。

4.4.1　工业控制

工业是物联网应用的重要领域。以感知和智能为特征的新技术的出现和相互融合，使得未来信息技术的发展由人类信息主导的互联网，向物与物互联信息主导的物联网转变。面向工业自动化的物联网技术是以泛在网络为基础、以泛在感知为核心、以泛在服务为目的、以泛在智能拓展和提升为目标的综合性一体化信息处理技术，并且是物联网的关键组成部分。物联网大大加快了工业化进程，显著提高了人类的物质生活水平，并在推进我国流程业、制造业的产业结构调整，促进工业企业节能降耗，提高产品品质，提高经济效益等方面发挥巨大推动作用。

因此，物联网在工业领域具有广阔的应用前景。物联网在工业领域的应用主要集中在以下几方面：

（1）制造业供应链管理。物联网应用于企业原材料采购、库存、销售等领域，通过完善和优化供应链管理体系，可以提高供应链效率，降低成本。冶金流程工业、石化工业和汽车工业等是物联网技术应用的热点领域。

（2）生产工艺过程优化。物联网技术的应用提高了生产线过程检测、实时参数采集、生产设备监控以及材料消耗监测的能力和水平，使生产过程的智能监控、智能控制、智能诊断、智能决策和智能维护水平不断提高。

（3）产品设备监控管理。各种传感技术与制造技术融合，可实现对产品设备操作使用记录和设备故障诊断的远程监控。

（4）环保监测及能源管理。物联网与环保设备的融合可实现对工业生产过程中产生的各种污染源及污染治理各环节关键指标的实时监控。在重点排污企业排污口安装无线传感设备，不仅可以实时监测企业排污数据，而且可能远程关闭排污口，防止突发性环境污染事故的发生。

（5）工业安全生产管理。把感应器嵌入和装备到矿山设备、油气管道和矿工安全设备中，可能感知危险环境中工作人员、设备机器以及周边环境等方面的安全状态信息，将现有分散、独立、单一的网络监管平台提升为系统、开放、多元的综合网络监管平台，以实现对环境和人身安全的实时感知、准确辨识、快捷响应和有效控制。

总之，基于物联网的工业自动化是人机和谐、智能制造系统发展的新历史阶段，一方面，物联网将改变工业的生产和管理模式，提高生产和管理效率，增强我国工业的可持续发展能力和国际竞争力；另一方面，工业是我国"耗能污染大户"。工业用能占全国能源消费总量的70%。工业化学需氧量、二氧化硫排放量分别占到全国总排放量的38%和86%。物联网技术的研究与推广应用将为我国工业实现节能降耗总目标提供重要的机遇。

4.4.2 精细农牧业

在农业生产中，物联网的应用是指其可以根据用户需求，随时进行处理，为设施农业综合生态信息自动监测、对环境进行自动控制和智能化管理提供科学依据。例如，可以实时采集温室内温度、湿度信号以及光照、土壤温度、二氧化碳浓度、叶面湿度、露点温度、养分程度、电导率、pH值、氮素等参数，经由无线信号收发模块传输数据，实现对大棚温湿度的远程控制，自动开启或者关闭指定设备，如图4.8所示。

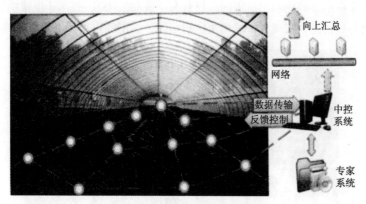

图 4.8 大棚温湿度远程控制

在粮库内安装各种温度、湿度传感器，通过联网将粮库内环境变化参数实时传到计算机或手机进行实时观察，记录现场情况以保证粮库内的温湿度平衡。

在牛、羊等畜牧体内植入传感芯片，放牧时可以对其进行跟踪，实现无人化放牧，提高重大疫病防控能力。还可以实现食品供应链的全程追踪和溯源，保证食品的安全，为食品安全、防伪打假提供法律依据。

4.4.3 仓储物流

在物流领域，通过物联网的技术手段将物流智能化，打造集信息展现、电子商务、物流配载、仓储管理、金融质押、园区安保、海关保税等功能为一体的物流园区综合信息服务平台。例如，发展较快的智能快递，就是在基于物联网的广泛应用基础上，利用先进的信息采集、信息处理、信息流通和信息管理技术，通过在需要寄递的信件和包裹上嵌入电子标签、条形码等能够存储物品信息的标识，以无线网络的方式将相关信息及时发送到后台信息处理系统。而各大信息系统可互联形成一个庞大的网络，从而达到对物品快速收寄、分发、运输、投递以及实施跟踪、监控等智能化管理的目的，并最终按照承诺时限递送到收件人或指定地点，并获得签收。

物流行业是信息化及物联网应用的重要领域，它的信息化和综合化的物流管理、流程监控不仅能为企业带来物流效率提升和物流成本控制，也从整体上提高了企业以及相关领域的信息化水平。高效的供应链和物流管理体系就是它的核心竞争能力，从而达到带动整个产业发展的目的。充分利用现代信息技术打造的供应链与物流管理体系，不仅可为公司获得成本上的优势，而且加深了它对顾客需求信息的了解、提高了它的市场反应速度。物流供应商倾向于构建 RFID 框架，RFID 在物流行业的具体应用价值主要体现在以下几个环节。

1. 生产环节

RFID 技术具有使用简便、识别工作无须人工干预、批量远距离读取、对环境要求低和使用寿命长等优点。在物品生产制造环节应用 RFID 技术，可以完成自动化生产线运作，实现在整个生产线上对原材料、半成品和产成品的识别与跟踪，减少人工识别成本和出错率，提高效率和效益，如图 4.9 所示。在生产和入库过程中，采用了 RFID 技术之后，就能通过识别电子标签来快速从品类繁多的库存中准确地找出所需的原材料和半成品。RFID 技术还能帮助管理人员及时根据生产进度发出补货信息，实现流水线均衡、稳步生产，同时也加强了对质量的控制与追踪。

图 4.9 企业物流配送中心

2. 存储环节和运输环节

在物品入库里，射频技术最广泛的使用是存取货物与库存盘点，它能用来实现自动化的存货和取货等操作，后台数据管理系统负责完成统计、分析、报表和管理工作，同时本地系统要及时和中心数据库保持通信，进行数据和指令的交互。在途运输的货物和车辆贴上 RFID 标签，运输线的一些检查点安装 RFID 接收转发装置，接收装置收到 RFID 标签信息后，连同接收地的位置信息上传至通信卫星，再由卫星传送给运输调度中心，送入数据库中。

在配送环节，如果到达中央配送中心的所有商品都贴有 RFID 标签，在进入中央配送中心时，托盘通过一个阅读器读取托盘上所有货箱上的标签内容。系统将这些信息与发货记录进行核对以检测出可能的错误，然后将 RFID 标签更新为最新的商品存放地点和状态。

3. 零售环节

RFID 可以改进零售商的库存管理，实现适时补货，有效跟踪运输与库存，提高效率，减少出错。不论是用条码扫描仪还是 RFID 扫描仪获取数据，都可以通过无线接入即时上传到服务器，实现在任何时间、任何地点进行实时资料收集和准确快捷的传输，提高工作效率。同时，商店还能利用 RFID 系统在付款台实现自动扫描和计费，从而取代人工收款。

4.4.4 交通运输

将先进的传感、通信和数据处理等物联网技术，应用于交通运输领域，可形成一个安全、畅通和环保的物联交通运输综合系统。它可以使交通智能化，包括动态导航服务、位置服务、车辆保障服务、安全驾驶服务等。实施交通信息采集、车辆环境监控、汽车驾驶导航、不停车收费等措施，有利于提高道路利用率，改善不良驾驶习惯，减少车辆拥堵，实现节能减排，同时也有利于提高出行效率，促进和谐交通的发展。

智能交通系统包括公交行业无线视频监控平台、智能公交站台、车管专家和公交手机"一卡通"等业务。公交行业无线视频监控平台利用车载设备的无线视频监控和 GPS 定位功能，对公交运行状态进行实时监控；智能公交站通过媒体发布中心与电子站牌的数据交互，可实现公交调度信息数据的发布和多媒体数据的发布，利用电子站牌还可实现广告的发布等；车管专家利用 GPS、CDMA、GIP 等高新技术，对车辆的位置与速度、车内外的图像、视频等各类媒体信息及其他车辆参数等进行实时管理，有效满足用户对车辆管理的各类需求，如图 4.10 所示。公交手机"一卡通"是指将手机终端作为城市公交"一卡通"的介质，除完成公交刷卡外，还可实现小额支付、空中充值等功能。测速"一卡通"通过将车辆测速系统、高清电子警察系统的车辆信息实时接入车辆管控平台，同时结合交警业务需求，基于地理信息系统，通过无线通信模块实现报警信息的智能、无线发布，从而达到快速处置的目的。

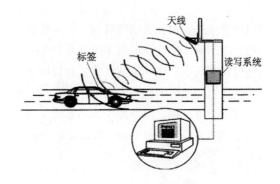

图 4.10 公路不停车收费管理

4.4.5　医疗健康

将物联网技术应用于医疗健康领域，可以解决医疗资源紧张、医疗费用昂贵、老龄化压力等各种问题。例如，借助实用的医疗传感设备，可以实时感知、处理和分析重大的医疗事件，从而快速、有效地做出响应。乡村卫生所、乡镇医院和社区医院可以无缝地连接到中心医院，从而实时地获取专家建议、安排转诊和接受培训。通过联网整合并共享各个医疗单位的医疗信息记录，从而构建一个综合的专业医疗网络。

智能医疗系统借助简易、实用的家庭医疗传感设备，可对家中病人或老人的生理指标进行自测，并将生成的生理指标数据通过固定网络或 4G 无线网络传送到护理人或有关医疗单位。

目前，国家医疗体系的主导思想已经从以治疗为主向治疗与预防并重的思路转变。因此，在大众医疗的预防领域，出现了许多迫切需求，原有的医疗信息系统则面临如何向外部拓展的问题，以 4G 为代表的无线通信技术将发挥越来越重要的作用。在新医改方案中，也可以利用物联网建立一套食品或药品质量溯源体系，发放质量安全信息追溯条码，将信息追溯条码贴在食品、药品上，实现产品的可追溯制度，实行计算机化管理，将数据及时上传到互联网。

国内一些医院的医疗信息化建设已经取得了一些进步。国内大部分三级甲等医院已经认识到了医疗信息化在提高服务效率、提升服务质量方面的重要作用，并纷纷采用了医院信息管理系统。尤其是近年来，无线医疗崭露头角，成为医疗信息化系统的重要组成部分。据了解，早期的无线医疗中更多地采用了无线局域网的技术，主要是无线局域网与 RFID 实现各种组合应用，终端方面则大量采用了具备专门医疗定制服务功能的 PDA 等。目前，我国大概有 20% 的三级甲等医院已经不同程度地应用了 PDA 和 RFID 技术。

新医改方案中提出要积极发展面向农村及边远地区的远程医疗。远程医疗包括远程诊断、专家会诊、信息服务、在线检查和远程交流几大内容，主要涉及视频通信、会诊软件、可视电话三大模块。根据卫生领域的发展需求，从 RFID 的技术功能和技术特点，提出用 RFID 在卫生领域主要从事类似病患定位的追踪，特别是特殊病人的定位、追踪和身份识别。

4.4.6　环境监测

物联网是实现环境信息化的重要形式，可以极大地提高环境监测能力。近年来，地震、山体滑坡、泥石流、海啸等地质灾害频发，给人类生命和生活带来严重影响。全球气候急剧变化以及全球进入地壳活动频繁期，都是地质灾害频发的重大因素。我国泥石流的暴发主要是受连续降雨影响，一般发生在多雨的夏秋季节。人类需要更加重视自然环境的变迁，更加关注如何通过科技监测自然环境的变化。而物联网在环境监测方面有其独特之处，物联网在环境监测领域的应用是通过实施地表水水质的自动监视器测量，实现水质的实时连续监测和远程监控，及时掌握主要流域重点断面水体的水质状况，预警、预报重大或流域性水质污染事故，解决跨行政区域的水污染事故纠纷，监督总量控制制度落实情况等。例如，利用物联网提前掌握山崩、落石等自然灾害的发生等。另外，物联网使用无线感应技术，可以实现对大山地质和环境状况的长期监控，监控现场不再需要人为参与，而是通过无线传感器对各个山脉实现火山范围深层次监控，包括温度的变化对山坡结构的影响以及气候的变化对土质渗水的影响等。

4.4.7 安全监控

安全问题是人们越来越关注的问题，特别是学校和幼儿园的安全。目前高校都建有众多的教学楼和实验大楼等。因校园占地面积大，因此，利用现代的高科技技术手段，组成全方位防范系统是十分必要的。可以利用物联网开发出高度智能化的安全防范产品或系统，进行智能分析判断及控制，最大限度地降低因传感器问题及外部干扰造成的误报，并且能够实现高精度定位，完全由面到点的实体防御及精确打击，进行高度智能化的人机对话等功能，弥补传统安防系统的缺陷，确保人们的生命和财产安全。

人们可以在每个教室安装摄像机视频专用线连接到学校的值班人员的中控设备，通过学校内部局域网络，就可以在各个教研室、实验室、校长办公室等看到任何一间教室的教学情况和实施安全监控。

此外，物联网还可以用于烟花爆竹销售点监测、危险品运输车辆监管、火灾事故监控、气候灾害预警、智能城管、平安城市建设；还可以用于对残障人员、弱势群体（老人、儿童等）、宠物进行跟踪定位，防止走失等；还可以用于井盖、变压器等公共财产的跟踪定位，防止公共财产的丢失。

4.4.8 网上支付

物联网的诞生，把商务延伸和扩展到了任何物品上，真正实现了突破空间和时间束缚的信息采集、交换和通信，使商务活动的参与主体可以在任何时间、任何地点实时获取和采集商业信息，摆脱固定的设备和网络环境的束缚。这使得"移动支付""移动购物""手机钱包""手机银行""电子机票"等概念层出不穷。

新一代银联手机支付业务不仅将手机与银行卡合二为一，还把银行柜台"装进"持卡人的口袋。中国人民银行在推动金融业信息化发展时，提出了基于 2.4G RFID-SIM（SD）卡的移动支付解决方案，该方案是从用户的角度出发，针对广大用户对移动支付的需求而推出的自主创新产品。申请开通该项业务时，用户无须更换手机号码，只要通过移动通信运营商或发卡银行，将定制的金融智能卡植入手机，便能借助无线通信网络，实现信用卡还款、转账充值等远程支付功能。手机网上支付系统如图 4.11 所示。

图 4.11　手机网上支付系统

　　另外，通过将国家、地方的金融机构联网，建立一个各金融部门信息共享平台，可有效遏制传统金融市场因缺乏有效监管而带来的风险蔓延，维护国家经济安全和金融稳定。

4.4.9　智能家居

　　智能家居是利用先进的计算机、嵌入式系统和网络通信，将家庭中的各种设备（如照明、环境控制、安防系统、网络家电等）通过家庭网络连接到一起，如图 4.12 所示。一方面，智能家居让用户更方便管理家庭设备；另一方面，智能家居内的各种设备相互间可以通信，且不需要人为操作，自组织地为用户服务。

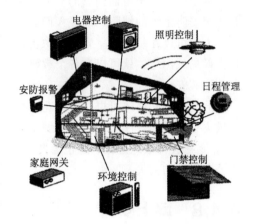

图 4.12　智能家居模式

　　我们意识到世界正在变"小"，地球正在变"平"，不论是经济、社会还是技术层面，人们的生活环境和以往任何时代相比都发生了重大的变化。当前的金融海啸、全球气候变化、能源危机或者安全问题，迫使人们审视过去。也正是各种各样的危机，使人类能够站在一个面向未来全新发展的门槛上——人们希望自己的生存环境也变得更有"智慧"，由此诞生了智慧地球、感知中国、智能城市、智能社区、智能建筑、智能家居等新生名词，它们真正地影响和改变了人们的生活。

4.4.10　国防军事

　　物联网被许多军事专家称为"一个未探明储量的金矿"，正在孕育军事变革深入发展的新契机。物联网概念的问世，对现有军事系统格局产生了巨大冲击。它的影响绝不亚于互联网在军事领域里的广泛应用，将触发军事变革的一次重新启动，使军队建设和作战方式发生新的重大变化。可以设想，在国防科研、军工企业及武器平台等各个环节与要素设置标签读取装置，通过无线和有线网络将其连接起来，那么每个国防要素及作战单元甚至整个国家军事力量都将处于全信息和全数字化状态。大到卫星、导弹、飞机、舰船、坦克、火炮等装备系统，小到单兵作战装备，从通信技侦系统到后勤保障系统，从军事科学试验到军事装备工程，其应用遍及战争准备、战争实施的每一个环节。可以说，物联网扩大了未来作战的时域、空域和频域，对国防建设各个领域产生了深远影响，将引发一场划时代的军事技术革命和作战方式的变革。

　　当然，物联网的应用并不局限于上面的领域，用一句形象的话来说，就是"网络无所不达，应用无所不能"。但有一点是值得肯定的，那就是物联网的出现和推广必将极大地改变人们的生活。

4.5　物联网的发展与未来

随着计算机网络及移动通信网络的发展，物联网的概念正越来越多地被人们所接受。物联网之所以发展如此迅速，主要源于以下几个技术方面的因素。

（1）传感器技术的成熟应用。由于多年来半导体制造技术、通信技术及电池技术的改进，促进了微小的智能传感器具有感知、无线通信及信息处理的能力。也就是说，感知外部世界的各种智能传感器技术已经比较成熟，传感网技术在新兴产业中扮演着重要角色，发挥了巨大作用。传感网所带来的信息获取深刻地影响着物联网技术的发展。

（2）网络接入和带宽的变化。首先，节点的组网控制和数据融合技术有了很大进展。其次，网络层作为核心承载工具承担着物联网接入层与应用层之间的数据通信任务，接入网关完成和承载网络的连接这方面的技术近些年有了长足的发展。另外，IP 带宽在过去十年也有了一个很大的提高。这些都对物联网的发展产生着重要的影响。

（3）数据处理智能化。从传感网获取的信息量十分巨大，如果没有一种智能化处理方法是不可想象的。在过去几年中，云计算网络应运而生。云计算最基本的概念是通过网络将庞大的计算处理程序自动分拆成无数个较小的子程序，再交由多个服务器所组成的庞大系统，经搜寻、计算分析之后将处理结果回传给用户。通过云计算技术，网络服务提供者可以在数秒之内处理数以万计的数据，达到与超级计算机相同的效能。可以说，云计算技术对物联网技术的发展起着决定性的作用。

对于物联网来说有三个值得关注的发展趋势：一是互联互通设备数目的急剧增加以及设备体积的极度缩小；其次是物体通过移动网络连接，永久性地被使用者所携带并可被定位；三是系统以及物体在互联互通过程中异质性和复杂性在现有和未来的应用中变得极强。

目前，国外对物联网的研究、应用主要集中在欧、美、日、韩等少数发达国家和地区，随着 RFID、传感器技术、通信及计算机技术的发展，研究和应用领域已从商业零售、物流领域扩展到智能控制设施、生物医疗、环境监测等领域。例如，欧洲合作研发机构校际微电子中心（IMEC）利用 GPS、RFID 技术已经开发出远程环境监测、工业监测等系统，并积极研发可遥控、体积小、成本低的微电子人体传感器，自动驾驶系统等技术；IBM 提出了"智慧地球"的概念，并已经开发出了涵盖智能电力、智能医疗、智能交通、智能城市等多项物联网应用方案。

美国作为物联网技术的主导和先行国之一，较早地开展了物联网及相关技术的研究与应用。美国将"新能源"和"物联网"作为振兴经济的两大武器，投入巨资深入研究物联网相关技术。据美国科学时报报道，物联网也被称为继计算机、互联网之后，世界信息产业的第三次浪潮。"智慧地球"被认为是挽救危机、振兴经济、确立美国在 21 世纪保持和夺回竞争优势的方式。无论是基础设施、技术水平还是产业链的发展程度，美国都走在世界各国的前列，已经趋于完善的通信互联网络为其物联网的发展创造了良好的先机。

日本从 20 世纪 90 年代以来推出了"e-Japan""u-Japan""i-Japan2015"等系列信息化战略,"u-Japan"在 2004 年启动,致力于发展物联网及相关产业,并希望由此建设一个在 2010 年实现"随时、随地、任何人、任何物品"都可以上网的无所不在的网络。其网络建设的基础为 RFID、传感器网络、物联终端。日本政府希望通过物联网技术的产业化应用,减轻由于人口老龄化所带来的医疗、养老等社会负担。

中国科学院早在 1999 年就启动了传感网的研究,在无线智能传感器网络通信技术、微型传感器、移动基站等方面取得了一些进展,逐步拥有了从材料、技术、器件、系统到网络的完整产业链。我国在国家自然科学基金、国家"863"计划、国家科技重大专项等科技计划中已部署物联网相关技术的研究。虽然物联网的概念在我国最近才得到广泛关注,但物联网的应用很早就在我国开展,目前主要以 RFID、M2M、传感网三种形态为主。我国的无线通信网络已经覆盖了城乡,从繁华的城市到偏僻的农村,从海岛到珠穆朗玛峰,到处都有无线网络的覆盖。目前和物联网相关的应用包括超市的供应链管理、高速公路不停车收费、农业部溯源项目、铁路自动车号识别系统、电子医院、图书馆管理系统等。

物联网的发展,带动的不仅是技术进步,而是通过应用创新进一步带动经济社会形态、创新形态的变革,塑造了知识社会的流体特性,推动面向知识社会的下一代创新形态的形成,代表了社会信息化的发展方向。移动及无线技术、物联网的发展,使得创新更加关注用户体验,用户体验成为下一代创新的核心。开放创新、共同创新、大众创新、用户创新成为知识社会环境下的创新特征,技术更加展现其以人为本的一面,以人为本的创新随着物联网技术的发展成为现实。

在不久的将来,汽车将及时警告驾驶员车的某一个部位或任何零件发生了故障;当你出门远行时,行李箱会提醒你忘带了某些东西;当你洗衣服时,衣服会"告诉"洗衣机需要多少摄氏度的水温来洗;当你过马路时,红绿灯会根据行人状况,在时间上实现动态调控。

在智能家居中,你回家之前可以实时了解家中各个角落的状态,可以提前开始煮饭,提前打开空调,提前打开热水器等。在上班的时候,你可以通过物联网知道家里的状态:水管有没有关,电灯有没有关,窗帘有没有拉等,然后可以根据需要对其进行相应控制。

物联网使物品和服务功能都发生了质的飞跃,这些新的功能将给使用者带来进一步的效率、便利和安全,由此形成基于这些功能的新兴产业。

综上所述,物联网的发展涉及计算机、电子、通信以及其他各个行业,是 IT 行业一个明确的发展方向。我国已经正式成立了传感网技术产业联盟。同时,工信部也宣布牵头成立一个全国推进物联网的部际领导协调小组,以加快物联网产业化进程。2010 年 3 月,上海物联网中心正式揭牌,该中心的成立旨在积极推进电信网、广播电视网和互联网的三网融合,加快物联网的研发应用,以及加大对战略性新兴产业的投入和政策支持。

物联网的发展是随着互联网、传感器等发展而发展的。理念是在计算机互联网的基础上,利用射频识别、无线数据通信等技术,构造一个实现全球物品信息实时共享的实物互联网。物联网分为硬件的感知控制层、网络传输层,软件的应用服务层,其中每一部分既相互独立,又密不可分。物联网标准体系既可以分为感知控制层标准、网络控制层标准、应用服务层标准,又包含共性支撑标准。

RFID 技术、传感控制技术、无线网络技术、组网技术以及人工智能技术为物联网发展应用的关键支撑技术，而其推广应用的主要难点体现在技术标准问题、数据安全问题、IP地址问题、终端问题。

物联网的显著特点是技术高度集成、学科复杂交叉、综合应用广泛，目前发展应用主要体现在智能电网、智能交通、智能物流、智能家居等领域。

习 题

1. 简述物联网的定义。
2. 简述物联网的框架结构。
3. 什么是数据融合技术？
4. 物联网的主要技术有哪些？
5. 简要说明物联网的主要应用领域。

第5章 感知技术

与人体结构中皮肤和五官的作用相似，感知层是物联网的"皮肤"和"五官"。它的功能是识别物体和采集信息。感知层包括二维码标签和识读器、RFID标签和读写器、摄像头、GPS、传感器、终端、传感器网络等。如果传感器的单元简单唯一，直接能接上TCP/IP接口（如摄像头、Web传感器），那就能直接写接口数据。实际工程中不同装置的硬件接口各不相同，而且电压、电流也有可能不同，加之传感器往往是多种装置的集合，需要在一定条件下整合，因此感知层设计需要在嵌入式智能平台（EIP）上整合。

当前，在硬件设计和软件硬化中，EIP的应用越来越广泛，特别是在通信、网络、金融、交通、视频、仪器仪表等方面，可以说，EIP产品针对每一个具体行业提供"量体裁衣"的硬件解决方案，而且起到了软硬件设计交错互动的桥梁作用。

总之，物联网感知层设计裁剪方法就是在不同传感器、不同接口、不同电源电压下，在EIP上剪裁、整合和测试，重点是整合GPRS DTU、CDMA DTU、GSM Modem、3G DTU等模块（以后会有更好的开发模块），将传感器的信号和数据经过移动、电信部门发送到建立的TCP/IP接口上（在Web服务机器上）。

关于传感器的概念，国家标准是这样定义的："能感受规定的被测量并按照一定的规律转换成可用信号的器件或装置，通常由敏感元件和转换元件组成"。也就是说，传感器是一种检测装置，能感受到被测量的信息，并能将检测感受到的信息，按一定规律变换成为电信号或其他所需形式的信息输出，以满足信息的传输、处理、存储、显示、记录和控制等要求。它是实现自动检测和自动控制的首要环节。

传感器是构成物联网的基础单元，是物联网的耳目，是物联网获取相关信息的来源。具体来说，传感器是一种能够对当前状态进行识别的元器件，当特定的状态发生变化时，传感器能够立即察觉出来，并且能够向其他的元器件发出相应的信号，用来告知状态的变化。

目前，传感技术广泛地应用在工业生产、日常生活和军事等各个领域。

在工业生产领域，传感器技术是产品检验和质量控制的重要手段，同时也是产品智能化的基础。传感器技术在工业生产领域中广泛应用于产品的在线检测，如零件尺寸、产品缺陷等，实现了产品质量控制的自动化，为现代品质管理提供了可靠保障。另外，传感器技术与运动控制技术、过程控制技术相结合，应用于装配定位等生产环节，促进了工业生产的自动化，提高了生产效率。

传感器技术在智能汽车生产中至关重要。传感器作为汽车电子自动化控制系统的信息源、关键部件和核心技术，其技术性能将直接影响到汽车的智能化水平。目前普通轿车约需要安装几十至上百个传感器，而豪华轿车上传感器的数量更是多达两百个。发动机部分主要安装温度传感器、压力传感器、转速传感器、流量传感器、气体浓度和爆震传感器等，它们需要向发动机的电子控制单元（ECU）提供发动机的工作状况信息，对发动机的工作状况进行精确控制。汽车底盘使用了车速传感器、踏板传感器、加速度传感器、节气门传感器、发动机转速传感器、水温传感器、油温传感器等，从而实现了控制变速器系统、悬架系统、动力转向系统、制动防抱死系统等功能。车身部分安装有温度传感器、湿度传感器、风量传感器、日照传感器、车速传感器、加速度传感器、测距传感器、图像传感器等，有效地提高了汽车的安全性、可靠性和舒适性等。

在日常生活领域，传感技术也日益成为不可或缺的一部分。首先，传感器技术广泛应用于家用电器，如数字相机和数字摄像机的自动对焦；空调、冰箱、电饭煲等的温度检测；遥控接收的红外检测等。其次，办公商务中的扫描仪和红外传输数据装置等也采用了传感器技术。第三，医疗卫生事业中的数字体温计、电子血压计、血糖测试仪等设备同样是传感器技术的产物。

在科技军事领域，传感技术的应用主要体现在地面传感器，其特点是结构简单、便于携带、易于埋伏和伪装，可用于飞机空投、火炮发射或人工埋伏到交通线上和敌人出现的地段，用来执行预警、地面搜索和监视任务。当前的军事领域使用的传感器主要有震动传感器、声响传感器、磁性传感器、红外传感器、电缆传感器、压力传感器和扰动传感器等。传感器技术在航天领域中的作用更是举足轻重，用于火箭测控、飞行器测控等。

5.1 RFID 技术

RFID 是 Radio Frequency Identification（射频识别技术）的缩写，常称为感应式电子晶片或近接卡、感应卡、非接触卡、电子标签、电子条码等。一套完整 RFID 系统由阅读器与应答器两部分组成，其动作原理为由阅读器发射一特定频率的无限电波能量给应答器，用以驱动应答器电路将内部的 ID 码送出，此时阅读器便接收此 ID 码。应答器的特殊在于免用电池、免接触、免刷卡，故不怕脏污，且晶片密码为世界唯一，无法复制，安全性高、寿命长。RFID 标签有两种：有源标签和无源标签。RFID 的应用非常广泛，目前典型应用有动物晶片、汽车晶片防盗器、门禁管制、停车场管制、生产线自动化、物料管理。

5.1.1 RFID 射频卡的分类

（1）按载波频率分为：低频射频卡、中频射频卡和高频射频卡：低频射频卡主要有 125 kHz 和 134.2 kHz 两种，中频射频卡频率主要为 13.56 MHz，高频射频卡主要为 433 MHz、915 MHz、2.45 GHz、5.8 GHz 等。

（2）按供电方式分为有源卡和无源卡：有源是指卡内有电池提供电源，其作用距离较远，但寿命有限、体积较大、成本高，且不适合在恶劣环境下工作；无源卡内无电池，它利用波束供电技术将接收到的射频能量转化为直流电源为卡内电路供电，其作用距离相对有源卡短，但寿命长且对工作环境要求不高。

（3）按调制方式的不同可分为主动式和被动式：主动式射频卡用自身的射频能量主动地发送数据给读写器；被动式射频卡使用调制散射方式发射数据，它必须利用读写器的载波来调制自己的信号，该类技术适合用在门禁或交通应用中，因为读写器可以确保只激活一定范围之内的射频卡。

（4）按芯片分为只读卡、读写卡和 CPU 卡。

（5）按作用距离可分为：密耦合卡（作用距离小于 1 cm）、近耦合卡（作用距离小于 15 cm）、疏耦合卡（作用距离约 1 m）和远距离卡（作用距离从 1 m 到 10 m，甚至更远）。

RFID 技术广泛应用在社会生产生活各领域。日常生活中人们经常要使用各式各样的数位识别卡，如信用卡、电话卡、金融 IC 卡等。大部分的识别卡，都是与读卡机作接触式的连接来读取数位资料，常见方法有磁条刷卡或 IC 晶片定点接触，这些用接触方式识别数位资料的作法，在长期使用下容易因磨损而造成资料判别错误，而且接触式识别卡有特定的接点，卡片有方向性，使用者常会因不当操作而无法正确判读资料。而 RFID 乃是针对常用的接触式识别系统的缺点加以改良，采用射频讯号以无线方式传送数位资料，因此识别卡不必与读卡机接触就能读写数位资料，这种非接触式的射频身份识别卡与读卡机之间无方向性的要求，且卡片可置于口袋、皮包内，不必取出而能直接识别，免除现代人经常要从数张卡片中找寻特定卡片的烦恼。

5.1.2 RFID 的主要应用领域

（1）制造业：自动化生产，生产数据的实时监控，质量追踪，仓储管理，品牌管理，单品管理，渠道管理。

（2）物流：物流过程中的货物追踪，信息自动采集，仓储应用，港口应用，邮政快递。

（3）零售：商品的销售数据实时统计，补货，防盗。

（4）图书馆：书店，出版社等应用。

（5）汽车：制造，防盗，定位等。

（6）航空：制造，旅客机票，行李包裹跟踪。

（7）资产管理：各类资产（贵重的或数量大相似性高的或危险品等）。

（8）交通：高速不停车，出租车管理，公交车枢纽管理，铁路机车识别等。

（9）身份识别：电子护照、身份证、学生证等各种电子证件。

（10）防伪：贵重物品（烟、酒、药品）的防伪，票证的防伪。

（11）食品：水果、蔬菜、生鲜、食品等保鲜度管理。

（12）医疗：医疗器械管理，病人身份识别，婴儿防盗。

（13）动物识别：驯养动物，畜牧牲口，宠物等识别管理。

5.1.3 射频识别系统

射频识别系统最重要的优点是非接触识别，它能穿透雪、雾、冰、涂料、尘垢和条形码无法使用的恶劣环境阅读标签，并且阅读速度极快，大多数情况下不到 100 ms。有源式射频识别系统的速写能力也是重要的优点，可用于流程跟踪和维修跟踪等交互式业务。

基本的射频识别系统由三个部分组成，如图 5.1 所示，一是读写器，又称阅读器，是用于读取（有时还可以写入）标签信息的设备，可设计为手持式或固定式；二是电子标签（或称射频卡、应答器等，本文统称为电子标签），由耦合元件及芯片组成，每个标签具有唯一的电子编码，附着在物体上标识目标对象；三是天线，天线分为电子标签天线和读写器天线两大类，分别承担接收能量和发射能量的作用。RFID 系统在具体的应用过程中，根据不同的应用目的和应用环境，系统的组成会有所不同，但从 RFID 系统的工作原理来看，系统一般都由信号发射机、信号接收机、发射接收天线几部分组成。

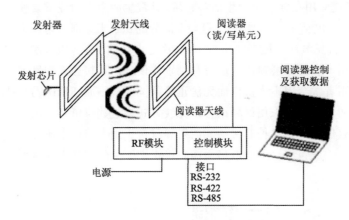

图 5.1　射频识别系统的组成示意图

图 5.1 中，读写器通过发射天线发送特定频率的射频信号，当电子标签进入有效工作区域时产生感应电流，从而获得能量被激活，使得电子标签将自身编码信息通过内置天线发射出去；读写器的接收天线接收到从标签发送来的调制信号，经天线的调制器传送到读写器信号处理模块，经解调和解码后将有效信息送到后台主机系统进行相关处理；主机系统根据逻辑运算识别该标签的身份，针对不同的设定做出相应的处理和控制，最终发出信号控制读写器完成不同的读写操作。

从电子标签到读写器之间的通信和能量感应方式来看，RFID 系统一般可以分为电感耦合（磁耦合）系统和电磁反向散射耦合（电磁场耦合）系统。电感耦合系统是通过空间高频交变磁场实现耦合，依据的是电磁感应定律；电磁反向散射耦合，即雷达原理模型，发射出去的电磁波碰到目标后反射，同时携带回目标信息，依据的是电磁波的空间传播规律。

下面以如图 5.2 所示的这种典型的 RFID 系统为例，介绍 RFID 系统的基本组成及各功能部件的作用和原理。

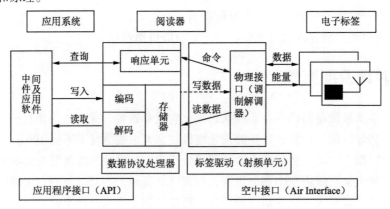

图 5.2　典型的 RFID 系统

1. 阅读器

阅读器（Reader）又称读写器。阅读器主要负责与电子标签的双向通信，同时接收来自主机系统的控制指令。阅读器的频率决定了 RFID 系统工作的频段，其功率决定了射频识别的有效距离。阅读器根据使用的结构和技术不同可以是读或读/写装置，它是 RFID 系统信息控制和处理中心。阅读器通常由射频接口、逻辑控制单元和天线三部分组成，如图 5.3 所示。

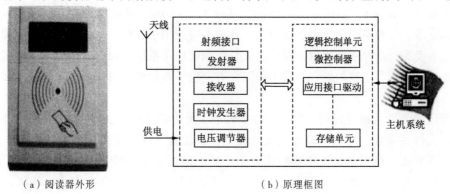

（a）阅读器外形　　　　　　　　（b）原理框图

图 5.3　阅读器的组成

（1）射频接口

射频接口模块实现的任务主要有两项，第一项是实现将读写器与发往射频标签的命令调制（装载）到射频信号（又称读写器/射频标签的射频工作频率）上，经由发射天线发送出去。发送出去的射频信号（可能包含传向标签的命令信息）经过空间传送（照射）到射频标签上，射频标签对照射到其上的射频信号做出响应，形成返回读写器天线的反射回波信号。射频模块的第二项任务即是实现将射频标签返回到读写器的回波信号进行必要的加工处理，并从中解调（卸载）提取出射频标签回送的数据。

（2）逻辑控制单元

逻辑控制单元也称读写模块，主要任务和功能如下。

① 与应用系统软件进行通信，并执行从应用系统软件发送来的指令；

② 控制阅读器与电子标签的通信过程；

③ 信号的编码与解码；

④ 对阅读器和标签之间传输的数据进行加密和解密；

⑤ 执行防碰撞算法；

⑥ 对阅读器和标签的身份进行验证。

（3）天线

天线是一种能将接收到的电磁波转换为电流信号，或者将电流信号转换成电磁波发射出去的装置。在 RFID 系统中，阅读器必须通过天线来发射能量，形成电磁场，通过电磁场对电子标签进行识别。因此，阅读器天线所形成的电磁场范围即为阅读器的可读区域。

对于近距离 RFID 应用，天线一般和读写器集成在一起；对于远距离 RFID 系统，读写器天线和读写器一般采取分离式结构，通过阻抗匹配的同轴电缆连接。一般来说，方向性天于具有较小的回波损耗，比较适合标签应用；由于标签放置方向不可控，读写器天线一般采用圆极化方式。读写器天线要求低剖面、小型化以及多频段覆盖。对于分离式读写器，还将涉及天线阵的设计问题。如智能波束扫描天线阵，读写器可以按照一定的处理顺序，"智能"地打开和关闭不同的天线，使系统能够感知不同天线覆盖区域的标签，增大系统覆盖范围。

（4）工作频率

RFID 读写器发送的频率称为 RFID 系统的工作频率或载波频率。RFID 载波频率基本上有三个范围：低频（30～300 kHz）、高频（3～30 MHz）和超高频（300 MHz～3G Hz）。常见的工作频率有低频 125 kHz 与 134.2 kHz，高频 13.56 MHz，超高频 433 MHz、860～930 MHz、2.45 GHz 等。低频系统主要用于短距离、低成本的应用中，如多数的门禁控制、校园卡、煤气表、水表等；高频系统则用于需传送大量数据的应用系统；超高频系统应用于需要较长的读写距离和高读写速度的场合，其天线波束方向较窄且价格较高，在火车监控、高速公路收费等系统中应用。

低频频段能量相对较低，数据传输率较小，无线覆盖范围受限。为扩大无线覆盖范围，必须扩大标签天线尺寸。尽管低频无线覆盖范围比高频无线覆盖范围小，但天线的方向性不强，具有相对较强的绕开障碍物能力。低频频段可采用一两个天线，以实现无线作用范围的全区域覆盖。此外，低频段电子标签的成本相对较低，且具有卡状、环状、纽扣状等多种形状。

高频频段能量相对较高，适合长距离应用。低频功率损耗与传播距离的立方成正比，而高频功率损耗与传播距离的平方成正比。由于高频以波束的方式传播，故可用于智能标签定位。其缺点是容易被障碍物所阻挡，易受反射和人体扰动等因素影响，不易实现无线作用范围的全区域覆盖。高频频段的数据传输率相对较高，且通信质量较好。

超高频系统被用于各种各样的供应链管理应用中。超高频射频识别的范围和规定为：全球 860～960MHz，美国 902～928MHz，欧洲 868MHz，日本 950MHz。表 5.1 为 RFID 频段特性表。

表 5.1　RFID 频段特性表

频　　段	频率范围	作用距离	穿透能力
低频（LF）	125～134 kHz	45 cm	能穿透大部分物体
高频（HF　）	13.553～13.567 MHz	1～3 m	勉强能穿透金属和液体
超高频（UHF）	400～1 000 MHz	3～9 m	穿透能力较弱
微波（Microwave）	2.45 GHz	3 m	穿透能力最弱

实际的 RFID 系统中，不同的频段其所采用的调制编码方式、天线类型也有很大的不同。

2. 电子标签

电子标签（Electronic Tag）也称为智能标签（Smart Tag），是由 IC 芯片和无线通信天线组成的超微型的小标签，其内置的射频天线用于和阅读器进行通信。电子标签是 RFID 系统中真正的数据载体。系统工作时，阅读器发出查询（能量）信号，标签（无源）在收到查询（能量）信号后将其一部分整流为直流电源供电子标签内的电路工作，一部分能量信号被电子标签内保存的数据信息调制后反射回阅读器，如图 5.4 所示。

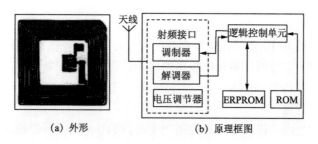

图 5.4　电子标签

电子标签内部各模块的功能如下。

（1）天线：用来接收由阅读器送来的信号，并把要求的数据传送回给阅读器。受应用场合的限制，RFID 标签通常需要贴在不同类型、不同形状的物体表面，甚至需要嵌入到物体内部。RFID 标签在要求低成本的同时，还要求有高的可靠性。

（2）电压调节器：把由阅读器送来的射频信号转换为直流电源，并经大电容存储能量，再通过稳压电路以提供稳定的电源。

（3）调制器：逻辑控制电路送出的数据经调制电路调制后加载到天线返给阅读器。

（4）解调器：去除载波，取出调制信号。

（5）逻辑控制单元：译码阅读器送来的信号，并依据要求返回数据给阅读器。

（6）存储单元：包括 ERPROM 和 ROM，作为系统运行及存放识别数据。

依据电子标签供电方式的不同，RFID 分为被动标签（Passive tags）和主动标签（Activetags）两种。主动标签自身带有电池供电，读/写距离较远同时体积较大，与被动标签相比成本更高，也称为有源标签。被动标签由阅读器产生的磁场中获得工作所需的能量，成本很低并具有很长的使用寿命，比主动标签更小也更轻，读写距离则较近，也称为无源标签。有源标签采用电池供电，工作时与阅读器的距离可以达到 10 m 以上，但成本较高，应用较少；目前实际应用中多采用无源标签，依靠从阅读器发射的电磁场中提取能量来供电，工作时与阅读器的距离大约在 1 m 左右。

依据电子标签使用频率的不同，可以分为低频标签、中高频标签、超高频与微波标签。低频标签（125～135 kHz）主要用在短距离、低成本的应用中。低频标签的典型应用有：动物识别、容器识别、工具识别、电子闭锁防盗（带有内置电子标签的汽车钥匙）等。中高频段射频标签的工作频率一般为 3～30 MHz，典型工作频率为 13.56 MHz。该频段的射频标签，从射频识别应用角度来说，其工作原理与低频标签完全相同，即采用电感耦合方式工作，阅读距离一般情况下也小于 1 m。中频标签可以方便地制作成卡状，典型应用包括电子车票、电子身份证、电子闭锁防盗（电子遥控门锁控制器）等。超高频与微波频段的射频标签简称为微波射频标签，其典型工作频率为 433.92 MHz、862（902）～928 MHz、2.45 GHz、5.8 GHz。

3．应用系统

应用系统包括中间件及应用软件，中间件是一种独立的系统软件或服务程序。分布式应用软件借助这种软件在不同的技术之间共享资源，如图 5.5 所示。中间件位于客户机、服务器的操作系统之上，管理计算机资源和网络通信。

中间件的主要任务和功能：

（1）阅读器协调控制

终端用户可以通过 RFID 中间件接口直接配置、监控以及发送指令给阅读器。一些 RFID 中间件开发商还提供了支持阅读器即插即用的功能，使终端用户新添加不同类型的阅读器时不需要增加额外的程序代码。

（2）数据过滤与处理

当标签信息传输发生错误或有冗余数据产生时，RFID 中间件可以通过一定的算法纠正错误并过滤掉冗余数据。RFID 中间件可以避免不同的阅读器读取同一电子标签的碰撞，确保了阅读的准确性。

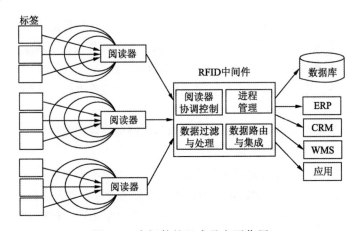

图 5.5　中间件的组成及主要作用

（3）数据路由与集成

RFID 中间件能够决定将采集到的数据传递给哪一个应用。RFID 中间件可以与企业现有的企业资源计划（ERP）、客户关系管理（CRM）、仓储管理系统（WMS）等软件集成在一起，为它们提供数据的路由和集成，同时中间件可以保存数据，分批地给各个应用提交数据。

（4）进程管理

RFID 中间件根据客户定制的任务负责数据的监控与事件的触发。如在仓储管理中，设置中间件来监控货品库存的数量，当库存低于设置的标准时，RFID 中间件会触发事件，通知相应的应用软件。

5.1.4　条形码

条形码在日常生活中随处可见。例如，书的背面、包装盒封面及背面、香烟盒上、衣服标签上、酒瓶上等。此外，它还广泛用于通行控制、资产跟踪、图书馆和档案馆的图书和文件编目、文件管理、危险废弃物跟踪、包装跟踪以及车辆控制和识别。条形码是一种信息的图形化表示方法，可以把信息制作成条形码，然后用条码阅读机扫描得到一组反射光信号，此信号经过光电转换后变为一组与线条、空白相对应的电子信号，经解码后还原为相应的文字、数字，再传入计算机。条形码与条形码阅读器如图 5.6 所示。条形码分为一维条码和二维条码，下面分别介绍。

图 5.6　条形码与条形码阅读器

1. 一维条形码

一维条形码又称条码（barcode）是将宽度不等的多个黑条和空白，按一定的编码规则排列，用以表达一组信息的图形标识符。条形码可以标出物品的生产国、制造厂家、商品名称、生产日期以及图书分类号、邮件起止地点、类别、日期等信息，因此在商品流通、图书管理、邮政管理、银行系统等很多领域得到了广泛的应用。

一维条码主要包括 EAN 码、39 码、交叉 25 码、UPC 码、128 码、93 码等几种常见的码制。一维条码的特点如下：

（1）一维条形数据容量较小，仅能表示 30 个字符左右，只能包含字母和数字，并且条码尺寸相对较大（空间利用率较低），条码遭到损坏后便不能阅读。

（2）可以识别商品的基本信息，例如，商品名称、价格等，但并不能提供商品更详细的信息，要调用更多的信息，需要计算机数据库的进一步配合。

（3）用一维条码表示汉字或图像信息几乎是不可能的，这在某些应用汉字的场合很不方便。

2. 二维条形码

通常一维条形码所能表示的字符集不过 10 个数字、26 个英文字母及一些特殊字符，条码字符集最大所能表示的字符个数为 128 个 ASCII 字符，信息量非常有限，因此二维条形码诞生了。二维条码就是将一维条码存储信息的方式扩展到二维空间上，从而存储更多的信息，从一维条码对物品的"标识"转为二维条码对物品的"描述"。如图 5.7 所示是常见的二维码样式。

图 5.7　常见的二维码样式

二维条形码是在二维空间水平和竖直方向存储信息的条形码。它的优点是信息容量大，译码可靠性高，纠错能力强，制作成本低，保密与防伪性能好。

二维条码使用固定宽度印刷的"蜂窝"或"特征"来代表 0 或 1。由于没有边缘界限，使它能够在印刷和识读方面给予更大的包容度。二维条码是一种电子文件，以图形作为载体，可以印刷在任何介质上。这是二维条码相比于以往任何便携式电子文件（如 IC 卡、磁卡等）的优越之处。

以常用的二维条形码 PDF417 码为例，可以表示字母、数字、ASCII 字符与二进制数；该编码可以表示 1850 个字符/数字，1108 个字节的二进制数，2710 个压缩的数字；PDF417 码还具有纠错能力，即使条形码的某个部分遭到一定程度的损坏，也可以通过存在于其他位置的纠错码将损失的信息还原出来。

2009 年 12 月 10 日，我国铁道部对火车票进行了升级改版。新版火车票明显的变化是车票下方的一维条码变成二维防伪条码，火车票的防伪能力增强。进站口检票时，检票人员通过二维条码识读设备对车票上的二维条形码进行识读，系统自动辨别车票的真伪并将相应信息存入系统中。下面给出了我国使用的一维条形码与二维条形码火车票的比较，如图 5.8 所示。

（a）一维条形码 　　　　　　　　（b）二维条形码

图 5.8　一维码与二维码的比较

作为一种比较廉价实用的技术，一维条码和二维条码在今后一段时间还会在各个行业中得到一定的应用。然而，条形码表示的信息依然很有限，而且在使用过程中需要用扫描器以一定的方向近距离地进行扫描，这对于未来物联网中动态、快读、大数据量以及有一定距离要求的数据采集，自动身份识别等有很大的限制，因此需要采用基于无线技术的射频标签（RFID）。

5.1.5　磁条卡

磁卡（Magnetic Card）是一种卡片状的磁性记录介质，利用磁性载体记录字符与数字信息，用来识别身份或其他用途，如图 5.9 所示。

根据使用基材的不同，磁卡可分为 PET 卡、PVC 卡和纸卡三种。

根据磁层构造的不同，又可分为磁条卡和全涂磁卡两种。

磁卡使用方便，造价便宜，用途极为广泛，可用于制作信用卡、银行卡、地铁卡、公交卡、门票卡、电话卡；电子游戏卡、车票、机票以及各种交通收费卡等。今天在许多场合都会用到磁卡，如在食堂就餐、在商场购物、乘公共汽车、打电话、进入管制区域等不一而足。

图 5.9 磁卡和读卡设备

磁卡由高强度、耐高温的塑料或纸质涂覆塑料制成，能防潮、耐磨且有一定的柔韧性，携带方便、使用较为稳定可靠。通常，磁卡的一面印刷说明提示性信息，如插卡方向；另一面则有磁层或磁条，具有两三个磁道以记录有关信息数据。

磁卡中的信息通过刷卡器（也称磁卡读写器）读写，读卡器的记录磁头由内有空隙的环形铁心和绕在铁心上的线圈构成。

磁卡是由一定材料的片基和均匀地涂布在片基上面的微粒磁性材料制成的。在记录时，磁卡的磁性面以一定的速度移动，或记录磁头以一定的速度移动，并分别和记录磁头的空隙或磁性面相接触。磁头的线圈一旦通上电流，空隙处就产生与电流成比例的磁场，于是磁卡与空隙接触部分的磁性体就被磁化。如果记录信号电流随时间而变化，则当磁卡上的磁性体通过空隙时（因为磁卡或磁头是移动的），便随着电流的变化而不同程度地被磁化。

磁卡被磁化之后，离开空隙的磁卡磁性层就留下相应于电流变化的剩磁。记录信号就以正弦变化的剩磁形式记录，存储在磁卡上。

5.1.6 IC 卡

IC 卡是集成电路卡（Integrated Circuit Card）的英文简称，在有些国家也称之为智能卡、微芯片卡等，如图 5.10 所示。它是通过在集成电路芯片上写的数据来进行识别的。IC 卡与 IC 卡读写器，以及后台计算机管理系统组成了 IC 卡应用系统。

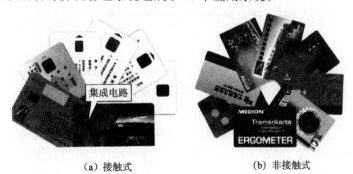

（a）接触式　　　　　　　　　（b）非接触式

图 5.10 IC 卡

IC 卡分为接触式 IC 卡和非接触式 IC 卡两种。

接触式 IC 卡，就是在使用时，通过有形的金属电极触点将卡的集成电路与外部接口设备直接接触连接，提供集成电路工作的电源并进行数据交换的 IC 卡。

非接触式 IC 卡代表了 IC 卡发展的方向，同接触式 IC 卡相比其独有的优点使其能够在绝大多数场合代替接触式 IC 卡的使用，而在非接触式 IC 卡应用系统中非接触式 IC 卡读卡器是关键设备。

非接触式 IC 卡又称射频卡，是世界上最近几年发展起来的一项新技术，IC 卡在卡片靠近读卡器表面时即可完成卡中的数据的读写操作，它成功地将射频识别技术和 IC 卡技术结合起来，IC 卡解决了无源（IC 卡中无电源）和免接触这一难题，是电子器件领域的一大突破，与接触式 IC 卡相比较，非接触式 IC 卡具有以下优点。

（1）可靠性高

非接触式 IC 卡与读写器之间无机械接触，避免了由于接触读写而产生的各种故障。例如，由于粗暴插卡，非卡外物插入，灰尘或油污导致接触不良等原因造成的故障。此外，非接触式 IC 卡表面无裸露的芯片，无须担心脱落、静电击穿、弯曲、损坏等问题，既便于卡片的印刷，又提高了卡片使用的可能性。

（2）操作方便快捷

由于使用 IC 卡射频通信技术，读写器在 10 cm 范围内就可以对 IC 卡进行读写，没有插拔卡的动作。非接触式 IC 卡使用时没有方向性，IC 卡可以任意方向掠过读写器表面，读写时间不大于 0.1 s，大大提高了每次使用的速度。

（3）安全性好

非接触式 IC 卡的序列号是唯一的，制造厂家在产品出厂前已将此序列号固化，不可更改。世界上没有任何两张卡的序列号会相同。非接触式 IC 卡与读写器之间采用双向验证机制，即读写器验证卡的合法性，同时 IC 卡也验证读写器的合法性。非接触式 IC 卡在操作前要与读写器进行三次相互认证，而且在通信过程中所有数据被加密。IC 卡中各个扇区都有自己的操作密码和访问条件。

5.2 传感器技术

传感技术是物联网的基础技术之一，是自动检测和自动转换技术的总称，处于物联网构架的感知层。作为构成物联网的基础单元，传感器在物联网信息采集层面，能否完成它的使命，成为物联网成败的关键。传感技术与现代化生产和科学技术的紧密相关，使传感技术成为一门十分活跃的技术学科，几乎渗透到人类活动的各种领域，发挥着越来越重要的作用。

传感器是一种能把特定的被测信号，按一定规律转换成某种"可用信号"输出的器件或装置，通常由敏感元件和转换元件组成。所以，传感器又经常称为变换器、转换器、检测器、敏感元件、换能器等。顾名思义，传感器的功能包括感和传，即感受被测信息，并传送出去。根据传感器的功能要求，它一般应由三部分组成，即敏感元件、转换元件、转换电路。

传感器根据不同的标准可以分成不同的类别。

按照工作机理，可分为物理传感器、化学传感器和生物传感器。物理传感器是利用物质的物理现象和效应感知并检测出待测对象信息的器件，化学传感器是利用化学反应来识别和检测信息的器件，生物传感器是利用生物化学反应的器件，由固定生物体材料和适当转换器件组合成的系统，与化学传感器有密切关系。

按照能量转换，可分为能量转换型传感器和能量控制型传感器。能量转换型传感器主要由能量变换元件构成，不需用外加电源，基于物理效应产生信息，如热敏电阻、光敏电阻等。能量控制型传感器是在信息变换过程中，需外加电源供给，如霍尔传感器、电容传感器。

按传感器使用材料，可分为半导体传感器、陶瓷传感器、复合材料传感器、金属材料传感器、高分子材料传感器，超导材料传感器、光纤材料传感器、纳米材料传感器等。

按照被测参量，可分为机械量参量传感器（如位移传感器和速度传感器）、热工参量传感器（如温度传感器和压力传感器）、物性参量传感器（如 pH 传感器和氧含量传感器）。

按传感器输出信号，可分为模拟传感器和数字传感器。数字传感器直接输出数字量，无须使用 A/D 转换器，就可与计算机联机，提高系统可靠性和精确度，具有抗干扰能力强、适宜远距离传输等优点，是传感器发展方向之一。这类传感器目前有振弦式传感器和光栅传感器等。

近年来，由于信息科学和半导体微电子技术的不断发展，使传感器与微处理器、微机有机地结合，传感器的概念又得到了进一步的扩充。如微型传感器可以用来测量各种物理量、化学量和生物量，如位移、速度/加速度、压力、应力、应变、声、光、电、磁、热、pH 值、离子浓度及生物分子浓度等，已经对大量不同应用领域，如航空、远距离探测、医疗及工业自动化等领域的信号探测系统产生了深远影响。

智能传感器是集信息检测和信息处理于一体的多功能传感器，如智能变送器和二维加速度传感器以及另外一些含有微处理器（MCU）的单片集成压力传感器、具有多维检测能力的智能传感器和固体图像传感器（SSIS）等相继面世。与此同时，基于模糊理论的新型智能传感器和神经网络技术在智能化传感器系统的研究和发展中的重要作用也日益受到了相关研究人员的重视。

与此同时在半导体材料的基础上，运用微电子加工技术发展起各种门类的敏感元件。有固态敏感元件，如光敏元件、力敏元件、热敏元件、磁敏元件、压敏元件、气敏元件、物敏元件等。随着光通信技术的发展，近年来利用光纤的传输特性已研究开发出不少光纤传感器。

5.2.1　温度传感器

在人们的日常生活、生产和科研中，温度的测量都占有重要的地位。温度是表征物体冷热程度的物理量。温度传感器可用于家电产品中的电冰箱、空调、微波炉等；还可用在汽车发动机的控制中，如测定水温、吸气温度等；也广泛用于检测化工厂的溶液和气体的温度。

温度传感器有各种类型，根据敏感元件与被测介质接触与否，可分为接触式和非接触式两大类；按照传感器材料及电子元器件特性，可分为热电阻和热电偶两类。在选择温度传感器时，应考虑到诸多因素，如被测对象的湿度范围、传感器的灵敏度、精度和噪声、响应速度、使用环境、价格等。

常见的温度传感器有热电阻、热敏电阻、集成（半导体）温度传感器，以及热电偶等。

1. 热电阻传感器

热电阻传感器是利用导体的电阻值随温度变化而变化的原理进行测温的。热电阻广泛用来测量-200～850℃范围内的温度，少数情况下，低温可测量至1K，高温达1 000℃。标准铂电阻温度计的精确度高，作为复现国际温标的标准仪器。热电阻传感器由热电阻、连接导线及显示仪表组成，如图5.11所示，热电阻也可以与温度变送器连接，将温度转换为标准电流信号输出。

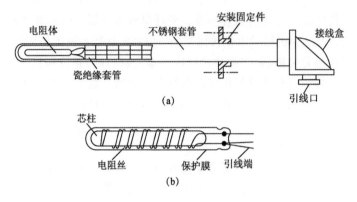

图5.11　热电阻传感器组成

一般电阻丝采用双线并绕法绕制在具有一定形状的云母、石英或陶瓷塑料支架上，支架起支撑和绝缘作用。

工业用热电阻安装的生产现场环境复杂，所以对用于制造热电阻材料有一定的要求，用于制造热电阻的材料应具有尽可能大和稳定的电阻温度系数和电阻率，输出最好呈线性，物理化学性能稳定，复线性好等。

2. 热敏电阻传感器

热敏电阻是利用半导体（某些金属氧化物如 NiO、MnO_2、CuO、TiO_2）的电阻值随温度显著变化这一特性制成的一种热敏元件，其特点是电阻率随温度而显著变化。一般测温范围为-50～+300℃。各种热敏电阻如图5.12所示。

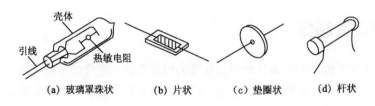

(a) 玻璃罩珠状　　(b) 片状　　(c) 垫圈状　　(d) 杆状

图5.12　各种热敏电阻

3. 集成（半导体）温度传感器

美国 Dallas 半导体公司的数字化温度传感器 DSl820 是世界上第一片支持"一线总线"接口的温度传感器，在其内部使用了在板（ON-BOARD）专利技术。全部传感元件及转换电路集成在形如一只三极管的集成电路内。"一线总线"独特而且经济的特点，使用户可轻松地组建传感器网络，为测量系统的构建引入全新概念。

DSl822 的精度为 ±2℃。现场温度直接以"一线总线"的数字方式传输，大大提高了系统的抗干扰性，适合于恶劣环境的现场温度测量，如环境控制、设备或过程控制、测温类消费电子产品等。在传统的模拟信号远距离温度测量系统中，需要很好地解决引线误差补偿问题、多点测量切换误差问题和放大电路零点漂移误差等技术问题，才能够达到较高的测量精度。另外，一般监控现场的电磁环境都非常恶劣，各种干扰信号较强，模拟温度信号容易受到干扰而产生测量误差，影响测量精度。因此，在温度测量系统中，采用抗干扰能力强的新型数字温度传感器是解决这些问题的最有效方案。

同 DSl820 一样，新一代的 DSl8820 体积更小、更经济、更灵活。DSl8820 也支持"一线总线"接口，测量温度范围为 –55 ~ +125℃，在 –10 ~ +85℃ 范围内，精度为 ±0.5℃。与前一代产品不同，新的产品支持 3 ~ 5.5V 的电压范围，使系统设计更灵活、方便。而且新一代产品更便宜，体积更小。

4. 热电偶温度传感器

热电偶（Thermocouple）是温度测量仪表中常用的测温元件，它直接测量温度，并把温度信号转换成热电动势信号，通过电气仪表（二次仪表）转换成被测介质的温度。

热电偶测温的基本原理是两种不同成分的材质导体组成闭合回路，如图 5.13 所示，当两端存在温度梯度时，回路中就会有电流通过，此时两端之间就存在电动势——热电动势，这就是所谓的塞贝克效应（Seebeck Effect）或称热电效应。两种不同成分的均质导体为热电极，温度较高的一端为工作端，温度较低的一端为自由端，自由端通常处于某个恒定的温度下。根据热电动势与温度的函数关系，制成热电偶分度表；分度表是自由端温度在

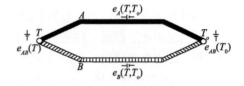

图 5.13　热电偶回路

0℃ 时的条件下得到的，不同的热电偶具有不同的分度表。

图中，$e_{AB}(T)$ 和 $e_{AB}(T_0)$ 表示接触电动势；$e_A(T, T_0)$ 和 $e_B(T, T_0)$ 表示温差电动势。

（1）影响因素取决于材料和接点温度，与形状、尺寸等无关。

（2）两热电极相同时，总电动势为 0。

（3）两接点温度相同时，总电动势为 0。

对于已选定的热电偶，当参考端温度 T_0 恒定时，$e_{AB}(T_0)=C$ 为常数，则总的热电动势就只与温度 T 成单值函数关系，即

$$E_{AB}(t, t_0) = f(t) - f(t_0) = f(t) - C = \varphi(t)$$

为了适应不同生产对象的测温要求和条件，热电偶的结构形式有：普通型热电偶和特殊热电偶。特殊热电偶包括铠装型热电偶、薄膜热电偶等。图 5.14 至图 5.16所示为常见电偶形式。

铠装型热电偶测温端热容量小，动态响应快；机械

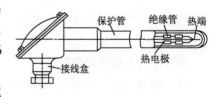

图 5.14　普通热电偶

强度高，挠性好，可安装在结构复杂的装置上。

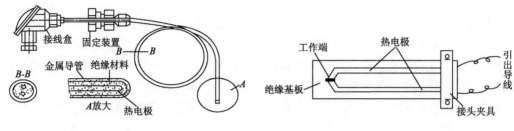

图 5.15　铠装型热电偶　　　　　　　　图 5.16　薄膜热电偶

薄膜热电偶的热接点可以做得很小（μm 级），具有热容量小、反应速度快（μs 级）等特点，适用于微小面积上的表面温度以及快速变化的动态温度测量。

5.2.2　湿度传感器

随着社会的发展，湿度及对湿度的测量和控制对人们的日常生活显得越来越重要。如气象、科研、农业、暖通、纺织、机房、航空航天、电力等部门，都需要采用湿度传感器来进行测量和控制，对湿度传感器的性能指标要求也越来越高，对环境温度、湿度的控制以及对工业材料水分值的监测与分析，都已成为比较普遍的技术环境条件之一。

湿度传感器，基本形式都为利用湿敏材料对水分子的吸附能力或对水分子产生物理效应的方法测量湿度。湿敏元件是最简单的湿度传感器。湿度传感器主要包括电阻式和电容式两个类别。还有电解质离子型湿敏元件、重量型湿敏元件（利用感湿膜重量的变化来改变振荡频率）、光强型湿敏元件、声表面波湿敏元件等。

1. 电阻式湿度传感器

电阻式湿度传感器的敏感元件为湿敏电阻，其主要材料一般为电介质、半导体、多孔陶瓷、有机物及高分子聚合物。这些材料对水的吸附较强，其吸附水分的多少随湿度而变化。而材料的电阻率（或电导率）也随吸附水分的多少而变化。这样，湿度的变化可导致湿敏电阻阻值的变化，电阻值的变化就可转化为需要的电信号。例如，氯化锂湿敏电阻，它是在绝缘基板上形成一对电极，涂上潮解性盐-氯化锂的水溶液而制成的。氯化锂的水溶液在基板上形成薄膜，随着空气中水蒸气含量的增减，薄膜吸湿脱湿，溶液中盐的浓度降低或升高，电阻率随之增大或减小，两极间电阻也就增大或减小。又如 $MgCr_2O_4$-TiO_2 多孔陶瓷湿敏电阻，它是由 TiO_2 和 $MgCr_2O_4$ 在高温下烧制而成的多孔陶瓷，陶瓷本身是由许多小晶粒构成的。其中的气孔多与外界相通，相当于毛细管，通过气孔可以吸附水分子。在晶界处水分子被化学吸附时，有羟基和氢离子形成羟基又可对水分子进行物理吸附，从而形成水的多分子层，此时形成极高的氢离子浓度。环境湿度的变化会引起离子浓度变化，从而导致两极间电阻的变化，如图 5.17 所示。

湿敏电阻器的主要参数：

（1）相对湿度，是指在某一温度下，空气中所含水蒸气的实际密度与同一温度下饱和密度之比，通常用"RH"表示。例如：20%RH，则表示空气相对湿度为 20%。

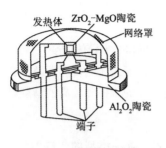
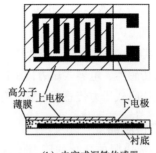

（a）电阻陶瓷湿敏传感器　　　　（b）电容式湿敏传感器

图 5.17　湿度传感器

（2）湿度温度系数，是指在环境湿度恒定时，湿敏电阻器在温度每变化 1℃ 时，其湿度指示的变化量。

（3）灵敏度，是指湿敏电阻器检测湿度时的分辨率。

（4）测湿范围，是指湿敏电阻器的湿度测量范围。

（5）湿滞效应，是指湿敏电阻器在吸湿和脱湿过程中电气参数表现的滞后现象。

（6）响应时间，是指湿敏电阻器在湿度检测环境快速变化时，其电阻值的变化情况（反应速度）。

2. 电容式湿度传感器

电容式湿度传感器的敏感元件为湿敏电容，主要材料一般为高分子聚合物、金属氧化物。这些材料对水分子有较强的吸附能力，吸附水分的多少随环境湿度而变化。由于水分子有较大的电偶极矩，吸水后材料的电容率发生变化。电容器的电容值也就发生变化。同样，把电容值的变化转变为电信号，就可以对湿度进行监测。例如，聚苯乙烯薄膜湿敏电容。通过等离子体法聚合的聚苯乙烯具有亲水性极性基团。随着环境湿度的增减，它吸湿脱湿，电容值也随之增减，从而得到的电信号随湿度的变化而变化。

高分子电容式湿度传感器的结构如图 5.17（b）所示。它是在绝缘衬底上制作条形或梳状对金属电极（Au 电极），在其上面涂敷一层均匀的高分子感湿薄膜作电介质，然后在感湿膜上制作多孔浮置电极（20～50nm 的 Au 蒸发膜），而将两个电容器串联起来，焊上引线制成传感器。这种湿度传感器是利用其高分子材料的介电常数随环境的相对湿度变化的原理制成的。当传感器处于某个环境中，水分子透过网状金属电极被下面的高分子感湿膜吸附，膜中多余水分子通过上电极释放出来，使感湿膜吸水量与环境的相对湿度迅速达到平衡。

目前，国外生产集成湿度传感器的主要厂商及典型产品分别为美国 Honeywell 公司生产的 HIH-3602、HIH-3605、HIH-3610 型湿度传感器，法国 Humirel 公司生产的 HM1500、HM1520、HTF3223、HTF3223 型湿度传感器和瑞士 Sensiron 公司生产的 SHT11、SHT15 型湿度传感器。

5.2.3　压力传感器

压力传感器是工业实践、仪器仪表控制中常用的一种传感器，并广泛应用于各种工业自控环境，涉及水利水电、铁路交通、生产自控、航空航天、军工、石化、油井、电力、船舶、机床、管道等众多行业。

力学传感器的种类繁多，如电阻应变片压力传感器、半导体应变片压力传感器、压阻式压力传感器、电感式压力传感器、电容式压力传感器、谐振式压力传感器及电容式加速度传感器等。但应用最为广泛的是压阻式压力传感器，它具有极低的价格和较高的精度以及较好的线性特性。

1. 电阻式压力传感器

将压力信号转换成电阻的变化的压力传感器。这一类型的传感器常见的有电阻应变片式压力传感器和压阻式传感器。

（1）电阻应变式压力传感器

电阻的应变效应：导体受机械变形时，其电阻值发生变化，称为"应变效应"。

电阻应变片是一种将被测件上的应变变化转换成为一种电信号的敏感器件。它是压阻式应变传感器的主要组成部分之一。电阻应变片应用最多的是金属电阻应变片和半导体应变片两种。金属电阻应变片又有丝状应变片和金属箔状应变片两种。通常是将应变片通过特殊的黏和剂紧密地黏合在产生力学应变基体上，当基体受力发生应力变化时，电阻应变片也一起产生形变，使应变片的阻值发生改变，从而使加在电阻上的电压发生变化。这种应变片在受力时产生的阻值变化通常较小，一般这种应变片都组成应变桥，并通过后续的仪表放大器进行放大，再传输给处理电路（通常是 A/D 转换和 CPU）显示或执行机构。

应变片由应变敏感元件、基片和覆盖层、引出线三部分组成，如图 5.18 所示。应变敏感元件一般由金属丝、金属箔（高电阻系数材料）组成，它把机械应变转化成电阻的变化。基片和覆盖层起固定和保护敏感元件、传递应变和电气绝缘作用。

（2）压阻式压力传感器

压阻效应：半导体材料在某一轴向受外力作用时，其电阻率发生变化，这一特性称为压阻效应。

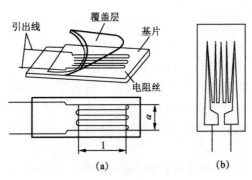

图 5.18　应变片结构

2. 压电式压力传感器

压电传感器中主要使用的压电材料包括石英、酒石酸钾钠和磷酸二氢胺。其中，石英（二氧化硅）是一种天然晶体，压电效应就是在这种晶体中发现的。在一定的温度范围之内，压电性质一直存在，但温度超过这个范围之后，压电性质完全消失（这个高温就是所谓的"居里点"）。由于随着应力的变化电场变化微小（也就是说压电系数比较低），所以石英逐渐被其他的压电晶体所替代。而酒石酸钾钠具有很大的压电灵敏度和压电系数，但是它只能在室温和湿度比较低的环境下才能够应用。磷酸二氢铵属于人造晶体，能够承受高温和相当高的湿度。

当某些电介质受到一定方向外力作用而变形时，其内部便会产生极化现象，在它们的上、下表面会产生符号相反的等量电荷；当外力的方向改变时，其表面产生的电荷极性也随之改变；当外力消失后又恢复不带电状态，这种现象称为压电效应。若在电介质的极化方向上施加电场，也将产生机械形变，这种现象称为逆压电效应（电致伸缩效应）。

压电传感器主要应用在加速度、压力和力等的测量中。压电式加速度传感器是一种常用的加速度计。它具有结构简单、体积小、重量轻、使用寿命长等优异的特点。压电式加速度传感器在飞机、汽车、船舶、桥梁和建筑的振动和冲击测量中已经得到了广泛的应用，特别是航空和宇航领域中更有它的特殊地位。压电式传感器也可以用来测量发动机内部燃烧压力的测量与真空度的测量。压电式传感器还广泛应用在生物医学测量中，比如心室导管式微音器就是由压电传感器制成的，因为测量动态压力是如此普遍，所以压电传感器的应用就非常广泛。

3. 电容式传感器

由绝缘介质分开的两个平行金属板组成的平板电容器，如果不考虑边缘效应，其电容量为：

$$C = \frac{\varepsilon S}{d}$$

式中　　C——电容；

　　　　ε——介电常数；

　　　　S——电容器的面积；

　　　　d——平板电容器间距。

电容式传感器可分为变极距型、变面积型和变介电常数型三种。

电容式传感器具有以下特点。

（1）优点

① 温度稳定性好。自身发热极小，电容值与电极材料无关，有利于选择温度系数低的材料，如喷镀金或银陶瓷或石英。

② 结构简单，适应性强。可以制作得非常小巧，能在高温、低温、强辐射、强磁场等恶劣环境中工作。

③ 动态响应好。可动部分可以制作得很轻、很薄，固有频率能制作得很高，动态响应好，可测量振动、瞬时压力等。

④ 可以实现非接触测量，具有平均效应。非接触测量回转工件的偏心、振动等参数时，由于电容具有平均效应，可以减小表面粗糙度对测量的影响。

⑤ 耗能低。

（2）缺点

① 输出阻抗高，负载能力差。电容值一般为几十到几百皮法，输出阻抗很大，易受外

界的干扰，对绝缘部分的要求较高（几十兆欧以上）。

② 寄生电容影响大。电容传感器的初始电容值一般较小，而连接传感器的引线电缆电容（1～2 m 导线可达到 800pF）、电子线路杂散电容以及周围导体的"寄生电容"却较大。这些电容一般是随机变化的，将使仪器工作不稳定，影响测量精度。因此，在设计和制作时要采取必要的有效的措施减小寄生电容的影响。

5.2.4 光敏传感器

光线照射到物体上以后，光子轰击物体表面，物体吸收了光子能量，而产生电的效应，就叫光电效应。

光敏传感器可以分为光敏电阻以及光电传感器两个大类。

1. 光敏电阻

（1）光敏电阻的结构原理

光敏电阻是基于光电导效应工作的。在无光照时，光敏电阻具有很高的阻值；在有光照时，当光子的能量大于材料禁带宽度，价带中的电子吸收光子能量后跃迁到导带，激发出可以导电的电子–空穴对，使电阻降低；光线愈强，激发出的电子–空穴对越多，电阻值越低；光照停止后，自由电子与空穴复合，导电性能下降，电阻恢复原值。制作光敏电阻的材料常用硫化镉（CdS）、硒化镉（CdSe）、硫化铅（PbS）、硒化铅（PbSe）和锑化铟（InSb）等。光敏电阻的结构如图 5.19 所示。

（2）光敏电阻的基本特性和主要参数

① 暗电阻和暗电流。室温条件下，光敏电阻在全暗后经过一定时间测得的电阻值，称为暗电阻。此时在给定工作电压下流过光敏电阻的电流称为暗电流。

光敏电阻在某一光照下的阻值，称为该光照下的亮电阻，此时流过的电流称为亮电流。亮电流与暗电流之差称为光电流。

② 光照特性。光敏电阻的光电流与光强之间的关系，称为光敏电阻的光照特性。不同类型的光敏电阻，光照特性不同。但多数光敏电阻的光照特性类似于图 5.20 中的曲线形状。

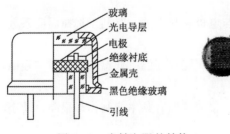

图 5.19 光敏电阻的结构

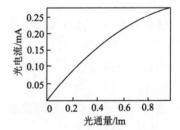

图 5.20 光敏电阻的光照特性

③ 光谱特性。光敏电阻对不同波长的光，光谱灵敏度不同，而且不同种类光敏电阻峰值波长也不同。光敏电阻的光谱灵敏度和峰值波长与所采用材料、掺杂浓度有关。

④ 伏安特性。在一定照度下，光敏电阻两端所加的电压与光电流之间的关系，称为伏安特性。在一定的光照度下，电压越大，光电流越大，且没有饱和现象。但是不能无限制地提高电压，任何光敏电阻都有最大额定功率、最高工作电压和最大额定电流。超过最大

工作电压和最大额定电流，都可能导致光敏电阻永久性损坏。光敏电阻的最高工作电压是由耗散功率决定的，而光敏电阻的耗散功率又与面积大小以及散热条件等因素有关。

⑤ 稳定性。初制成的光敏电阻，光电性能不稳定，需进行人工老化处理，即人为地加温、加光照和加负载，经过一两个星期的老化，使其光电性能趋向稳定。人工老化后，光电性能就基本上不变了。

2. 光电传感器

光电传感器主要包括光敏二极管和光敏三极管，这两种器件都是利用半导体器件对光照的敏感性。光敏二极管的反向饱和电流在光照的作用下会显著变大，而光敏三极管在光照时其集电极、发射极导通，类似于受光照控制的开关。为方便使用，市场上出现了把光敏二极管和光敏三极管与后续信号处理电路制作成一个芯片的集成光传感器，如图 5.21 所示。

光电二极管是利用 PN 结单向导电性的结型光电器件，结构与一般二极管类似。PN 结安装在管的顶部，便于接受光照。外壳上面有一透镜制成的窗口以使光线集中在敏感面上。为了获得尽可能大的光生电流，PN 结的面积比一般二极管要大。为了光电转换效率高，PN 结的深度较一般二极管浅。光电二极管可工作在两种工作状态。大多数情况下工作在反向偏压状态。

图 5.21 光敏三极管和集成光传感器

不同种类的光传感器可以覆盖可见光、红外线（热辐射），以及紫外线等波长范围的传感应用。例如，热释电传感器利用热释电效应来检测受光面的温度升高值，得知光的辐射强度，工作在红外波段内。这种传感器在常温下工作稳定可靠，使用简单，时间响应能到微秒数量级，已得到广泛使用。

5.2.5 气体传感器

气体传感器是用来检测气体的成分和含量的传感器。气体传感器是一种将某种气体体积分数转化成对应电信号的转换器。探测头通过气体传感器对气体样品进行调理，通常包括滤除杂质和干扰气体、干燥或制冷处理仪表显示部分。

气体传感器通常以气敏特性来分类，主要有半导体传感器（电阻型和非电阻型）、绝缘体传感器（接触燃烧式和电容式）、电化学式（恒电位电解式、伽伐尼电池式），还有红外吸收型、石英振荡型、光纤型、热传导型、声表面波型、气体色谱法等。

1. 半导体式气体传感器

它是利用一些金属氧化物半导体材料，在一定温度下，电导率随着环境气体成分的变化而变化的原理制造的。比如，乙醇传感器，就是利用二氧化锡在高温下遇到乙醇气体时，电阻会急剧减小的原理制备的。

半导体式气体传感器可以有效地用于：甲烷、乙烷、丙烷、丁烷、乙醇、甲醛、一氧化碳、二氧化碳、乙烯、乙炔、氯乙烯、苯乙烯、丙烯酸等很多气体的检测。尤其是这种传感器成本低廉，适宜于民用气体检测的需求。半导体气体传感器如图 5.22 所示。

(a) 乙醇传感器　　　　　　　　(b) 可燃性气体传感器

图 5.22　半导体气体传感器

半导体气体传感器的应用十分广泛，按其用途可分为以下几种类型：

（1）检漏仪或称探测器。它是利用气敏元件的气敏特性，将其作为电路中的气-电转换元件，配以相应的电路、指示仪表或声光显示部分而组成的气体探测仪器。这类仪器通常都要求有高灵敏度。

（2）报警器。这类仪器是对泄漏气体达到危险限值时自动进行报警的仪器。

（3）自动控制仪器。它是利用气敏元件的气敏特性实现电气设备自动控制的仪器，如换气扇自动换气控制等。

（4）气体浓度测试仪器。它是利用气敏元件对不同气体具有不同的元件电阻度关系来测量、确定气体种类和浓度的。这种应用对气敏元件的性能要求较高，测试部分也要配以高精度测量电路。

2. 电阻型半导体气体传感器

这类气敏传感器由于结构简单，不需要专门的放大电路来放大信号，因此很早被重视，并已商品化，应用广泛。它们主要用于检测可燃气体，具有灵敏度高、响应快等优点。

电阻型半导体气体传感器的气敏元件的材料多数为氧化锡、氧化锌等较难还原的金属氧化物，为了提高对气体检测的选择性和灵敏度，一般都掺有少量的贵金属（如铂、钯、银等）。

测量原理：金属氧化物在常温下是绝缘的，制成半导体后却显示气敏特性。通常器件工作在空气中，空气中的氧和 NO。这样的电子兼容性大的气体，接受来自半导体材料的电子而吸附负电荷，结果使 N 型半导体材料的表面空间电荷层区域的传导电子减少，使表面电导减小，从而使器件处于高阻状态。一旦元件与被测还原性气体接触，就会与吸附的氧起反应，将被氧束缚的电子释放出来，敏感膜表面电导增加，使元件电阻减小。

目前最常用的是氧化锡（SnO_2）烧结型气敏元件，它的加热温度较低，一般为 200～300°C，SnO_2 气敏半导体对许多可燃性气体如氢、一氧化碳、甲烷、丙烷、乙醇等都有较高的灵敏度。

3. 非电阻式半导体气体传感器

非电阻式半导体气体传感器是 MOS 二极管式和结型二极管式以及场效应管式（MOSFET）半导体气体传感器。其电流或电压随着气体含量而变化，主要检测氢和硅烧气等可燃性气体。其中，MOSFET 气体传感器工作原理是挥发性有机化合物（VOC）与催化金属接触发生反应，反应产物扩散到 MOSFET 的栅极，改变了器件的性能。通过分析器件性能的变化而识别 VOC。

通过改变催化金属的种类和膜厚可优化灵敏度和选择性，并可改变工作温度。MOSFET 气体传感器灵敏度高，但制作工艺比较复杂，成本高。

4. 接触燃烧式气体传感器

接触燃烧式气体传感器可分为直接接触燃烧式和催化接触燃烧式，其工作原理是气敏材料（如 Pt 电热丝等）在通电状态下，可燃性气体氧化燃烧或者在催化剂作用下氧化燃烧，电热丝由于燃烧而升温，从而使其电阻值发生变化。

催化燃烧式气体传感器选择性地检测可燃性气体：凡是可以燃烧的，都能够检测；凡是不能燃烧的，传感器都没有任何响应。当然，凡是可以燃烧的，都能够检测这一句有很多例外，但是，总的来讲，上述选择性是成立的。

这种传感器是在白金电阻的表面制备耐高温的催化剂层，在一定的温度下，可燃性气体在其表面催化燃烧，燃烧使白金电阻温度升高，电阻变化，变化值是可燃性气体浓度的函数。

催化燃烧式气体传感器计量准确，响应快速，寿命较长。传感器的输出与环境的爆炸危险直接相关，在安全检测领域是一类主导地位的传感器。

缺点：在可燃性气体范围内，无选择性。暗火工作，有引燃爆炸的危险。大部分有机蒸气对传感器都有中毒作用。

5. 电化学式气体传感器

图 5.23 是一种电化学式气体传感器。有相当一部分的可燃性的、有毒有害气体都有电化学活性，可以被电化学氧化或者还原。利用这些反应，可以分辨气体成分、检测气体浓度。

电化学气体传感器分为很多子类：

（1）原电池型气体传感器（也称加伏尼电池型气体传感器，也有人称其为燃料电池型气体传感器或自发电池型气体传感器）。它们的原理类似于干电池，只是电池的碳锰电极被气体电极替代了。以氧气传感器为例，氧在阴极被还原，电子通过电流表流到阳极，在那里铅金属被氧化。电流的大小

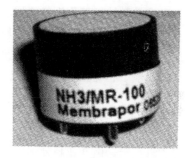

图 5.23 电化学气体传感器

与氧气的浓度直接相关。这种传感器可以有效地检测氧气、二氧化硫、氯气等。

（2）恒定电位电解池型气体传感器。这种传感器用于检测还原性气体非常有效，它的原理与原电池型传感器不一样，它的电化学反应是在电流强制下发生的，是一种真正的库仑分析的传感器。这种传感器已经成功地用于：一氧化碳、硫化氢、氢气、氨气、肼等气体的检测之中，是目前有毒有害气体检测的主流传感器。

（3）浓差电池型气体传感器。具有电化学活性的气体在电化学电池的两侧，会自发形成浓差电动势，电动势的大小与气体的浓度有关，这种传感器的成功实例就是汽车用氧气传感器、固体电解质型二氧化碳传感器。

（4）极限电流型气体传感器。有一种测量氧气浓度的传感器利用电化池中的极限电流与载流子浓度相关的原理制备氧（气）浓度传感器，用于汽车的氧气检测和钢水中氧浓度检测。

目前这种传感器的主要供应商遍布全世界，主要在德国、日本、美国，最近新加入几个欧洲供应商：英国、瑞士等。中国在这个领域起步很早，但是产业化进程效果有待提升。

6. 热导池式气体传感器

每一种气体，都有自己特定的热导率，当两个和多个气体的热导率差别较大时，可以利用热导元件，分辨其中一个组分的含量。这种传感器已经广泛地用于氢气的检测、二氧化碳的检测、高浓度甲烷的检测，这种气体传感器可应用范围较窄，限制因素较多。

这是一种老式产品，全世界各地都有制造商，产品质量全世界大同小异。

7. 光学式气体传感器

光学式气体传感器包括红外吸收型、光谱吸收型、荧光型、光纤化学材料型等，主要以红外吸收型气体分析仪为主，由于不同气体的红外吸收峰不同，通过测量和分析红外吸收峰来检测气体。大部分的气体在中红外区都有特征吸收峰，检测特征吸收峰位置的吸收情况，就可以确定某气体的浓度。

这种传感器过去都是大型的分析仪器，但是近些年，随着以 MEMS 技术为基础的传感器工业的发展，这种传感器的体积已经由 $10\ dm^3$，的巨无霸，减小到 $2\ cm^3$（拇指大小）左右。使用无须调制光源的红外探测器使得仪器完全没有机械运动部件，完全实现免维护化。

红外线气体传感器可以有效地分辨气体的种类，准确测定气体浓度。这种传感器成功地用于二氧化碳、甲烷的检测。

8. 磁性氧气传感器

这是磁性氧气分析仪的核心，但是目前也已经实现了"传感器化"进程。它是利用空气中的氧气可以被强磁场吸引的原理制备的。

这种传感器只能用于氧气的检测，选择性极好。大气环境中只有氮氧化物能够产生微小的影响，但是由于这些干扰气体的含量往往很少，所以，磁氧分析技术的选择性几乎是唯一的。

9. 分子气体传感器

近年来，国外在高分子气敏材料的研究和开发上有了很大的进展，高分子气敏材料由于具有易操作性、工艺简单、常温选择性好、价格低廉、易与微结构传感器和声表面波器件相结合等特点，在毒性气体和食品鲜度等方面的检测具有重要作用。高分子气体传感器对特定气体分子的灵敏度高、选择性好，结构简单，可在常温下使用，补充其他气体传感器的不足，发展前景良好。

5.2.6 智能传感器

近年来，智能传感器（Smart Sensor）广泛应用在航天、航空、国防、科技和工农业生产等各个领域，特别是随着高科技的发展，智能传感器备受青睐。智能传感器是一种具有一定信息处理能力的传感器，目前多采用把传统的传感器与微处理器结合的方式来制造。由于微处理器充分发挥了各种软件的功能，可以完成硬件难以完成的任务，从而大大降低了传感器制造的难度，提高了传感器的性能，降低了成本。

目前，传感器一般都是用单片机控制规则进行控制的，智能性不高，并没有达到真正意义上的智能。当传感器结合嵌入式微处理机功能和人工智能技术，才能实现真正意义上的智能。本节内容介绍嵌入式理论与传感器技术相结合的产物——嵌入式智能传感器的定义及特点，论证它的可行性，并给出嵌入式智能传感器的一般结构框图及智能控制模块的功能。

利用嵌入式微处理器、智能理论（人工智能技术、神经网技术、模糊技术）、传感器技术等集成而得到的新型传感器称为嵌入式智能传感器。

嵌入式智能化传感器是一种带嵌入式微处理器的传感器，是嵌入式微处理器、智能控制理论和传感器技术相结合而成的，它兼有检测、判断、网络、通信和信息处理等功能，与传统的传感器相比有以下特点：具有思维、判断和信息处理功能，能对测量值进行修正、误差补偿，可提高测量精度；具有知识性，可多传感器参数进行测量综合处理；根据需要可进行自诊断和自校准，提高数据的可靠性；对测量数据进行存取，使用方便；有数据通信接口，能与微型计算机直接通信，实现远程控制；可在网上传送数据实现全球监测控制；可实现无线传输；主要由嵌入式微处理器和软件组成，成本低。

1. 嵌入式微处理器的功能特点

（1）硬件方面

① 体积小、低功耗、低成本、高性能。

② 可以实现网上控制；支持 Thumb（16 位）/ARM（32 位）双指令集。

③ Flash 存储器容量大，成本低，可以存储大量的智能程序，执行速度更快。

④ 寻址方式灵活简单，执行效率高。

⑤ 指令长度固定，因此嵌入式智能传感器在硬件方已具备了条件。

（2）软件方面

目前嵌入式软件都是与嵌入式微处理器相配套的，功能比较完善，虽然还没有通用的嵌入式系统软件，但并不影响开发智能嵌入式电子设备；也可以用通用语言（如 VC++等）进行开发。

2. 嵌入式智能传感器一般结构

一个完整的嵌入式智能传感器等同于嵌入式微处理器+智能控制模块+交互接口单元+传感器系统，如图 5.24 所示。智能控制模块是一个智能程序，它可以模拟人类专家解决问题的思维过程，该系统能进行有效的推理，具有一定的获得知识的能力，具有灵活性、透明性、交互性，有一定的复杂性和难度。智能控制模块通常由知识库、推理机、知识获取程序、综合数据库 4 部分组成，并存放在嵌入式微处理器中，如图 5.25 所示。

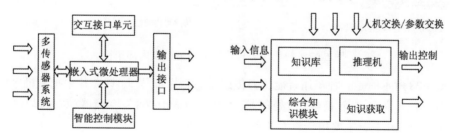

图 5.24 嵌入式智能传感器结构框图　　　图 5.25　智能控制模块图

3. 智能传感器的应用

如图 5.26 所示，在传统的传感器构成的应用系统中，传感器所采集的信号通常要传输到系统中的主机中进行分析处理；而由智能传感器构成的应用系统中，其包含的微处理器能够对采集的信号进行分析处理，然后把处理结果发送给系统中的主机。

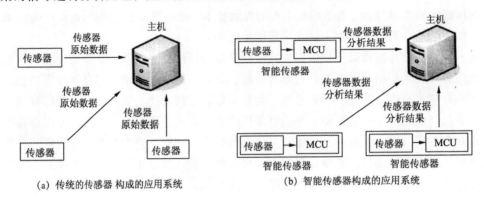

(a) 传统的传感器构成的应用系统　　　　(b) 智能传感器构成的应用系统

图 5.26　传感器构成的应用系统

智能传感器能够显著减小传感器与主机之间的通信量，并简化了主机软件的复杂程度，使得包含多种不同类别的传感器应用系统易于实现；此外，智能传感器常常还能进行自检、诊断和校正。

目前已经实用化的智能传感器有很多种类，如智能检测传感器、智能流量传感器、智能位置传感器、智能压力传感器、智能加速度传感器等。

（1）智能压力传感器

图 5.27 所示 Honeywell 公司开发的 PPT 系列智能压力传感器的外形以及内部结构。

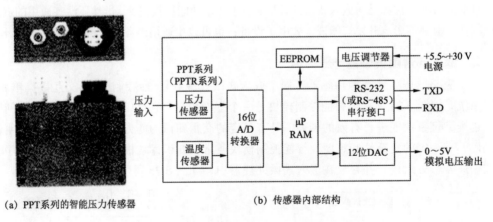

(a) PPT系列的智能压力传感器　　　　(b) 传感器内部结构

图 5.27　智能压力传感器的外形以及内部结构

如图 5.28 所示的是一种车用智能压力传感器的芯片布局图。该芯片中把微机电压力传感器、模拟接口、8 位模-数转换器、微处理器（摩托罗拉 69HC08）、存储器，以及串行接口（SPI）等集成在一个芯片上，主要用于汽车的各种压力传感。

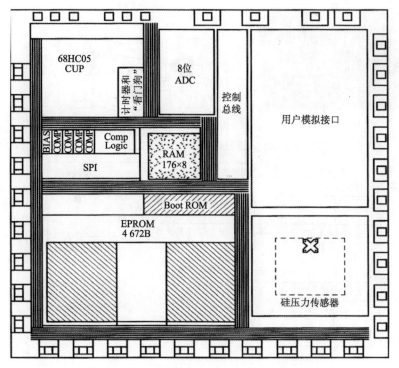

图 5.28 车用智能压力传感器的芯片布局图

（2）智能温湿度传感器

下面展示的是 Sensirion 公司推出的 SHT11/15 温湿度智能传感器的外形、引脚，以及内部框图，如图 5.29 所示。

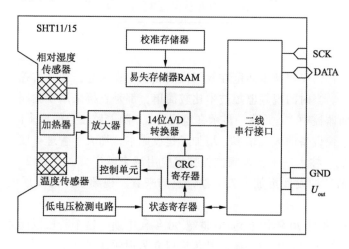

图 5.29 智能温湿度传感器

（3）智能液体浑浊度传感器

下面显示的是 Honeywell 公司推出的 AMPS-10G 型智能液体浑浊度传感器的外形、测量原理，以及内部框图，如图 5.30 所示。

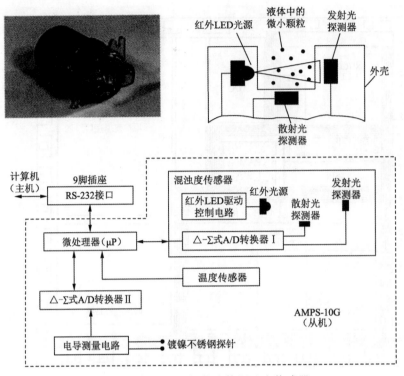

图 5.30　智能液体浑浊度传感器

5.3　视频监控技术

20 世纪 80 年代，安全技术防范在我国民用领域率先兴起，视频监控成为当时最主要的技术防范手段之一。当时的视频监控技术比较简单，都是直接采用视频同轴电缆将视频图像从前端监控点传回监控中心，并逐一显示在监视器上。随着监控点的增多问题随之显现出来：视频显示设备和录像设备的大幅增多，增加了建设成本，加大了管理难度。

随着社会发展，技术进步，视频监控技术应用越来越广，尤其是 2003 年，由于 SARS 影响，网络视频监控的发展更加令人关注，总的来看，视频监控的发展大致经历了以下三个阶段。

第一阶段，20 世纪 70 年代末到 20 世纪 90 年代中期，这个阶段以闭路电视监控系统为主，也就是第一代模拟电视监控系统，其传输媒介为视频线缆，由控制主机进行模拟处理。主要应用于银行、政府机关等场所。

第二阶段，20 世纪 90 年代中期至 20 世纪 90 年代末，以基于 PC 插卡式的视频监控系统为主，此阶段也被业内人士称为半数字时代。其传输媒介依然是视频线缆，由多媒体控制主机或硬盘录像主机（DVR）进行数字处理与存储。此阶段的应用也多限于对安全程度要求较高的场所。

第三阶段，20 世纪 90 年代末至今，以嵌入式技术为依托，以网络、通信技术为平台，以智能图像分析为特色的网络视频监控系统为主，自此，网络视频监控的发展也进入了数字时代。网络视频监控的应用不再局限于安全防护，逐渐也被用于远程办公、远程医疗、远程教学等领域。

目前，视频监控已进入高速发展阶段，数字化、网络化是 21 世纪的时代特征，视频监控的数字化是监控技术的必然趋势。

5.3.1 视频监控系统的工作原理

近十几年来，随着计算机、网络以及图像处理、传输技术的飞速发展，视频监控技术有了长足的发展，数字化、网络化、智能化已成为一种发展趋势。

视频监控系统利用摄像机（头）的 CCD，将被摄物体的反射光线传播到镜头，经镜头聚焦到 CCD 芯片上，CCD 根据光的强弱积聚相应的电荷，经周期性放电，产生表示一幅幅画面的电信号，经过滤波、放大处理，通过摄像头的输出端子输出一个标准的复合视频信号，然后将这个视频信号通过线缆输出给电视机显示出来，就构成了一个视频监控系统。

CCD 电荷耦合元件图像传感器，它能够根据照射在其面上的光线产生相应的电荷信号，再通过模数转换器芯片转换成"0"或"1"的数字信号，这种数字信号经过压缩和程序排列后，可由光信号转换成计算机能识别的电子图像信号。（TTL 工艺下的 CCD 成像质量要优于 CMOS 工艺下的 CCD。）

全模拟视频监控系统主要由摄像机、视频矩阵、监视器、模拟录像机等组成，设备之间通过视频线、控制线缆等电缆连接在一起。由于系统为纯模拟方式传输，采用视频电缆（少数采用光纤）的传输距离不能太远，所以系统主要应用于小范围内的监控，如大楼监控等，监控图像一般只能在控制中心查看。

5.3.2 摄像头

摄像头分为数字摄像头和模拟摄像头两大类。数字摄像头可以将视频采集设备产生的模拟视频信号转换成数字信号，然后通过串、并口或者 USB 接口将其存储在计算机里。模拟摄像头捕捉到的视频信号必须经过摄像头特定的视频捕捉卡将模拟信号转换成数字模式，并加以压缩后才可以转换到计算机上运用。

摄像头主要构件由镜头、图像传感器、预中放、AGC、A/D、同步信号发生器、CCD 驱动器、图像信号形成电路、D/A 转换电路和电源的电路构成。其中，图像传感器作为摄像头的核心部件，又分为 CCD 传感器和 CMOS 传感器。在当今各个科学领域，摄像头传感器得到越来越广泛的应用，其重要性不言而喻。

1. 镜头

透镜由几片透镜组成，有树脂透镜或玻璃透镜。

镜头是由透镜组成，摄像头的镜头一般是由玻璃镜片或者塑料镜片组成的。玻璃镜头能获得比塑料镜头更清晰的影像。这是因为光线穿过普通玻璃镜片通常只有 5%～9%的光损失，而塑料镜片的光损失高达 11%～20%。有些镜头还采用了多层光学镀膜技术，有效减少了光的折射并过滤杂波，提高了通光率，从而获得更清晰的影像。

现在市面上大多数摄像头采用的都是五玻镜头。另外，镜头还有一个重要的参数就是光圈，通过调整光圈可以控制通过镜头到达传感器的光线的多少，除了控制通光量，光圈还具有控制景深的功能，即光圈越大，则景深越小。

2. 图像传感器

图像传感器可以分为两类：电荷耦合器件（Charge Couple Device，CCD）和互补金属氧化物半导体（Complementary Metal Oxide Semiconductor，CMOS）。CCD 的优点是灵敏度高、噪声小、信噪比大。但是生产工艺复杂、成本高、功耗高。CMOS 的优点是集成度高、功耗低（不到 CCD 的 1/3）、成本低。但是噪声比较大、灵敏度较低、对光源要求高。在相同像素下，CCD 的成像往往通透性、明锐度都很好，色彩还原、曝光可以保证基本准确。而 CMOS 的产品往往通透性一般，对实物的色彩还原能力偏弱，曝光也都不太好。

5.3.3　监控中心

在 20 世纪 90 年代初以前，主要是以模拟设备为主的闭路电视监控系统，其称为第一代模拟监控系统。图像信息采用视频电缆，以模拟方式传输，一般传输距离不能太远，主要应用于小范围内的监控，监控图像一般只能在控制中心查看。主要由摄像机、视频矩阵、监视器、录像机等组成，利用视频传输线将来自摄像机的视频连接到监视器上，利用视频矩阵主机，采用键盘进行切换和控制，录像采用使用磁带的长时间录像机；远距离图像传输采用模拟光纤，利用光端机进行视频的传输。

20 世纪 90 年代中期，第二代数字视频监控系统（DVR）基于 PC 的多媒体监控随着数字视频压缩编码技术的发展而产生。系统在远端有若干个摄像机、各种检测和报警探头与数据设备，获取图像信息，通过各自的传输线路汇接到多媒体监控终端上，然后再通过通信网络，将这些信息传到一个或多个监控中心。监控终端机可以是一台 PC，也可以是专用的工业控制机。

这类监控系统功能较强，便于现场操作；但稳定性不够好，结构复杂，视频前端（如 CCD 等视频信号的采集、压缩、通信）较为复杂，可靠性不高；功耗高，费用高；需要有多人值守；同时，软件的开放性也不好，传输距离明显受限。PC 也需专人管理，特别是在环境或空间不适宜的监控点，这种方式不理想。

这其实是半模拟-半数字的监控系统，在一些小型的、要求比较简单的场所用得比较广泛。只是随着技术的发展，工控机变成了嵌入式的硬盘录像机，该机性能较好，可无人值守，还有网络功能。

基于嵌入式技术的网络数字监控系统的 PC，直接把摄像机输出的模拟视频信号通过嵌入式视频编码器直接转换成 IP 数字信号。嵌入式视频编码器具备视频编码处理、网络通信、自动控制等强大功能，直接支持网络视频传输和网络管理，这类系统可以直接连入以太网，省掉了各种复杂的电缆，具有方便灵活、即插即看等特点，使得监控范围达到前所未有的广度。这就是以视频网络服务器和视频综合管理平台为核心的数字化网络视频监控系统，是"模拟

-数字"监控系统（DVR）的延伸——DVS。

除了编码器外，还有嵌入式解码器、控制器、录像服务器等独立的硬件模块，它们可单独安装，不同厂家的设备可实现互连。

DVS是目前比较主流的监控系统，性能优于第一代和DVR，比第三代有价格优势，技术也相对成熟，虽然某些时候施工布线会比较复杂，但总体来说瑕不掩瑜。

第三代视频监控：完全使用IP技术的视频监控系统IPVS。

这类视频监控系统与前面三种方案相比存在显著区别：

该系统的优势是摄像机内置Web服务器，并直接提供以太网端口，摄像机内集成了种协议，支持热插拔和直接访问。这些摄像机生成JPEG或MPEG-4数据文件，可供任何经授权客户机从网络中任何位置访问、监视、记录并打印，而不是生成连续模拟视频信号形式图像。更具高科技含量的是可以通过移动的网络实现无线传输，可以通过笔记本电脑、手机、PDA等无线终端随处查看视频。

视频监控系统是通过在某些地点安装摄像头等视频采集设备对现场进行拍摄监控，然后通过一定的传输网络将视频采集设备采集到的视频信号传送到指定的监控中心，监控中心通过人工监控或者将视频信号存储到存储设备上对现场进行视频监控。

视频监控系统分为前端监控设备，包括云台、护罩、摄像机、支架、镜头、解码器等设备。后端监控设备，包括视频监控主机、数字视频矩阵、监视器等设备。

前端监控设备的功能有：摄像机采集视频信号或者图像。云台控制摄像机的转动，调整监视范围。镜头可以调整摄像机的焦距，从而起到调整图像的清晰度和图像的远近。解码器是接收控制主机的控制信号，对云台和镜头进行控制，以达到控制云台的运动方向以及控制镜头的焦距从而保证监控中心对现场可以进行全方位的实时监控。

后端监控设备的功能有：视频监控主机负责对前端监控设备发送指令，获取前端监控设备反馈的一些参数，从而达到控制前端监控设备的作用，监视器则是用来显示视频信号的设备。由于监视器价格昂贵，如果要每一个摄像头都相应地连接一台监视器，相应成本就非常高，而且监控中心的工作人员也不能完全可以兼顾到如此多的监视器，所以就使用数字视频矩阵来对摄像头和监视器进行切换，从而使得既可以监控到所有的现场，又可以节约成本。

视频监控信号进行传输可以分为模拟传输和数字传输，现在随着科学技术不断进步，计算机更加深入各行各业，数字技术日益发展，模拟传输现在已经基本被淘汰。

数字传输又可以分为通过电话线传输，DDN线路传输，ISDN线路传输，光纤信道传输，无线信道传输，卫星线路传输，现在随着TCP/IP网络的带宽越来越大，越来越多地通过TCP/IP网络进行传输。

5.3.4 视频监控中的主要设备与器材介绍

1. 光端机

（1）光端机的工作原理

光端机是用来将光信号和电信号互相转换的一种设备，它对所传信号不会进行任何压缩。它的作用主要就是实现电-光和光-电转换。

（2）光端机的典型物理接口

BNC 接口是指同轴电缆接口，BNC 接口用于 75Ω 同轴电缆连接用，提供收（RX）、发（TX）两个通道，它用于非平衡信号的连接。

光纤接口是用来连接光纤线缆的物理接口。通常有 SC、ST、FC 等几种类型，它们由日本 NTT 公司开发。FC 是 Ferrule Connector 的缩写，其外部加强方式是采用金属套，紧固方式为螺丝扣。ST 接口通常用于 10Base-F，SC 接口通常用于 100Base-FX。

RS-485 采用平衡发送和差分接收方式实现通信：发送端将串行口的 TTL 电平信号转换成差分信号 A，B 两路输出，经过线缆传输之后在接收端将差分信号还原成 TTL 电平信号。由于传输线通常使用双绞线，又是差分传输，所以有极强的抗共模干扰的能力，总线收发器灵敏度很高，可以检测到低至 200 mV 电压。故传输信号在千米之外都是可以恢复的。RS-485 最大的通信距离约为 1219 m，最大传输速率为 10 Mbit/s，传输速率与传输距离成反比，在 100 kbit/s 的传输速率下，可以达到最大的通信距离。

2. 光缆终端盒

光缆终端盒主要用于光缆终端的固定、光缆与尾纤的熔接及余纤的收容和保护。终端盒是光缆的端头接入的地方，然后通过光跳线接入光交换机。因此，终端盒通常是安装在机架上的，可以容纳光缆端头的数量比较多。终端盒就是将光缆与尾纤连接起来起保护作用的。

3. 云台

云台是承载摄像机进行水平和垂直两个方向转动的装置，内置两个交流电机，负责水平和垂直的运动；水平转动的角度一般为 350°，垂直转动的角度一般为 75°。而且，水平和垂直转动的角度可以通过调节限位开关进行调整，如图 5.31 所示。

图 5.31　云台的外形

4. 云台解码器

云台解码器，是为带有云台、变焦镜头等可控设备提供驱动电源并与控制设备如矩阵进行通信的前端设备。通常，解码器可以控制云台的上、下、左、右旋转，变焦镜头的变焦、聚焦、光圈以及对防护罩雨刷器、摄像机电源、灯光等设备的控制，还可以提供若干个辅助功能开关，以满足不同用户的实际需要。

5. 视频矩阵

将视频图像从任意一个输入通道切换到任意一个输出通道显示。一般来讲，一个 $m \times n$ 矩阵表示它可以同时支持 m 路图像输入和 n 路图像输出。这里需要强调的是，必须要做到任意，即任意的一个输入和任意的一个输出。

6. 硬盘录像机

硬盘录像机（Digital Video Recorder，DVR），即数字视频录像机，相对于传统的模拟视频录像机，采用硬盘录像，故常常被称为硬盘录像机，也被称为 DVR。它是一套进行图像存储处理的计算机系统，具有对图像/语音进行长时间录像、录音、远程监视和控制的功能，DVR集合了录像机、画面分割器、云台镜头控制、报警控制、网络传输等 5 种功能于一身，用一台设备就能取代模拟监控系统一大堆设备的功能，而且在价格上也逐渐占有优势。DVR 采用的是数字记录技术，在图像处理、图像储存、检索、备份，以及网络传递、远程控制等方面也远远优于模拟监控设备，DVR 代表了电视监控系统的发展方向，是目前市面上电视监控系统的首选产品。

7. 监控摄像机

组成：外壳、镜头、CCD 感光元件、基本电路板（含 Q9 头）、电源模块（一般是 220 V 转 12 V 的变压器），镜头也就是实现光圈开关、变动焦距功能的器件。

CCD 感光元件是摄像机中重要的组成部分，它的好坏直接影响到摄像机的质量，感光元件在效果中的体现为视频画面的清晰度，也就是常说的 420 线、480 线、520 线等参数。还有的将 CCD 按规格划分，常见的有 1/3、1/4 规格，当然还有 1/2、2/3、1 的规格，由于在成本上考虑，大部分生产商会考虑便宜的 1/4、1/3 规格的 CCD。

基本电路板就相当于计算机的主板，也称为"系统总线"，所有的器件都要通过它来实现自己的功能。电源模块其实就是变压器，为电路板和与电路板相连接的器件提供稳定持续的电力供应（220V 转 12V）。

5.4 卫星定位和导航技术

卫星空间定位作为一种全新的现代定位方法，已逐渐在越来越多的领域取代了常规光学和电子仪器。20 世纪 80 年代以来，尤其是 20 世纪 90 年代以来，GPS 卫星定位和导航技术与现代通信技术相结合，在空间定位技术方面引起了革命性的变化。

用 GPS 同时测定三维坐标的方法将测绘定位技术从陆地和近海扩展到整个海洋和外层空间，从静态扩展到动态，从单点定位扩展到局部与广域差分，从事后处理扩展到实时（准实时）定位与导航，绝对和相对精度扩展到米级、厘米级乃至亚毫米级，从而大大拓宽了它的应用范围和在各行各业中的作用。GPS 定位的基本原理是根据高速运动的卫星瞬间位置作为已知的起算数据，采用空间距离后方交会的方法，确定待测点的位置。

目前 GPS 系统提供的定位精度是优于 10 m，而为了得到更高的定位精度，通常采用差分GPS 技术，将一台 GPS 接收机安置在基准站上进行观测。根据基准站已知精密坐标，计算出基准站到卫星的距离改正数，并由基准站实时将这一数据发送出去。用户接收机在进行 GPS观测的同时，也接收到基准站发出的改正数，并对其定位结果进行改正，从而提高定位精度。

差分 GPS 分为两大类：伪距差分和载波相位差分。伪距差分是应用最广的一种差分方式。

在基准站上，观测所有卫星，根据基准站已知坐标和各卫星的坐标，求出每颗卫星每一时刻到基准站的真实距离。再与测得的伪距比较，得出伪距改正数，将其传输至用户接收机，提高定位精度。这种差分，能得到米级定位精度，如沿海广泛使用的"信标差分"。载波相位差分技术又称 RTK（Real Time Kinematic）技术，是实时处理两个测站载波相位观测量的差分方法。即是将基准站采集的载波相位发给用户接收机，进行求差解算坐标。载波相位差分可使定位精度达到厘米级。大量应用于动态需要高精度位置的领域。

5.4.1　GPS 系统的构成

GPS 系统由空间部分、控制部分和用户部分三部分组成，如图 5.32 所示。

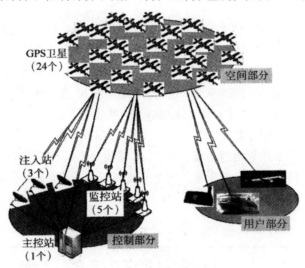

图 5.32　GPS 系统的构成

1. 空间部分

GPS 空间部分主要由 24 颗 GPS 卫星构成，其中 21 颗工作卫星，3 颗备用卫星。24 颗卫星运行在 6 个轨道平面上，运行周期为 12 h。保证在任一时刻、任一地点高度角 15° 以上都能够观测到 4 颗以上的卫星，如图 5.33 所示。

主要作用：飞越注入站上空时，接收地面注入站用 S 波段发送到卫星的导航信息，并通过 GPS 信号形成导航电文；接收地面主控站通过注入站发送到卫星的调度命令（钟，轨道，卫星）；向广大用户连续不断地发送导航定位信号，并用导航电文中的星历和历书分别报导自己的现实位置，以及其他在轨卫星的位置。

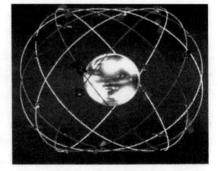

图 5.33　GPS 卫星运行空间

2. 控制部分

GPS 控制部分由 1 个主控站，5 个监测站和 3 个注入站组成。作用是监测和控制卫星运行，编算卫星星历（导航电文），保持系统时间，如图 5.34 所示。

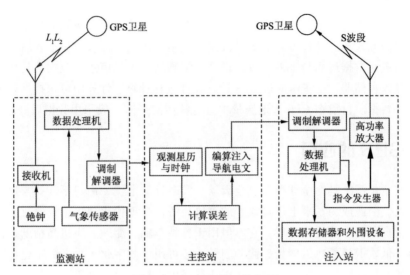

图 5.34　地面监控系统框图

主控站：从各个监测站收集卫星数据，计算出卫星的星历和时钟修正参数等，并通过注入站注入卫星，向卫星发布指令，控制卫星，当卫星出现故障时，调度备用卫星。

监测站：接收卫星信号，检测卫星运行状态，收集天气数据，并将这信息传送给主控站。

注入站：将主控站计算的卫星星历及时钟修正参数等注入卫星。

3. 用户部分

GPS 用户设备部分包含 GPS 接收器及相关设备。GPS 接收器主要由 GPS 芯片构成。如车载、船载 GPS 导航仪，内置 GPS 功能的移动设备，GPS 测绘设备等都属于 GPS 用户设备。其作用：接收、跟踪、变换和测量 GPS 信号的设备，GPS 系统的消费者。

GPS 接收机主要由天线、接收机、微处理机和输入/输出部分组成。其主要结构框架（单频接收机）如图 5.35 所示。

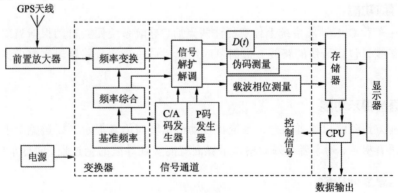

图 5.35　地面监控系统框图

GPS 接收机是用户接收卫星信号的设备，定位质量与其有直接关系。衡量接收机的性能指标主要有：信号跟踪的通道数，跟踪信号种类，跟踪卫星数，定位精度（位置、速度和授时），重捕信号时间，工作温度与湿度，体积，重量，天线类型及用途等。现在接收机主要部件已经集成化，用户可以单独购买接收机的集成芯片。对接收机采集到的数据进行处理，有两种方式：实时方式和后处理方式。实时数据处理是在接收机接收卫星信号后在测站点直接通过微处理器进行数据运算与平差运算，得到三维测站点坐标信息。数据后处理方式是将采集到的数据存入存储器，在室内通过 GPS 计算软件进行计算。计算中可选择平差方法以及适当的参考点等数据。目前在 GPS 大地测量中进行整体网平差一般采用数据后处理的方式。

5.4.2　GPS 的应用

卫星导航定位系统具有全球覆盖、全天候、实时导航定位、用户不需要与地面已知坐标点通信等特点，因此成为军事上不可缺少的重要装备，是现代化战争中快速反应、准确打击目标、军事指挥调度中的重要手段。它不但用于各种车辆、船舶、飞机高精度、快速导航定位，外弹导与低轨卫星的轨道测量，武器制导，还可用于数字化士兵、数字化部队的建设；用于战役、战术指挥调度。所以，大国在军备竞赛中都努力发展用于军事目的的卫星导航定位系统。美国的 GPS 和俄罗斯的 GLONASS 都是在这种背景下产生的，整个系统也是由军事部门所控制的。

由于卫星是在空中发射信号，用户只需有一台卫星信号接收机即可导航定位，在民用上有广阔市场。所以 GPS 和 GLONASS 系统在研制中都分为军事和民间应用两部分。卫星发射信号带有军用和民用两种码，但是民用码比军用码的精度低，并且受到军事需要的控制。民用接收机在飞行高度和速度上都有限制。

民用系统的主要功能有：

1. 定位功能

通过接收 GPS 卫星信号，可以准确地定出其所在的位置，并可以在地图上相应的位置用记号标记出来。同时 GPS 还可以取代传统的指南针显示方向，取代传统的高度计显示海拔高度等信息。

2. 导航功能

用户在车载 GPS 导航系统上任意标注两点后，导航系统便会自动根据当前的位置为车主设计最佳路线，包括最快的路线、最简单的路线、通过高速公路路段次数最少的路线等供车主选择。

3. 语音提示功能

如果前方遇到路口或者转弯，系统将自动给出转向语音提示，以避免车主走弯路。能够提供全程语音提示，驾车者无须观察显示界面就能实现导航的全过程，使行车更加安全方便。

4. 信息查询功能

车载系统均配备电子地图。电子地图含有全国的各大省会城市及各中小城市，驾车者可以随时查看任一地点的交通、建筑、旅游景点、宾馆、医院等情况。

5. 测速功能

通过对 GPS 卫星信号的接收计算，可以测算出行驶的具体速度，比一般的里程表准确很多。

5.4.3 北斗卫星导航系统

我国在民用上从 20 世纪 70 年代中期开始引进子午卫星导航定位技术，采用多普勒定位技术，主要用于大地测量、海岛联测及石油勘探。20 世纪 80 年代中期开始引进 GPS 卫星定位仪。随着 GPS 卫星定位系统的日益完善和卫星定位技术的不断提高，卫星导航定位技术已进入到国民经济的多个领域中并发挥了重要作用。

"北斗卫星导航系统"是我国自行开发研制，能够全天候、全天时提供卫星导航信息的区域导航系统，该系统是由空间卫星、地面控制中心站和北斗用户终端三部分构成。空间部分包括两颗地球同步轨道卫星（G.EO）组成，分别为 BDSTAR-1 号和 BDSTAR-2 号。卫星上带有信号转发装置，完成地面控制中心站和用户终端之间的双向无线电信号的中继任务。与 GPS 不同，所有用户终端位置的计算都是在地面控制中心站完成的。因此，控制中心可以保留全部北斗终端用户机的位置及时间信息。同时，地面控制中心站还负责整个系统的监测管理。用户终端是直接由用户使用的设备，用于接收地面中心站经卫星转发的测距信号。根据执行任务不同，用户终端分为定位通信终端、集团用户管理站终端、差分终端、校时终端等。

5.5 激 光 技 术

激光于 1960 年面世，是一种因刺激产生辐射而强化的光。科学家在电子管中以光或电流的能量来撞击某些晶体或原子易受激发的物质，使其原子的电子达到受激发的高能量状态，当这些电子要恢复到平静的低能量状态时，原子就会射出光子，以放出多余的能量，而这些被放出的光子又会撞击其他原子，激发更多的原子产生光子，引发一连串的"连锁反应"，并且都朝同一个方向前进，形成强烈而且集中朝向某个方向的光；因此强的激光甚至可用作切割钢板。

5.5.1 激光基本信息

激光具有单色性好、方向性强、亮度高等特点。现已发现的激光工作物质有几千种，波长范围从 X 射线到远红外。激光技术的核心是激光器，激光器的种类很多，可按工作物质、激励方式、运转方式、工作波长等不同方法分类。根据不同的使用要求，采取一些专门的技术提高输出激光的光束质量和单项技术指标，比较广泛应用的单元技术有共振腔设计与选模、倍频、调谐、Q 开关、锁模、稳频和放大技术等。为了满足军事应用的需要，主要发展了以下 5 项激光技术。

1. 激光测距技术

它是在军事上最先得到实际应用的激光技术。20 世纪 60 年代末，激光测距仪开始装备部队，现已研制生产出多种类型，大都采用钇铝石榴石激光器，测距精度为 ±5m 左右。由于它能迅速准确地测出目标距离，广泛用于侦察测量和武器火控系统。

2. 激光制导技术

激光制导武器精度高、结构比较简单、不易受电磁干扰，在精确制导武器中占有重要地位。20 世纪 70 年代初，美国研制的激光制导航空炸弹在越南战场首次使用。20 世纪 80 年代以来，激光制导导弹和激光制导炮弹的生产和装备数量也日渐增多。

3. 激光通信技术

激光通信容量大、保密性好、抗电磁干扰能力强。光纤通信已成为通信系统的发展重点。机载、星载的激光通信系统和对潜艇的激光通信系统也在研究发展中。

4. 强激光技术

用高功率激光器制成的战术激光武器，可使人眼致盲和使光电探测器失效。利用高能激光束可能摧毁飞机、导弹、卫星等军事目标。用于致盲、防空等的战术激光武器，已接近实用阶段。用于反卫星、反洲际弹道导弹的战略激光武器，尚处于探索阶段。

5. 激光模拟训练技术

用激光模拟器材进行军事训练和作战演习，不消耗弹药，训练安全，效果逼真。现已研制生产了多种激光模拟训练系统，在各种武器的射击训练和作战演习中广泛应用。此外，激光核聚变研究取得了重要进展，激光分离同位素进入试生产阶段，激光引信、激光陀螺已得到实际应用。

5.5.2　激光特性

1. 单色性好

众所周知，普通的白光有 7 种颜色，频率范围很宽。频率范围宽的光波在光纤中传输会引起很大的噪声，使通信距离很短，通信容量很小。而激光是一种单色光，频率范围极窄，发散角很小，激光束几乎就是一条直线。这种光波在光纤中传输产生的噪声很小，这就可以增加中继距离，扩大通信容量。现在已研究出单频激光器，这种激光器只有一个振荡频率。用这种激光器可以把十几万路的电话信息直接传送到 100 km 以外。这种通信系统就可满足将来信息高速公路的需要了。

2. 相干性高

光的相干性分为时间相干性和空间相干性两种。时间相干性用相干长度量度，它表征可相干的最大光程差，也可以用光通过相干长度所需的时间，即相干时间来量度。

相干时间与光谱的频宽成反比。光的单色性越好，则相干长度或相干时间就越长，时间相干性就越好。激光的单色性好，因此它的相干长度很长，时间相干性好。He-Ne 激光器发生的激光，相干长度可达几十千米。

光场的空间相干性，可用垂直于光传播方向上的相干面积来衡量，理论分析表明，相干面积与光束的平面发散角成反比。激光的平面发散角极小，几乎可压缩到接近于衍射极限角，因此，可以认为整个光束横截面内各点的光振动都是彼此相干的，所以空间相干性相当高。

3. 方向性强

激光的方向性比现在所有的其他光源都好得多，它几乎是一束平行线。如果把激光发射到月球上去，历经 38.4 万千米的路程后，也只有一个直径为 2km 左右的光斑。如果用的是探照灯，则绝大部分光早就在中途"开小差"了。

普通光源总是向四面八方发散的，这作为照明来说是必要的。但要把这种光集中到一点，则绝大多数能量都会被浪费掉，效率很低。半导体激光器发出的光绝大部分都很集中，很容易射入光纤端面。

4. 亮度高

一个几十瓦的电灯泡，只能用作普通照明。如果把它的能量集中到 1 m 直径的小球内，就可以得到很高的光功率密度，用这个能量能把钢板打穿。然而，普通光源的光是向四面八方发射的，光能无法高度集中。普通光源上不同点发出的光在不同方向上、不同时间里都是杂乱无章的，经过透镜后也不可能会聚在一点上。

激光与普通光相比则大不相同。因为它的频率很单纯，从激光器发出的光就可以步调一致地向同一方向传播，可以用透镜把它们会聚到一点上，把能量高度集中起来，送入光纤，这就叫相干性高。

光纤通信用的半导体激光器的体积很小。和普通的晶体三极管差不多。它发出的光功率一般都不太大，通常只有几毫瓦。如果把它的能量高度集中，就很容易耦合进光纤。这对增加光纤通信的中继距离，提高通信质量是很有意义的。

5.6 红外技术

1800 年，红外线被人们发现，并很快得到应用，从医疗、检测、航空到军事等领域，几乎处处都能看到红外的身影。红外技术产业的主要领域方向按产品与技术可分为：红外传感器、红外成像器、红外材料、光学元件、制冷器、前放与专用信号读出处理电路、图像处理、系统设计、仿真与试验。按应用领域可分为：安防、消防、电力、企业制程制冷、医疗、建筑、遥感等。

红外应用产品种类繁多，本节仅选择红外热像、红外摄像、红外通信、红外光谱仪、红外传感器等几个比较大的领域进行介绍。

5.6.1 红外热像仪

红外热像仪行业是一个发展前景非常广阔的新兴高科技产业，也是红外应用产品中市场份额最大的一块，在军民两个领域都有广泛的应用。红外热像仪在现代战争条件下的卫星、导弹、飞机等军事武器上获得了广泛的应用。同时，随着非制冷红外热成像技术的生产成本大幅度降低，该产品的应用已延伸到了电力、消防、工业、医疗、安防等国民经济各个部门。

5.6.2　红外摄像机

随着北京奥运会、上海世博会、广州亚运会等国内大型活动的增加，对安全的要求越来越严格，越来越多的场所需要 24 h 持续监控。红外线在夜间监视的应用更加突出，不仅金库、油库、军械库、图书文献库、文物部门、监狱等重要部门采用，在一般监控系统中也被广泛采用，甚至居民小区监控工程也应用了红外线摄像机，带动了红外摄像市场持续升温。

5.6.3　红外通信

传统的红外通信应用主要在与家电和汽车防盗遥控器方面，由于调制技术、相关收发器技术的快速发展，红外传输应用也发生了质的飞跃。1993 年，国际红外线协会在美国成立，积极整合建立红外传输的标准，极大地推动了红外产品的发展。

个人笔记本电脑、PDA、数字相机等产品的普及带动了红外传输的发展。国际红外线协会 1994 年推出了 1.0 版红外线资料交换标准，传输速度为 115.2 kbit/s，目前的最大传输速度已达 4 Mbit/s 以上。从当前的情况来看，红外技术无论是从应用覆盖度、技术成熟度和用户接受度来说，都在各类无线通信技术中处于领先地位。

5.6.4　红外光谱仪

红外光谱仪主要用于化学物理分析领域，可应用于各种物理化学实验室、石油、农业、检测等领域。按应用范围可分为通用型红外光谱仪和专用红外光谱仪，按波长范围分可分为近红外光谱仪和远红外光谱仪，目前以近红外光谱仪为主。现代近红外光谱分析技术包括近红外光谱仪、化学计量学软件和应用模型三部分。只有三者的完美结合才能达到高性能的要求。目前近红外专用光谱仪器的研制及应用在国内已受到很多专家的关注，并已开发研制出一批适应国内分析对象的仪器及应用软件。

5.6.5　红外传感器

在实现远距离温度监测与控制方面，红外温度传感器以其优异的性能，满足了多方面的要求。在产品加工行业，特别是需要对温度进行远距离监测的场合，都是温度传感器大显身手的地方。在食品行业，红外温度可以在不被污染的情况下实现食品温度记录，因此备受欢迎。光纤红外传感器还具有抗电磁和射频干扰的特点，这为便携式红外传感器在汽车行业中的应用又开辟了新的市场。

随着红外测温技术的广泛应用，一种新型的红外技术——智能（Smart）数字红外传感技术正在悄然兴起。这种智能传感器内置微处理器，能够实现传感器与控制单元的双向通信，具有小型化、数字通信、维护简单等优点。当前，各传感器用户纷纷升级其控制系统，智能红外传感器的需求量将会继续增长，预计短期内市场还不会达到饱和。

另外，随着便携式红外传感器的体积越来越小，价格逐渐降低，在食品、采暖空调和汽车等领域也有了新的应用。比如，用在食品烘烤机、理发吹风机上，红外传感器检测温度是否过热，以便系统决定是否进行下一步操作，如停止加热，或是将食品从烤箱中自动取出，或是使吹风机冷却等。随着更多的用户对便携式红外温度传感器的了解，其潜在用户正在增加。

5.7 生物识别

生物识别是依靠人体的身体特征来进行身份验证的一种解决方案。它是通过计算机与光学、声学、生物传感器和生物统计学原理等高科技手段密切结合，利用人体固有的生理特性，（如指纹、脸像、虹膜等）和行为特征（如笔迹、声音、步态等）来进行个人身份的鉴定。

生物特征识别技术具不易遗忘、防伪性能好、不易伪造或被盗、随身"携带"和随时随地可用等优点。传统的身份鉴定方法包括身份标识物品（如钥匙、证件、ATM 卡等）和身份标识知识（如用户名和密码）。但由于主要借助体外物，一旦证明身份的标识物品和标识知识被盗或遗忘，其身份就容易被他人冒充或取代。生物识别技术比传统的身份鉴定方法更具安全、保密和方便性。

生物识别技术可广泛用于政府、军队、银行、社会福利保障、电子商务、安全防务。例如，一位储户走进了银行，他既没带银行卡，也没有回忆密码就径直提款，当他在提款机上提款时，一台摄像机对该用户的眼睛扫描，然后迅速而准确地完成了用户身份鉴定，办理完业务，这里所使用的正是现代生物识别技术中的"虹膜识别系统"。

生物识别工作包括 4 个步骤：原始数据获取、抽取特征、比较和匹配。生物识别系统捕捉到生物特征的样品，唯一的特征将会被提取，并且转化成数字的符号，接着，这些符号被用作那个人的特征模板，这种模板可能会存放在数据库、智能卡或条码卡中，人们同识别系统交互比较，根据匹配或不匹配来确定身份。

目前已经出现了许多生物识别技术，如指纹识别、手掌几何学识别、虹膜识别、视网膜识别、面部识别、签名识别、声音识别等，但其中一部分技术含量高的生物识别手段还处于实验阶段。有理由相信，随着科学技术的飞速进步，将有越来越多的生物识别技术应用到实际生活中。

5.7.1 指纹识别

指纹在我国古代就被用来代替签字画押，证明身份。大致可分为"弓""斗""箕"三种基本类型，具有各人不同、终身不变的特性。指纹识别是目前最成熟、最方便、可靠、无损伤和价格便宜的生物识别技术解决方案，已经在许多行业领域中得到了广泛的应用。

实现指纹识别有多种方法。其中有些是仿效传统的公安部门使用的方法，比较指纹的局部细节；有些直接通过全部特征进行识别；还有一些使用更独特的方法，如指纹的波纹边缘模式和超声波。有些设备能即时测量手指指纹，有些则不能。在所有生物识别技术中，指纹识别是当前应用最为广泛的一种。指纹识别对于室内安全系统来说更为适合，因为可以有充分的条件为用户提供讲解和培训，而且系统运行环境也是可控的。由于其相对低廉的价格、较小的体积（可以很轻松地集成到键盘中）以及容易整合，所以在工作站安全访问系统中应用的几乎全部都是指纹识别。

5.7.2 掌纹识别

手掌几何学识别就是通过测量使用者的手掌和手指的物理特征来进行识别，高级的产品还可以识别三维图像。作为一种已经确立的方法，手掌几何学识别不仅性能好，而且使用比较方便。它适用于用户人数比较多，或者用户虽然不经常使用，但使用时很容易接受的场合。如果需要，这种技术的准确性可以非常高，同时可以灵活地调整生物识别技术性能以适应相当广泛的使用要求。手形读取器使用的范围很广，且很容易集成到其他系统中，因此成为许多生物识别项目中的首选技术。

5.7.3 视网膜识别

视网膜识别使用光学设备发出的低强度光源扫描视网膜上独特的图案。有证据显示，视网膜扫描是十分精确的，但它要求使用者注视接收器并盯着一点。这对于戴眼镜的人来说很不方便，而且与接收器的距离很近，也让人不太舒服。所以尽管视网膜识别技术本身很好，但用户的接受程度很低。因此，该类产品虽在 20 世纪 90 年代经过重新设计，加强了连通性，改进了用户界面，但仍然是一种非主流的生物识别产品。

5.7.4 虹膜识别

虹膜识别是与眼睛有关的生物识别中对人产生较少干扰的技术。它使用相当普通的照相机元件，而且不需要用户与机器发生接触。另外，它有能力实现更高的模板匹配性能。

虹膜是环绕着瞳孔的一层有色的细胞组织。如图 5.36 所示，每一个虹膜都包含一个独一无二的基于像冠、水晶体、细丝、斑点、结构、凹点、射线、皱纹和条纹等特征的结构。虹膜扫描安全系统包括一个全自动照相机来寻找你的眼睛并在发现虹膜时，就开始聚焦，捕捉到虹膜样本后由软件来对所得数据与储存的模板进行比较。想通过眨眼睛来欺骗系统是不行的。

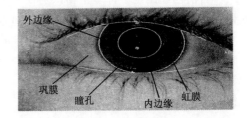

图 5.36 眼睛的结构

5.7.5 签名识别

签名识别在应用中具有其他生物识别所没有的优势，人们已经习惯将签名作为一种在交易中确认身份的方法，它的进一步的发展也不会让人们觉得有太大不同。实践证明，签名识别是相当准确的，因此签名很容易成为一种可以被接受的识别符。但与其他生物识别产品相比，这类产品目前数量很少。

签名识别，也被称为签名力学辨识，它是建立在签名时的力度上的。它分析的是笔的移动，例如加速度、压力、方向以及笔画的长度，而非签名的图像本身。签名识别和声音识别一样，是一种行为测定学。签名力学的关键在于区分出不同的签名部分，有些是习惯性的，而另一些在每次签名时都不同。

5.7.6 面部识别

面部识别系统是通过分析面部特征的唯一形状、模式和位置来辨识人。其采集处理的方法主要是标准视频和热成像技术。标准视频技术通过一个标准的摄像头摄取面部的图像或者一系列图像，在面部被捕捉之后，一些核心点被记录，例如，眼睛、鼻子和嘴的位置以及它们之间的相对位置被记录下来然后形成模板；热成像技术通过分析由面部的毛细血管的血液产生的热线来产生面部图像，与视频摄像头不同，热成像技术并不需要在较好的光源条件下，因此即使在黑暗情况下也可以使用。

5.7.7 基因识别

人体内的 DNA 在整个人类范围内具有唯一性(除了双胞胎可能具有同样结构的 DNA 外)和永久性。因此，除了对双胞胎个体的鉴别可能失去它应有的功能外，这种方法具有绝对的权威性和准确性。DNA 鉴别方法主要根据人体细胞中 DNA 分子的结构因人而异的特点进行身份鉴别。这种方法的准确性优于其他任何身份鉴别方法，同时有较好的防伪性。

基因识别是一种高级的生物识别技术，但由于技术上的原因，还不能做到实时取样和迅速鉴定，这在某种程度上限制了它的广泛应用。

除了上面提到的生物识别技术以外，还有通过气味、耳垂和其他特征进行识别的技术。但它们目前还不能走进日常生活。

5.8 语音识别

物联网的一个关键技术就是要解决人与物之间的关系，也就是说，人能够用语音操控机器，反之，机器可以产生人能听懂的语音。与机器进行语音交流，让机器明白人说的是什么并且机器发出声音告诉人一些信息，这是人们长期以来梦寐以求的事情。语音识别技术就是让机器通过识别和理解的过程把语音信号转变为相应的文本或命令的技术，语音识别正逐步成为信息技术中人机接口的关键技术，语音识别技术与语音合成技术相结合使人们能够甩掉键盘，通过语音命令进行操作。

语音识别主要包括两个方面：语言和声音。声音识别是对基于生理学和行为特征的说话者嗓音和语言学模式的运用，它与语言识别不同在于不对说出的词语本身进行辨识。而是通过分析语音的唯一特性，例如发音的频率，来识别出说话的人。声音辨识技术使得人们可以通过说话的嗓音来控制能否出入限制性的区域。举例来说，通过电话拨入银行、数据库服务、购物或语音邮件，以及进入保密的装置。语言识别则要对说话的内容进行识别，主要可用于信息输入、数据库检索、远程控制等方面。现在身份识别方面更多的是采用声音识别。

网上语音交互系统是指人们在网上不需要用键盘输入命令，而是直接与计算机（或手机）对话，计算机（或手机）能通过 TTS（语言合成）发出声音答复你。（例如，当你说出"你好"时，计算机也能发出"How are you"，具有一定的语音翻译功能。）网上语音交互系统基于互联网平台，应用语音识别、合成和转换技术，为固定和移动电话用户提供用语音访问互联网并获取网上信息的门户。语音门户融合了语音、CTI、Web、电信、计算机及网络等技术，构筑出新一代语音上网平台，将使更多的用户能够通过各类通信终端快速接人互联网。

当前的语音识别主要是基于文本搜索，语音参数与模拟参数相匹配，应用某种不变测度，寻求语音参数与模拟参数之间的相似性，最后结合装有 DSP 的语音板卡一起工作，用似然函数进行判决。这也就是说，语音参数与模拟参数匹配是当前语音识别系统的核心。但是 HMM 模型并不含有语义信息，语音参数与模拟参数的相似度远远比不上语义相似度计算严格，另外，语音反馈信息也缺乏必要的语义抽取，因此，寻找一种语义搜索应用于当前分布式系统语音识别，对提高分布式系统语音识别应用有十分重要的意义，尤其是网上语音交互系统。

5.8.1　语音识别的原理

根据实际中的应用不同，语音识别系统可以分为特定人与非特定人的识别、独立词与连续词的识别、小词汇量与大词汇量以及无限词汇量的识别。但无论哪种语音识别系统，其基本原理和处理方法都大体类似。不同任务的语音识别系统有多种设计方案，但系统的结构和模型思想大致相同。语音识别系统本质上是一种模式识别系统，包括特征提取、模式匹配、参考模型库等三个基本单元，它的基本结构如图 5.37 所示。

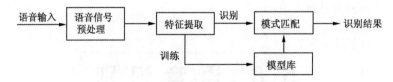

图 5.37　语音识别系统的基本结构

未知（待识别）语音经过传声器变换成电信号（即语音信号）后加在识别系统的输入端，首先经过预处理，再根据人的语音特点建立语音模型，对输入的语音信号进行分析，并提取所需的特征参数（主要是反映语音本质特征的声学参数，如平均能量、平均跨零率、共振峰等），提取的特征参数必须满足以下要求：

提取的特征参数能有效地代表语音特征，具有很好的区分性；各阶参数之间有良好的独立性，当然，这是一种假设；特征参数要计算方便，最好有高效的算法，以保证语音识别的实时实现。特征提取之后有一个训练环节，这是在识别之前通过让讲话者多次重复语音，从原始语音样本中去除冗余信息，保留关键数据，再按照一定的规则对数据加以聚类，形成模式库。

识别之后就是模式匹配，这是整个语音识别系统的核心，它是根据一定的规则（如某种距离测度）以及专家知识（如构词规则、语法规则、语义规则等），计算输入特征与库存模式之间的相似度（如匹配距离、似然概率），判断出输入语音的语意信息，然后在此基础上建立语音识别所需的模板。而计算机在识别过程中要根据语音识别的模型，将计算机中存放的语音模板与输入的语音信号的特征进行比较，根据一定的搜索和匹配策略，找出一系列最优的与输入的语音匹配的模板。然后根据此模板的定义，通过查表就可以给出计算机的识别结果。显然，这种最优的结果与特征的选择、语音模型的好坏、模板是否准确都有直接的关系。模式匹配的方法发展得比较成熟，目前已达到了实用阶段。在模式匹配方法中，要经过特征提取、模板训练、模板分类、判决 4 个步骤。

5.8.2　语音识别的主要技术

常用的语音识别技术有动态时间规整（DTW）、隐马尔可夫法（HMM）、矢量量化（VQ）技术和人工神经网络方法 4 种。

1. 动态时间规整（DTW）

语音信号的端点检测是进行语音识别的一个基本步骤，它是特征训练和识别的基础。语音信号具有很强的随机性，不同的发音习惯和心情都会导致发音长短不一的现象，从而影响测控估计，降低识别率，因此，在语音识别时，首先将语音信号进行时间调整。在早期，进行端点检测的主要依据是能量、振幅和过零率，但效果往往不明显。20 世纪 60 年代提出了动态时间规整（Dynamic Time Warping，DTW）算法，该算法的思想就是把未知量均匀地伸长或缩短，直到与参考模式的长度一致。DTW 是将时间规整和距离测度计算结合起来，测试语音参数共有帧矢量，这无疑在原来的基础上前进了一大步。

2. 隐马尔可夫法（HMM）

隐马尔可夫模型是马尔可夫链的一种，它的状态不能直接观察到，但能够通过观察向量序列得到，每个测量向量都是通过某些概率密度分布表现为各种状态，每一个观测向量是由一个具有相应概率密度分布的状态序列产生。

HMM 方法现已成为语音识别的主流技术，主要原因是它具有较强的对时间序列结构的建模能力。目前大多数大词汇量、连续语音的非特定人语音识别系统都是基于 HMM 模型的。HMM 是对语音信号的时间序列结构建立统计模型，将之看作一个数学上的双重随机过程：一个是用具有有限状态数的马尔可夫链来模拟语音信号统计特性变化的隐含的随机过程，另一个是与马尔可夫链的每一个状态相关联的观测序列的随机过程。前者通过后者表现出来，但前者的具体参数是不可测的。人的言语过程实际上就是一个双重随机过程，语音信号本身是一个可观测的时变序列，是由大脑根据语法知识和言语需要（不可观测的状态）发出的音素的参数流。可见 HMM 合理地模仿了这一过程，很好地描述了语音信号的整体非平稳性和局部平稳性，是较为理想的一种语音模型。

3. 矢量量化（VQ）

量化是模拟信号数字化的必要环节，它也是语音编码技术的基本思想。无论哪种语音处理技术都与量化密切相关，可以说，现代语音技术广泛使用矢量量化编码。矢量量化是一种重要的信号压缩方法。与 HMM 相比，矢量量化主要适用于小词汇量、孤立词的语音识别中。其过程是将语音信号波形的 k 个样点的每一帧，或有 k 个参数的每一参数帧，构成 k 维空间中的一个矢量，然后对矢量进行量化。矢量量化总是优于标量量化，且矢量维数越大性能就越优越。这是因为矢量量化有效地应用了矢量中各分量间的各种相互关联性质。量化时，将多维无限空间划分为 M 个区域边界，然后将输入矢量与这些边界进行比较，并被量化为"距离"最小的区域边界的中心矢量值。矢量量化器的设计就是从大量信号样本中整理出好的码本，从实际效果出发寻找到好的失真测度定义公式，设计出最佳的矢量量化系统，用最少的搜索和计算失真的运算量，实现最大可能的平均信噪比。

在实际的应用过程中，人们还研究了多种降低复杂度的方法，这些方法大致可以分为两类：无记忆的矢量量化和有记忆的矢量量化。无记忆的矢量量化包括树形搜索的矢量量化和多级矢量量化。在语音识别方面，VQ 在语音信号处理中占有十分重要地位，可以相信，随着大规模集成电路的不断发展，矢量量化研究还会得到更大的发展和创新，也将推出各种新的矢量量化方法，用硬件实现矢量量化系统。

4. 人工神经网络方法

神经网络是一门新兴交叉学科，它是指模仿人脑神经网络的结构和某些工作机制建立一种计算模型的数学处理方法。利用人工神经网络的方法是 20 世纪 80 年代末期提出的一种新的语音识别方法。人工神经网络（ANN）本质上是一个自适应非线性动力学系统，模拟了人类神经活动的原理，具有自适应性、并行性、鲁棒性、容错性和学习特性，其强大的分类能力和输入-输出映射能力在语音识别的研究中都很有吸引力。但由于存在训练、识别时间太长的缺点，目前仍处于实验探索阶段。由于 ANN 不能很好地描述语音信号的时间动态特性，所以，常把 ANN 与传统识别方法结合，分别利用各自的优点来进行语音识别。

5.8.3　语音识别的应用领域

语音识别技术的应用可以分为两个发展方向，即软件方向和硬件方向。

软件的发展方向是交互式机器人发音及听力识别，所谓机器人的发音，是经过人的分析判断后使用 TTS 产生声音与人交互；听力识别是将听到的人的声音转化为文字供机器人进行逻辑判断，确定人发出的命令的含义。软件的另一个发展方向是大词汇量连续语音识别系统，主要应用于计算机的听写机，以及与电话网或者互联网相结合的语音信息查询服务系统，这些系统都是在计算机平台上实现的。

在硬件中主要的发展方向是小型化、便携式语音产品的应用，如无线手机上的拨号、汽车设备的语音控制、智能玩具、家电遥控等方面，这些应用系统大都使用专门的硬件系统实现，特别是近几年来迅速发展的语音信号处理专用芯片和语音识别芯片，为其广泛应用创造了极为有利的条件。语音识别专用芯片的应用领域，主要包括以下几个方面。

1. 工业控制领域的语音操作

当操作人员的眼或手已经被占用的情况下，在增加控制操作时，最好的办法就是增加人与机器的语音交互界面。由语音对机器发出命令，机器用语音做出应答。语音识别正逐步成为人机接口的关键技术，语音识别技术与语音合成技术结合使人们能够甩掉键盘，通过语音命令进行操作，尤为重要的是网上语音交互系统。由于在汽车的行驶过程驾驶员的手必须放在方向盘上，因此，在汽车上拨打电话，需要使用具有语音拨号功能的免提电话通信方式。此外，对汽车的卫星导航定位系统（GPS）的操作，家用空调、VCD、电扇、窗帘以及音响等设备的操作，同样也可以由语音来控制。

2. 个人数字助理（PDA）和手机的语音交互界面

PDA和手机的体积很小，尤其是广泛使用智能手机，人机界面一直是其应用和技术的瓶颈之一。由于在PDA和手机上使用键盘非常不便，因此，现多采用手写体识别的方法输入和查询信息。但是，这种方法仍然让用户感到很不方便。现在业界一致认为，PDA和手机的最佳人机交互界面是以语音作为传输介质的交互方法，并且已有少量应用。随着语音识别技术的提高，可以预见，在不久的将来，语音将成为PDA和手机主要的人机交互界面。

3. 电话通信的语音拨号

现在电话号码越来越长，频繁使用电话拨号，要注意力集中，否则容易拨错号。在中高档电话上，现已普遍具有语音拨号的功能。随着语音识别芯片的价格降低，普通电话上也将具备语音拨号的功能。

4. 智能玩具

小孩总是对智能玩具产生兴趣，通过语音识别技术，我们可以与智能娃娃对话，可以用语音对玩具发出命令，让其完成一些简单的任务和动作，甚至可以制造具有语音功能的电子看门狗。智能玩具有很大的市场潜力，而其关键在于降低成本和语音芯片的价格。

习　题

1. 什么是RFID技术？
2. RFID射频卡的分类有哪些？
3. 简述射频识别系统的组成。
4. 什么是传感器技术？请列出三种常用的传感器种类。
5. 简述视频监控系统的工作原理。
6. 简述GPS系统的构成。
7. 激光技术的主要发展有哪五项？
8. 简述语音识别的工作原理。

第6章　智能技术

物联网要达到感知世界的目的，需要借助于高度智能化的处理技术。智能技术是为了有效地达到某种预期目的，利用知识所采用的各种方法和手段。通过在物体中植入智能系统，可以使得物体具备一定的智能性，能够主动或被动地实现物体与用户的沟通。

6.1　人工智能的概念

人工智能（Artificial Intelligence，AI）是指应用机器（设备）实现人类的智能。它是在计算机科学、控制论、信息论、神经科学、心理学、哲学、语言学等多种学科研究的基础上发展起来的一门综合性很强的边缘性学科。

物联网是一个十分复杂的系统，构建一个高效的物联网，单纯依靠人工是不能现实的。物联网的终端要有感知能力，能够在无人干预的情况下实现自我控制；一切物体都可以成为物联网的一部分，任何物体都可以信息化，比如物体的位置、大小、颜色等，都可以通过物联网转化为信息进行存储，这样就产生了海量数据，这些海量的数据需要高效地存储、组织与管理，基于海量数据进行智能分析，可以将数据转化为有价值的信息、知识，进而提供智能化的决策；处于物联网中的物体之间并不是独立的个体，它们需要进行沟通、合作与协调，才能使物联网成为一个有机的整体；物联网的最终目的是为人类提供更好的智能服务，满足人们的各种需求，让人们享受美好的生活。

随着物联网产业的不断发展，对各种小型智能设备的需求不断增加，嵌入式技术已经越来越得到人们的重视。智能化处理技术主要是通过嵌入式技术实现的，即把感应器或传感器嵌入和装备到电网、铁路、公路、桥梁、隧道、建筑、大坝、油气管道和供水系统等各种物体中，形成物与物之间可以进行信息交换的物联网，并与现有的互联网整合起来，形成一个强大的智能系统或充满"智慧"的生活体系。

嵌入式硬件平台可以很好地实现现场数据的采集、传输、控制、处理等功能，并且能够进一步扩展。各种针对性的芯片不断出现，其中 ARM（Advanced RIS Machines）公司的 ARM 系列芯片应用得较为广泛。ARM 在工作温度、抗干扰和可靠性等方面都采取了各种增强措施，并且只保留和嵌入式应用有关的功能。

嵌入式信号控制器采用拥有 200 MHz 的 ARM 920T 内核的 EP 9315 处理器，是一种高度集成的片上系统处理器，能够满足智能控制实时运算需求。该系统的嵌入式模块集成了多种通信接口，与流量数据检测设备及信号控制机的通信可以通过串口或者猜测 CAN 口实现，并由以太网接口完成与控制中心的通信。嵌入式软件系统主要包括嵌入操作系统、系统初始化程序、设备驱动程序和应用程序 4 个模块。人机交互部分是工作人员在特殊情况下进行现场调试的重要组成部分，输入部分包括 8×8 键盘阵列，PS/2 接口和触摸屏；输出部分包括 LCD、VGA 显示器、IDE 和 CF 卡槽以及 USB 接口；JTAG 及串口调试部分提供了系统开发调试时的接口，可实现程序的下载和运行调试等功能。

6.1.1　人工智能的基本特点

物联网是一个物物相连的巨大网络，一切物体都可以成为物联网的一部分，使得物联网成为一个名副其实的开放复杂智能系统。开放复杂智能系统是指具有开放性特征、与环境之间存在交互、系统成员较多、系统有多个层次、系统可能涉及人参与的智能系统。

开放复杂智能系统具有一般智能系统所具有的性质，如自主性、灵活性、反应性、预操作能力等。另一方面，从系统复杂性的角度分析，开放复杂智能系统还表现出一些特别的系统复杂性特征，包括：

（1）开放性。指系统在求解实际问题时与外部环境及其他系统之间存在物质、能量或信息的交互。

（2）层次性。体现在整个系统的层次很多，甚至有几个层次也还尚未认识清楚；系统组成的模式多种多样，如有平行结构、线状结构、矩阵结构、环状结构等，有的甚至不清楚具体模式。

（3）社会性。体现在系统是由时空交叠、分布式、灵活、自主的组件构成，甚至是由社会主体（人）构成的；肩负不同角色的组件之间通过多种交互模式与通信语言，按照一定的行为法则开展合作，相互影响，履行责任，共同求解问题；时间上的交叠表现为并发性；时空的分布性表现为各种资源的分布性。

（4）演化性。体现在系统的组成、组件类型（可能是异构的）、组件状态、组件之间的交互以及系统行为随时间不断改变，无法在设计时确定运行时的上述要素；演化具有层次性，可能是局部，也可能是整体；系统中子系统之间的局部交互，在整体上演化出一些独特的、新的性质，体现出整体的智能行为与问题求解能力。

（5）人机结合。体现在开放复杂智能系统的突出特点是在系统体系中存在人；通过人机交互，实现人的认知和智能与机器的计算和推理智能共同作用；人机协作产生智能行为，问题的求解不能仅靠机器完成，需要发挥人的作用。

（6）综合集成。体现在开放复杂智能系统存在着多种智能，各种智能各自发挥着重要的、不可替代的作用，如人的智能所展现的形象思维等定性智能，领域智能所具有的关于问题本身的信息，机器计算智能所具有的定量计算能力，网络智能所表现出的面向广域网的计算、知识搜索与发现能力，数据智能所隐含的内在知识与模式等。同时，开放复杂智能系统表现出的社会智能行为与问题求解能力是上述多种智能相互协作、共同作用的结果。

6.1.2　人工智能的研究与应用

物联网作为一个复杂的系统，它的推广与普及给智能系统带来了新的挑战，促使人们在指导思想、技术路线、系统体系结构、计算模式等方面为智能系统的研究融入新的思想与技术源泉，使得智能系统的研究迈入新的阶段，即以开放复杂智能系统特别是开放巨型复杂智能系统为研究对象、以社会智能为研究重点的综合集合阶段。

智能技术是利用经验知识所采用的各种自学习、自适应、自组织等智能方法和手段以有效地达到某种预期的目的。通过在物体中植入智能系统，可以使得物体具备一定的智能性，能够主动或被动地实现与用户的沟通，也是物联网的关键技术之一。主要的研究内容和方向包括：

1．人工智能理论研究

人工智能理论研究主要包括 4 个方面：智能信息获取的形式化方法；海量信息处理的理论和方法；网络环境下信息的开发与利用方法；机器学习。

2．先进的人-机交互技术与系统

对先进的人-机交互技术与系统主要研究内容体现在三个方面：①声音、图形、图像、文字及语言处理；②虚拟现实技术与系统；③多媒体技术。

3．智能控制技术与系统

物联网就是要给物体赋予智能，可以实现人与物体的沟通和对话，甚至实现物体与物体互相间的沟通和对话。为了实现这样的目标，必须要对智能控制技术与系统实现进行研究。例如，研究如何控制智能服务机器人完成既定任务（运动轨迹控制、准确的定位和跟踪目标等）。

4．智能信号处理

对智能信号处理方面的研究主要是信息特征识别和融合技术、地球物理信号处理与识别。

6.2　云计算技术

当今社会，物联网正在大规模发展，其产生的数据量将会远远超过互联网的数据量，海量数据的存储与计算处理需要云计算技术。物联网是物理世界与信息空间的深度融合系统，它涉及人、机、物的综合信息和数据。物联网上部署了各类传感器，人们通过各种传感器感应、探测、识别、定位、跟踪和监控等手段和设备实现对物理世界的感知，这一环节称为物联网的"前端"。然而，现有的互联网技术还不能够满足具有实时感应、高速并发、自主协同和海量数据处理等特征的物联网"后端"计算需求。为此，需要在云端针对大量高并发事件驱动的应用自动关联和智能协作问题，构架一个物联网后端信息处理基础设施，而基于互联网计算的云计算平台以及对物理世界的反馈和控制称为物联网的"后端"。将云计算作为重点介绍是因为物联网和云计算密切相关，物联网的发展依赖于云计算平台的完善，没有云计算平台后端支持，物联网就没有应用价值可言。作为一种新兴的计算模式，云计算将使信息技术行业发生重大变革，对人们的工作、生活方式和企业运营产生深远的影响。所以，云计算技术对物联网技术的发展有着决定性的作用，没有统一数据智能化管理的物联网，该系统将丧失其真正的优势。

到目前为止，对于云计算并没有达成统一的认识，一般认为，云计算是由一系列可以动态升级和被虚拟化的系统组成，这些系统被所有云计算平台的用户共享，用户不需要掌握多少云计算的知识，只需花钱租赁云计算的资源，并且可以方便地通过网络访问。这也就是说，云计算是一种超大规模、虚拟化、易扩展、廉价的服务交付和使用模式，用户通过网络可以按需获得服务。

云计算（Cloud Computing）是网格计算（Grid Computing）、分布式计算（Distributed Computing）、并行计算（Parallel Computing）、效用计算（Utility Computing）、网络存储（Network Storage Technologies）、虚拟化（Virtualization）、负载均衡（Load Balance）等传统计算机技术和网络技术发展融合的产物。它旨在通过网络把多个成本相对较低的计算实体整合成一个具有强大计算能力的完美系统，并借助 SaaS、PaaS、IaaS、MSP 等先进的商业模式把这强大的计算能力分布到终端用户手中。云计算的一个核心理念就是通过不断提高"云"的处理能力，进而减少用户终端的处理负担，最终使用户终端简化成一个单纯的输入/输出设备，并能按需享受"云"的强大计算处理能力。

最简单的云计算技术在网络服务中已经随处可见，例如，搜寻引擎、网络信箱等，使用者只要输入简单指令即能得到大量信息。在未来，如智能手机、GPS 等行动装置都可以通过云计算技术发展出更多的应用服务。可以预见，云计算是未来 5 年内全球范围内最值得期待的技术革命。信息爆炸和信息泛滥日益成为经济可持续发展的障碍，云计算以其资源动态分配、按需服务的设计理念，具有低成本解决海量信息处理的独特魅力。

6.2.1　云计算的诞生

云计算是一个新出现的事物，代表了一种先进的技术。云计算是信息技术发展和信息社会需求到达一定阶段的必然结果。它的出现，有技术上的原因，也有市场方面的推动。

云计算的最终目标是将计算、服务和应用作为一种公共设施提供给公众，使人们能够像使用水、电、煤气和电话那样使用计算机资源。云计算是在以下三个方面所形成的大背景下产生的。

1. 硬件设施变化

从 20 世纪 80 年代的个人计算机和局域网，再到 20 世纪 90 年代对人类生产和生活产生了深刻影响的桌面互联网，以及目前大家所高度关注的移动互联网和智能手机，无处不在的网络的发展都与芯片制造密切相关。硬件设施不断变化，计算速度不断提高，设施不断地由单机向网络和移动通信网络的高速度发展，网络的带宽和可靠性都有了质的提高，使得云计算通过互联网为用户提供服务成为可能，这种硬件变化是云计算能够发展的重要基础。

2. 软件开发方式变化

软件设计在几十年来也发生了很大变化：20 世纪 70 年代，人们把程序设计中的流程图看得很重要，20 世纪 80 年代开始面向对象，20 世纪 90 年代面向构件，现在面向领域和面向服务。软件工程一改长期以来面向机器、面向语言和面向中间件等面向主机的形态，转为面向需求和服务等面向网络的软件开发方式，虚拟化技术的成熟，使得这些软件开发资源可以被有效地分割和管理，以服务的形式提供硬件和软件资源成为可能，真正地实现了软件即服务（Software as a Service，SaaS），这是软件工程的重大变革。也就是说，软件开发方式是云计算产生的重要因素，服务将会成为云计算下软件开发的基本方式。

3. 人机交互方式变化

半个世纪以来，人机交互方式也在逐渐发生改变，从主要以键盘的字符界面交互为主，发展到鼠标的图形界面，再到后来的触摸、条码、语音和手势等，各种各样便捷的交互方式使人围绕计算机转的时代已经过去。现在，计算机需要围着用户和需求转，用户越来越关注方便的人机交互方式和智能移动装置，这也正是云计算发展的方式上所带来的重要改变。

从云计算的产生和发展看，用户的使用观念也会逐渐发生变化，即从"购买产品"到"购买服务"的转变，因为他们直接面对的将不再是复杂的硬件和软件，而是最终的服务。云计算的发展动力是由市场决定的，目前云计算的市场潜力巨大，云计算产品和服务的数量将不断增长，这也是大势所趋。

全球最早提出云计算概念的是亚马逊公司。2006 年，亚马逊公司推出云计算的初衷是让自己闲置的 IT 设备实现有价值的运算能力，当时亚马逊公司已经建成了庞大的 IT 系统，但这个系统是按照销售高峰期的需求来建立的，所以在大多数的时候，很多资源被闲置。云计算的最早实践者是 Google 公司，在初期，由于买不起昂贵的商用服务器来设计搜索引擎，Google 公司采用众多的 PC 来代替，成功地把 PC 集群做得比商用服务器还强大，成本却远远低于商用的硬件和软件。EMC 公司除了一直倡导云计算外，还抛出了"大数据"的概念。大数据构想是 EMC 公司带来的全新理念，是指在实际应用中，很多用户把多个数据集放在一起，形成 PB 级的数据量，而且这些数据来自多种数据源，并以实时、迭代的方式来实现。这种大数据趋势应该是顺势而生，广泛存在于医疗、地理信息、基因分析、电影娱乐行业。大数据和云计算是两个不同的概念，但两者之间有很多交集。简单形容两者的关系就是"大数据离不开云"，支撑大数据以及云计算的底层原则是一样的，即规模化、自动化、资源配置、自愈性，这些都是底层的技术原则。实际上，大数据和云计算之间存在很多合力的地方。

6.2.2 云计算的基本概念

云计算是未来计算的发展方向。云计算以应用为目的，通过互联网将大规模的硬件和软件按照一定的结构体系连接起来，根据应用需求的变化不断调整结构体系，建立一个内耗最小、功效最大的虚拟资源服务中心。

云计算将计算任务分布在大量计算机构成的资源池上，使各种应用系统能够根据需要获取计算力、存储空间和各种软件服务。云计算的概念模型如图 6.1 所示。要了解什么是云计算，首先要理解云、私有云、公用云等概念。

（1）云（资源池）：是一些可以自我维护和管理的虚拟计算资源，通常是一些大型服务器集群，包括计算服务器、存储服务器和宽带资源等。

图 6.1　云计算概念模型

（2）私有云（专用云）：由单个客户所拥有的按需提供基础设施，该客户控制哪些应用程序在哪里运行，拥有服务器、网络和磁盘，并且可以决定允许哪些用户使用基础设施。

（3）公用云：由第三方运行的云，第三方可以把来自许多不同客户的作业在云内的服务器、存储系统和其他基础设施上混合在一起。最终用户不知道运行其作业的同一台服务器、网络或磁盘上还有哪些用户。

（4）混合云：把公用云模式与私有云模式结合在一起。客户通过一种可控的方式对云部分拥有，部分与他人共享。

（5）云应用：通过网络访问、从不需要本地下载的软件应用。

（6）云架构：可以通往网络访问和使用软件应用的设计。

在理解上述概念之后，下面来看一下什么是云计算。

云计算是一种基于互联网的、大众参与的计算模式，其计算资源（计算能力、存储能力、交互能力）是动态、可伸缩且被虚拟化的，以服务的方式提供。

云计算是一种革命性的举措，它可以使计算能力也作为一种商品进行流通，通过互联网进行传输，就像煤气、水电一样取用方便。在计算机流程图中，互联网常以一个云状的图案来表示，用来表示对复杂基础设施的抽象。因此，最初选择了用云来比喻，将这种计算模型叫作云计算。

通俗的理解是，云计算的"云"就是存在于互联网上的服务器集群上的资源，它包括硬件资源（服务器、存储器、CPU 等）和软件资源（如应用软件、集成开发环境等），云计算客户只需要通过互联网发送一个需求信息，远端就会有成千上万的计算机为客户提供需要的资源，并将结果返回到本地计算机，这样，本地计算机几乎不需要做什么，所有的处理都在云计算提供商所提供的计算机群上来完成。

6.2.3　云计算与相关技术的关系

云计算是分布式计算、并行计算和网格计算的发展，或者说是这些计算科学概念的商业实现，是虚拟化、效用计算等概念混合演进并跃升的结果。

1. 云计算与分布式计算的关系

分布式计算是研究如何把一个需要非常巨大的计算能力才能解决的问题分成许多小的部分，然后把这些分配给许多计算机进行处理，最后把这些计算结果综合起来得到最终的结果。

分布式计算依赖于分布式系统。分布式系统由通过网络连接的多台计算机组成。网络把大量分布在不同地理位置的计算机连接在一起，每台计算机都拥有独立的处理器及内存。这些计算机互相协作，共同完成一个目标或者计算任务。

分布式计算是一个很大的范畴。在当今的网络时代，不是分布式计算的应用已经很少了。云计算和下面将要提及的网格计算，都只是分布式计算的一种。

2. 云计算与并行计算的关系

云计算的萌芽应该从计算机的并行化开始，并行机的出现是人们不满足于 CPU 摩尔定律的增长速度，希望把多个计算机并联起来，从而获得更快的计算速度的结果，这是一种很简单也很朴素的实现高速计算的方法，这种方法后来被证明是相当成功的。

在并行计算中，为了获得高速的计算能力，人们不惜采用昂贵的服务器和购买更多的服务器。因此，强大的并行计算能力需要巨额的投资。并且，传统的并行计算机的使用是一个相当专业的工作，需要使用者具有较高的专业素质。

而云计算将服务器等设施集中起来，最大限度地做到资源共享，能够动态地为用户提供计算能力和存储能力，随时满足用户的需求。

3. 云计算与效用计算的关系

效用计算随着主机的发展而出现。考虑到主机的购买成本高昂，一些用户就通过租用而不是购买的方式使用主机。效用计算的目标就是把服务器及存储系统打包给用户使用，按照用户实际使用的资源量对用户进行计费。可以说，效用计算是云计算的前身。

4. 云计算与网格计算的关系

网格（Grid）是 20 世纪 90 年代中期发展起来的下一代互联网核心技术，其定义为"在动态、多机构参与的虚拟组织中协同共享资源和求解问题"。网格是在网络基础之上，基于面向服务的体系结构（SOA），使用互操作、按需集成等技术手段，将分散在不同地理位置的资源虚拟成为一个有机整体，实现计算、存储、数据、软件和设备等资源的共享，从而大幅提高资源的利用率，使用户获得前所未有的计算和信息能力。

网格计算可以分为三种类型，即计算网格、信息网格和知识网格。计算网格的目标是提供集成各种计算资源的、虚拟化的计算基础设施。信息网格的目标是提供一体化的智能信息处理平台，集成各种信息系统和信息资源，消除信息孤岛，使得用户能按需获取集成后的精确信息，即服务点播和一步到位的服务。知识网格研究一体化的智能知识处理和理解平台，使得用户能方便地发布、处理和获取知识。

网格计算与云计算的关系，就像是 OSI 与 TCP/IP 之间的关系。通常意义的网格是指以科学研究为主的网格。网格计算不仅要集成异构资源，还要解决许多非技术的协调问题，非常重视标准规范，也非常复杂，但缺乏成功的商业模式。云计算是网格计算的一种简化实用版本，有成功的商业模式推动。但如果没有网格计算打下的基础，云计算也不会这么快到来。所以说，云计算的成功也是网格的成功。

虽然网格计算实现起来要比云计算难度大很多，但对于许多高端科学或军事应用而言，云计算是无法满足需求的，必须依靠网格来解决。未来的科学研究主战场，将建立在网格计算之上。在军事领域，美军的全球信息网格 GIG 已经囊括超过 700 万台计算机，规模超过现有的所有云计算数据中心计算机总和。

6.2.4　云计算工作原理

云计算的基本原理是，通过使计算分布在大量的分布式计算机上面，而非本地计算机或远程服务器中，企业数据中心的运行将更与互联网相似，这使得企业能够将资源切换到需要的应用上，根据需求访问计算机和存储系统。在大众用户计划获取互联网上异构、自治的服务时，云计算可为其进行按需即取的计算。

表面上看，这种作法似乎并没有特别之处，但它确实是一种革命性的举措，这就好比是从古老的水井取水模式转向了水厂集中供水的模式。它意味着计算能力也可以作为一种商品进行流通，就像煤气、水电一样，取用方便，费用低廉。最大的不同之处仅在于它是通过互联网进行传输的。

云计算的应用包含这样的一种思想，把力量联合起来，给其中的每一个成员使用。云计算就是利用互联网上的软件和数据的能力服务于不同客户。对于云计算，人们就像用电一样，不需要家家装备发电机，直接从电力公司购买。云计算带来的这种变革就如同用户通过一根网线借助浏览器就可以很方便地访问云端数据，把"云"作为资料存储以及应用服务的中心。云计算目前已经发展出了云安全和云存储两大领域，而微软等国际公司已经涉足云存储领域。

一个典型的云计算平台如图 6.2 所示。用户可以通过云用户端提供的交互接口从服务中选择所需的服务，其请求通过管理系统调度相应的资源，通过部署工具分发请求、配置为 Web 应用。

（1）服务目录是用户可以访问的服务清单列表。用户在取得相应权限（付费或其他限制）后可以选择或定制的服务列表，用户也可以对已有服务进行退订等操作。

（2）管理系统和部署工具提供管理和服务，负责管理用户的授权、认证和登录，管理可用的计算资源和服务，以及接收用户发送的请求并转发到相应的程序，动态地部署、配置和回收资源。

（3）监控统计模块负责监控和计量云系统资源的使用情况，以便做出迅速反应，完成节点同步配置、负载均衡配置和资源监控，确保资源能顺利分配给合适的用户。

（4）计算/存储资源是虚拟的或物理的服务器，用于响应用户的处理请求，包括大运算计算处理、Web 应用服务等。

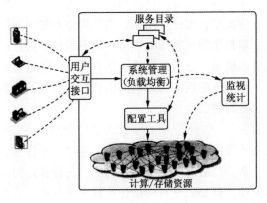

图 6.2　典型云计算平台

6.2.5 云计算体系结构

目前还没有形成一个统一的云计算体系结构模型，不同的云计算提供商提供不同的解决方案。如图 6.3 所示为一个供参考的云计算体系结构模型，它综合了多种解决方案。

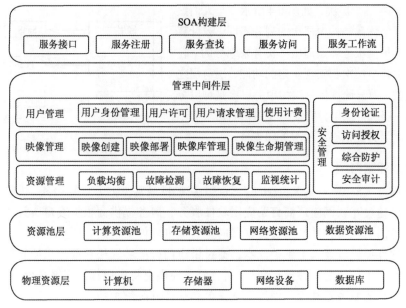

图 6.3 云计算体系结构

该云计算体系结构分为 4 层——物理资源层、资源池层、管理中间件层和面向服务的体系结构（Service-Oriented Architecture，SOA）构建层。

（1）物理资源层包括计算机、存储器、网络设施、数据库和软件等。

（2）资源池层是将大量相同类型的资源构成同构或接近同构的资源池，如计算资源池、数据资源池等。构建资源池更多的是物理资源的集成和管理工作，例如研究在一个标准集装箱的空间如何装下 2 000 个服务器、解决散热和故障节点替换的问题并降低能耗。

（3）管理中间件层负责对云计算的资源进行管理，并对众多应用任务进行调度，使资源能够高效、安全地为应用提供服务，包括资源管理、任务管理、用户管理和安全管理等工作。其中，资源管理负责均衡地使用云资源节点，检测节点的故障并试图恢复或屏蔽之，并对资源的使用情况进行监视统计；任务管理负责执行用户或应用提交的任务，包括完成用户任务映象的部署和管理、任务调度、任务执行、任务生命期管理等；用户管理是实现云计算商业模式的一个必不可少的环节，包括提供用户交互接口、管理和识别用户身份、创建用户程序的执行环境、对用户的使用进行计费等；安全管理保障云计算设施的整体安全，包括身份认证、访问授权、综合防护和安全审计等。

（4）SOA 构建层将云计算能力封装成标准的 Web 服务，并纳入 SOA 体系进行管理和使用，包括服务接口、服务注册、服务查找、服务访问和服务工作流等。

在云计算的 4 层体系结构中，管理中间件层和资源池层是最关键的部分，而 SOA 构建层的功能更多依靠外部设施提供。

6.2.6　云计算服务层次

在云计算中，主要服务形式分为软件即服务（Software as a Service，SaaS）、平台即服务（Platform as a Service，PaaS）和基础设施服务（Infrastructure as a Service，IaaS）三个层次，如图 6.4 所示。与人们熟悉的计算机网络体系结构中层次的划分不同，云计算的服务层次是根据服务类型即服务集合来划分的。在计算机网络中每个层次都实现一定的功能，层与层之间有一定关联。而云计算体系结构中的层次是可以分割的，即某一层次可以单独完成一项用户的请求而不需要其他层次为其提供必要的服务和支持。

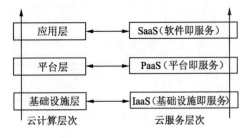

图 6.4　云计算服务层次

1．软件即服务层

软件即服务（Software as a Service，SaaS）层提供最常见的云计算服务，如邮件服务等。用户根据需求通过互联网向厂商订购应用软件服务，服务提供商根据客户所订软件的数量、时间的长短等因素收费，并且通过浏览器向客户提供软件的模式。用户无须再支付高昂的服务器设备、软件授权以及人工维护成本，通过供应商就能够轻松获取理想的软件服务。它不仅减少甚至取消了传统的软件授权费用，而且服务提供商将应用软件部署在统一的服务器上，免除了最终用户的服务器硬件、网络安全设备和软件升级维护的支出。

SaaS 模式是未来管理软件的发展趋势，这种服务模式的优势是，客户不再像传统模式那样花费大量投资用于硬件、软件、人员，而只需要支出一定的租赁服务费用，通过互联网便可以享受到相应的硬件、软件和维护服务，享有软件使用权和不断升级，这是网络应用最具效益的营运模式。

2．平台即服务层

平台即服务（Platform as a Service，PaaS）层通常也称为"云计算操作系统"。它提供给终端用户基于网络的应用开发环境，包括应用编程接口和运行平台等，并且支持应用从创建到运行整个生命周期所需的各种软硬件资源和工具。在 PaaS 层，服务提供商提供的是经过封装的 IT 能力，如数据库、文件系统和应用运行环境等，通常按照用户登录情况计费。

PaaS 这种形式的云计算是把服务器平台作为一种服务来提供的商业模式，这也就是把开发环境作为一种服务来提供，用户可以使用中间商的设备来开发自己的程序并通过互联网和其服务器传到用户手中。PaaS 平台是指云环境中的应用基础设施服务，也可以说是中间件即服务。PaaS 平台在云架构中位于中间层，其上层是 SaaS，下层是 IaaS。这是一种分布式平台服务，厂商提供开发环境、服务器平台、硬件资源等服务给用户，用户在其平台基础上定制开发自己的应用程序并通过服务器和互联网传递给其他用户。PaaS 能够给企业或个人提供研发的中间件平台，提供应用程序开发、数据库、试验及托管等服务。

3．基础设施即服务层

基础设施即服务（Infrastructure as a Service，IaaS）层位于云计算三层服务的底端，是指把厂商的由多台服务器组成的"云端"基础设施作为计量服务提供给客户，提供基本的计算和存储能力。以计算能力的提供为例，其提供的基本资源就是服务器，包括 CPU、内存、存储器、操作系统及一些软件。IaaS 层通常按照所消耗资源的成本进行收费。

IaaS 是一种托管型硬件方式，用户付费使用厂商的硬件设施。IaaS 提供给消费者的服务是对所有设施的利用，包括处理器、存储器、网络和其他基本的计算资源，用户能够部署和运行任意软件，包括操作系统和应用程序。用户不管理或控制任何云计算基础设施，但能控制操作系统的选择、存储空间、部署的应用，也有可能获得有限制的网络组件的控制。也就是说，IaaS 是将内存、I/O 设备、存储和计算能力整合成一个虚拟的资源池为整个业界提供所需要的存储资源和虚拟化服务器等服务。IaaS 云让开发者可以完全控制虚拟机的供应、配置和安装，因此，IaaS 云的价值就在于它可以提高开发人员的工作效率。正确使用 IaaS 云平台的关键是，在恰当的商业模式下，为正确的应用部署正确的资源。

6.2.7　云计算关键技术

1. 数据存储技术

为保证高可用、高可靠和经济性，云计算系统由大量服务器组成，同时为大量用户服务，因此云计算系统采用分布式存储的方式存储数据，用冗余存储的方式保证数据的可靠性。云计算采用分布式存储的方式来存储数据，采用冗余存储的方式来保证存储数据的可靠性，即为同一份数据存储多个副本。另外，云计算系统需要同时满足大量用户的需求，并行地为大量用户提供服务。因此，云计算的数据存储技术必须具有高吞吐率和高传输速率的特点。

云计算系统中广泛使用的数据存储系统是 Google 的 GFS 和 Hadoop 团队开发的 GFS 的开源实现 HDFS。GFS 即 Google 文件系统（Google File System），是一个可扩展的分布式文件系统，用于大型的、分布式的、对大量数据进行访问的应用。GFS 的设计思想不同于传统的文件系统，是针对大规模数据处理和 Google 应用特性而设计的。它运行于廉价的普通硬件上，但可以提供容错功能。它可以给大量的用户提供总体性能较高的服务。

一个 GFS 集群由一个主服务器和大量的块服务器构成，并被许多客户访问。主服务器存储文件系统的元数据包括名字空间、访问控制信息、从文件到块的映射以及块的当前位置，它也控制系统范围的活动。主服务器定期通过 Heart Beat 消息与每一个块服务器通信，给块服务器传递指令并收集它的状态。GFS 中的文件被切分为 64 MB 的块并以冗余存储，每份数据在系统中保存三个以上备份。客户与主服务器的交换只限于对元数据的操作，所有数据方面的通信都直接和块服务器联系，这大大提高了系统的效率，防止主服务器负载过重。

2. 数据管理技术

云计算系统需要对分布的、海量的大数据集进行处理、分析后向用户提供高效的服务。因此，数据管理技术必须能够高效地管理大数据集。其次，如何在规模巨大的数据中找到特定的数据，也是云计算数据管理技术所必须解决的问题。

云计算的特点是对海量的数据存储、读取后进行大量的分析，数据的读操作频率远大于数据的更新频率，云中的数据管理是一种读优化的数据管理。因此，云计算系统的数据管理往往采用数据库领域中列存储的数据管理模式，将表按列划分后存储。

云计算系统中的数据管理技术主要是 Google 的 BT（Big Table）数据管理技术和 Hadoop 团队开发的开源数据管理模块 HBase。BT 是建立在 GFS、Scheduler、Lock Service 和 Map Reduce 之上的一个大型的分布式数据库，与传统的关系数据库不同，它把所有数据都作为对象来处理，形成一个巨大的表格，用来分布存储大规模结构化数据。Google 的很多项目使用 BT 来存储数据，包括网页查询、Google Earth 和 Google 金融。这些应用程序对 BT 的要求各不相同，数据大小（从 URL 到网页、卫星图像）不同，反应速度不同（从后端的大批处理到实时数据服务）。对于不同的要求，BT 都成功地提供了灵活高效的服务。

由于采用列存储的方式管理数据，如何提高数据的更新速率以及进一步提高随机读速率是未来的数据管理技术必须解决的问题。

3. 软件开发技术

为了使用户能更轻松地享受云计算带来的服务，让用户能利用该编程模型编写简单的程序来实现特定的目的，云计算上的编程模型必须十分简单。必须保证后台复杂的并行执行和任务调度向用户和编程人员透明。

严格的编程模型使云计算环境下的编程十分简单。云计算大部分采用 Map Reduce 的编程模式。现在大部分 IT 厂商提出的"云"计划中采用的编程模型，都是基于 Map Reduce 的思想开发的编程工具。Map Reduce 是 Google 开发的 Java、Python、C++编程模型，它是一种简化的分布式编程模型和高效的任务调度模型，用于大规模数据集（大于 1 TB）的并行运算。Map Reduce 模式的思想是将要执行的问题分解成 Map（映射）和 Reduce （化简）的方式，先通过 Map 程序将数据切割成不相关的区块，分配（调度）给大量计算机处理，达到分布式运算的效果，再通过 Reduce 程序将结果汇总输出。

4. 虚拟化技术

通过虚拟化技术可实现软件应用与底层硬件相隔离，它包括将单个资源划分成多个虚拟资源的裂分模式，也包括将多个资源整合成一个虚拟资源的聚合模式。虚拟化技术根据对象可分成存储虚拟化、计算虚拟化、网络虚拟化等，计算虚拟化又分为系统级虚拟化、应用级虚拟化和桌面虚拟化。

5. 云计算平台管理技术

云计算资源规模庞大，服务器数量众多并分布在不同的地点，同时运行着数百种应用，如何有效地管理这些服务器，保证整个系统提供不间断的服务是巨大的挑战。云计算系统的平台管理技术能够使大量的服务器协同工作，方便地进行业务部署和开通，快速发现和恢复系统故障，通过自动化、智能化的手段实现大规模系统的可靠运营。

6.2.8 选择云计算平台

选择一个适合自己的云计算平台十分必要，一般的做法是从一开始就选择与微软公司合作。微软的云计算战略提供了三种不同的运营模式（见图 6.5），它与其他公司的云计算战略有很大的不同。第一种是微软公司自己构建及运营公有云的应用和服务，这就是微软出资搭建，客户付费享用。第二种是合伙出资搭建，共同管理运营。将微软公司的云计算技术和软件研发企业管理进行有力地结合，为软件研发企业提供持续发展的技术平台。也就是说，在云计算平台中共同构建开发环境，共同承担软件在开发和测试过程中所产生的工作负载，集中管理资源，并针对需求动态地分配资源，使开发与测试环境能够充分满足软件开发项目的需求。合作伙伴可以基于 Windows

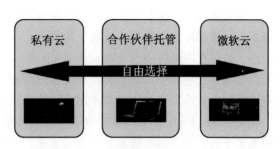

图 6.5 微软云计算的三种运营模式

Azure Platform 开发如 ERP、CRM 等各种云计算应用，并在 Windows Azure Platform 上为最终使用者提供服务。第三种是客户可以选择微软公司的云计算解决方案构建自己的云计算平台，这就是客户独资搭建，微软公司指导服务。客户可以从微软公司若干的云计算解决方案中选择适合自身特点的云计算平台，或者以微软公司这个私有云计算平台为基础，按照自身需要，即客户个性化性能、成本要求、安保级别和面向服务的内部应用环境等，弹性分配应用配置和动态扩展项，微软公司可以为此类用户提供包括产品、技术、平台和运维管理在内的全面技术指导服务。

Windows Azure Platform 既是运营平台，又是开发、部署平台。开发人员既可以直接在该平台中运行所创建的应用，也可以使用该云计算平台提供的服务。Windows Azure Platform 是一个可以提供上千台服务器能力的全新平台。它包括一个云计算操作系统（Windows Azure）、云关系型数据库（SQL Azure）和一个为开发者提供的服务集合或云中间件（Windows Azure Platform AppFabric）。开发人员创建的应用既可以直接在该平台中运行，也可以通过使用该云计算平台提供的服务在别的地方运行。用户已有的许多应用程序都可以相对平滑地迁移到该平台上运行。由于平台的综合性，在这个平台上，既可以使用公有云，也可以部署混合云，甚至现在微软正在提供的一些新的服务器级产品，将来可以部署私有云。另外，Windows Azure Platform 还可以按照云计算的方式按需扩展，并根据实际用户使用的资源（如 CPU、存储设备、网络等）来进行计费。

Windows Azure Platform 是一个为应用程序提供托管和运行的平台，整个软件平台分为 7 个层次，如图 6.6 所示。

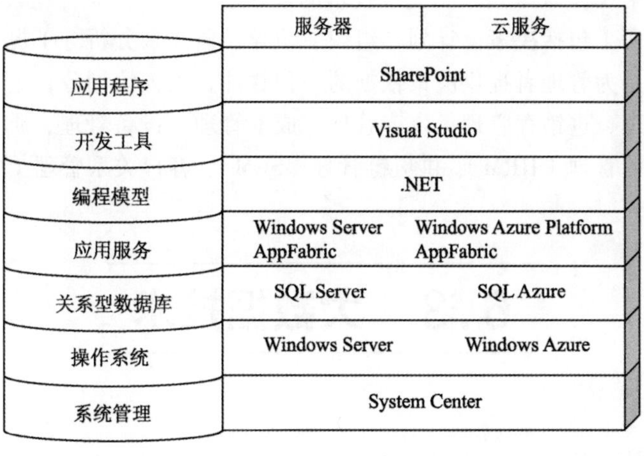

	服务器	云服务
应用程序	SharePoint	
开发工具	Visual Studio	
编程模型	.NET	
应用服务	Windows Server AppFabric	Windows Azure Platform AppFabric
关系型数据库	SQL Server	SQL Azure
操作系统	Windows Server	Windows Azure
系统管理	System Center	

图 6.6 微软统一的平台和技术

从最高层的应用软件到为应用软件开发做贡献的开发工具，再到下面的应用服务器、操作系统、数据库以及操作系统底层的管理，每一层都有不同的分工。微软的发展目标是实现同一个应用程序既可以在 Windows Azure 平台上运行又可以在 Windows Server 上运行，不同平台之间的迁移应用程序不需要修改代码而只需要修改 XML 配置文件。这样用户可以根据企业业务的发展阶段自由决定是采用微软的第三方公有云服务还是运行自己的服务器平台。

Windows Azure 作为基础平台的调度和管理软件，它是构建高效、可靠、可动态扩展应用的重要平台，主要由计算服务、存储服务、管理服务以及开发环境四大部分组成，如图 6.7 所示。在 Windows Azure 的 4 个组成部分中，只有开发环境是安装在用户的计算机上的，用于用户开发和测试 Windows Azure 的应用程序，其余三部分都是 Windows Azure Platform 的一部分而安装在微软数据中心。

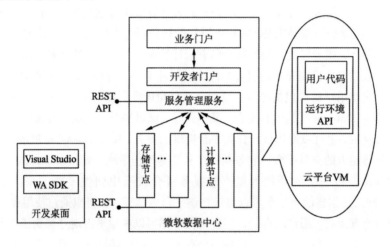

图 6.7　Windows Azure 组成示意图

开发 Azure 应用程序需要一台 PC，操作系统要求为 Windows 7/Windows XP/Windows 2003（需要安装 Windows Azure SDK），装有 Visual Studio 2010 开发环境。部署 Azure 应用程序还需要连接到 Internet。

对于小型企业来说，SaaS 是采用先进技术的最好途径。就企业管理软件来说，其能够为企业管理的多个方面（包括决策、计划、组织、领导、监控、分析等）提供实时、相关、准确、完整的数据，是为管理者提供决策依据的一种软件。以模块划分，企业管理软件可分为财务管理、车间管理、进销存管理、资产管理、成本管理、设备管理、质量管理、分销资源计划管理、人力资源管理（HRM）、供应链管理（SCM）、客户关系管理（CRM）等品种。

6.3　大数据技术

由于各种网络技术的发展、科学数据处理、商业智能数据分析等具有海量需求的应用变得越来越普遍，面对如此巨大的数据量，无论从形式上还是内容上，已无法用传统的方式进行采集、存储、操作、管理、分析和可视化了。而找出数据源，确定数据量，选择正确的数据处理方法，并将结果可视化的过程就变得非常现实和迫切。而无论是分析专家还是数据科学家最终都会探索新的、无法想象的庞大数据集，以期发现一些有价值的趋势、形态和解决问题的方法。我们完全有理由说，大数据是继物联网之后 IT 产业又一次颠覆性的技术变革。

大数据（Big Data）是指当传统的数据挖掘和处理技术对某些数据无可奈何时使用的处理过程。如数据是非结构化，实时性强或信息量巨大，以至于无法通过关系数据库引擎进行处理的数据，而需要新的技术手段和具有分布式处理数据功能的并行硬件设备来实现。

6.3.1　大数据技术概述

毋庸置疑，大数据已经走进了我们的生活，且成为整个人类社会关注的热点。什么是大数据，其相关技术、应用领域以及未来的发展趋势将是本章重点介绍的内容。

1．大数据的基本概念

早在 1980 年，著名未来学家阿尔文·托夫勒便在《第三次浪潮》一书中，将大数据热情地赞颂为"第三次浪潮的华彩乐章"。从技术层面上看，大数据是无法用单台计算机进行处理的，必须采用分布式计算架构。其特色在于对海量数据的挖掘，但它又必须依托一些现有的数据处理方法，如流式处理、分布式数据库、云存储与虚拟化技术，如图 6.8 所示。

图 6.8　大数据与云技术

网络是大数据的主要载体之一，可以说没有网络就没有今天的大数据技术。美国网络数据中心指出，单就互联网上的数据每年将增长 50%，每两年就将翻一番，而目前世界上 90%以上的数据是最近几年才被人们逐渐认识和产生的。当然数据并非单纯指人们在互联网上发布的信息，全世界的工业设备、汽车、电表上有着无数的数码传感器，随时测量和传递着有关位置、运动、震动、温度、湿度乃至空气中化学物质的变化，必然会产生海量的数据信息。

大数据的意义在于可以通过人类日益普及的网络行为附带生成，并被相关部门、企业所采集，蕴含着数据生产者的真实意图、喜好，其中包括传统结构和非传统结构的数据。

从海量数据中"提纯"出有用的信息，然而这对网络架构和数据处理能力而言无疑是巨大的挑战。在经历了几年的批判、质疑、讨论、炒作之后，人们终于迎来了大数据时代。

大数据的核心在于为客户从数据中挖掘出蕴藏的价值，而不是软硬件的堆砌。因此，针对不同领域的大数据应用模式、商业模式的研究和探索将是大数据产业健康发展的关键。

2．IT 产业的发展简史

IT 产业的几个发展阶段如图 6.9 所示，可以说 IT 产业的每一个阶段都是由新兴的 IT 供应商主导的。他们改变了已有的秩序，重新定义了计算机的规范，并为进入 IT 领域的新纪元铺平了道路。

图 6.9　IT 产业的几个发展阶段

20 世纪 60 年代和 70 年代的大型机阶段是以 Burroughs、Univac、NCR、Control Data 和 Honeywell 等公司为首的。在步入 20 世纪 80 年代后，小型机涌现出来，这时为首的公司包括 DEC、IBM、Data General、Wang、Prime 等。

在 20 世纪 90 年代，IT 产业进入了微处理器或个人计算机阶段，领先者为 Microsoft（微软）、Intel、IBM 和 Apple 等公司。从 20 世纪 90 年代中期开始，IT 产业进入了网络化阶段。如今，全球在线的人数已经超过了 10 亿，这一阶段由 Cisco、Google、Oracle、EMC、Salesforce.corn 等公司领导。IT 产业的下一个阶段还没有正式命名，人们更愿意称其为云计算/大数据阶段。

数字信息每天在无线电波、电话电路和计算机电缆等媒介中川流不息。我们周围到处都是数字信息，在高清电视机上看数字信息，在互联网上听数字信息，自己也在不断制造新的数字信息。例如，每次用数字相机拍照后，都产生新的数字信息；通过电子邮件把照片发给朋友和家人，又制造了更多的数字信息。不过，没人知道这些流式数字信息有多少、增加速度有多快、其激增意味着什么。正如中国人在发明文字前就有了阴阳学说，并用其解释包罗万象的宇宙世界一样，西方人用制造、获取和复制的所有 1 和 0，通过计算机处理组成了数字世界。人们通过拍摄照片和共享音乐制造了大量的数字信息，而公司则组织和管理这些数字信息的访问、存储，并为其提供强有力的安全保障。

目前世界上有三种类型模拟数字转换方式：

（1）为数字信息量的增长提供动力和服务。

（2）胶片影像拍摄转换为数字影像拍摄，模拟语音转换为数字语音。

（3）模拟电视转换为数字电视。

从数字相机、可视电话、医用扫描仪到保安摄像头，全世界有 10 亿多台设备在拍摄影像，这些影像成为数字海洋中最大的组成部分，通过互联网、企业内部网在个人计算机（PC）、服务器及数据中心中复制，通过数字电视广播和数字投影银幕播放。

人类创造的信息量已经在理论上超过可用存储空间总量。然而，这并不可怕，调查结果强调现在人类应该也必须合理调整数据存储和管理。如三十多年前，通信行业的数据大部分还是结构化数据。如今，多媒体技术的普及导致非结构化数据如音乐和视频等的数量出现爆炸式增长。虽然三十多年前的一个普通企业用户文件也许表现为数据库中的一排数字，但是如今的类似普通文件可能包含许多数字化图片和文件的影像或者数字化录音内容。现在，92%

以上的数字信息都是非结构化数据。在各组织和企业中，非结构化数据占到了所有信息数据总量的 80%以上。

另外可视化是引起数字世界急速膨胀的主要原因之一。由于数字相机、数字监控摄像机和数字电视内容的加速增长及信息的大量复制趋势，使得数字世界的容量和膨胀速度超过此前估计。个人日常生活的"数字足迹"大大刺激了数字世界的快速增长。通过互联网及社交网络、电子邮件、移动电话、数字相机和在线信用卡交易等多种方式，每个人的日常生活都在被"数字化"。

大数据快速增长的原因之一是智能设备的普及，如传感器、医疗设备及智能建筑（如楼宇和桥梁）。此外，非结构化信息，如文件、电子邮件和视频，将占到未来 10 年新生数据的90%。非结构化信息增长的另一个原因是由于高宽带数据的增长，如视频。

用户手中的手机和移动设备是数据量爆炸的一个重要原因。目前，全球手机用户共拥有50 亿台手机，其中大多数为智能手机，相当于 20 世纪 80 年代 20 亿台 IBM 的大型机在消费者手里。

大数据正在以不可阻拦的磅礴气势，与当代同样具有革命意义的最新科技进步（如虚拟现实技术、增强现实技术、纳米技术、生物工程、移动平台应用等）一起，揭开人类新世纪的序幕。

对于地球上每一个普通居民而言，大数据有什么应用价值呢?只要看看周围正在变化的一切，你就可以知道，大数据对每个人的重要性不亚于人类初期对火的使用。大数据让人类对一切事物的认识回归本源，其通过影响经济生活、政治博弈、社会管理、文化教育科研、医疗、保健、休闲等行业，与每个人产生密切的联系。

大数据时代已悄然来到我们身边，并渗透到我们每个人的日常生活之中，谁都无法回避。它提供了光怪陆离的全媒体，难以琢磨的云计算，无法抵御的虚拟仿真环境和随处可在的网络服务。随着互联网技术的蓬勃发展，我们一定会迎来大数据的智能时代，即大数据技术和生活紧密相连，它再也不仅仅是人们津津乐道的一种时尚，而是成为生活上的向导和助手。中国大数据市场的应用趋势如图 6.10 所示。

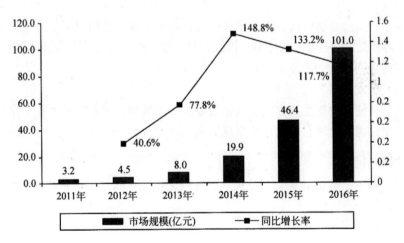

图 6.10　中国大数据市场的应用展望

3. 大数据的来源

大数据的来源非常多，如信息管理系统、网络信息系统、物联网系统、科学实验系统等，其数据类型包括结构化数据、半结构化数据和非结构化数据。

（1）信息管理系统：企业内部使用的信息系统，包括办公自动化系统、业务管理系统等。信息管理系统主要通过用户输人和系统二次加工的方式产生数据，其产生的大数据大多数为结构化数据，通常存储在数据库中。

（2）网络信息系统：基于网络运行的信息系统即网络信息系统是大数据产生的重要方式，如电子商务系统、社交网络、社会媒体、搜索引擎等都是常见的网络信息系统。网络信息系统产生的大数据多为半结构化或非结构化的数据，在本质上，网络信息系统是信息管理系统的延伸，是专属于某个领域的应用，具备某个特定的目的。因此，网络信息系统有着更独特的应用。

（3）物联网系统：物联网是新一代信息技术，其核心和基础仍然是互联网，是在互联网基础上延伸和扩展的网络，其用户端延伸和扩展到了任何物品与物品之间，进行信息交换和通信，而其具体实现是通过传感技术获取外界的物理、化学、生物等数据信息。

（4）科学实验系统：主要用于科学技术研究，可以由真实的实验产生数据，也可以通过模拟方式获取仿真数据。

4. 大数据产生的三个发展阶段

从数据库技术诞生以来，产生大数据的方式主要经过了三个发展阶段。

（1）被动式生成数据

数据库技术使得数据的保存和管理变得简单，业务系统在运行时产生的数据可以直接保存到数据库中，由于数据是随业务系统运行而产生的，因此该阶段所产生的数据是被动的。

（2）主动式生成数据

物联网的诞生使得移动互联网的发展大大加速了数据的产生概率，例如人们可以通过手机等移动终端随时随地产生数据。用户数据不但大量增加，同时用户还主动提交了自己的行为，使之进入了社交、移动时代。大量移动终端设备的出现，使用户不仅主动提交自己的行为，还和自己的社交圈进行了实时互动，因此数据大量产生出来，且具有极其强烈的传播性。显然如此生成的数据是主动的。

（3）感知式生成数据

物联网的发展使得数据生成方式得以彻底地改变。例如，遍布在城市各个角落的摄像头等数据采集设备源源不断地自动采集并生成数据。

5. 大数据的特点

在大数据背景下，数据的采集、分析、处理较之传统方式有了颠覆性的改变，如表 6.1 所示。

表 6.1　传统数据与大数据的特点比较

	传 统 数 据	大 数 据
数据产生方式	被动采集数据	主动生成数据
数据采集密度	采样密度较低，采样数据有限	利用大数据平台，可对需要分析事件的数据进行密度采样，精确获取事件全局数据
数据源	数据源获取较为孤立，不同数据之间添加的数据整合难度较大	利用大数据技术，通过分布式技术、分布式文件系统、分布式数据库等技术对多个数据源获取的数据进行整合处理
数据处理方式	大多采用离线处理方式，对生成的数据集中分析处理，不对实时产生的数据进行分析	较大的数据源、响应时间要求低的应用可以采取批处理方式集中计算；响应时间要求高的实时数据处理采用流处理的方式进行实时计算，并通过对历史数据的分析进行预测分析

6．大数据处理流程

大数据的处理流程可以定义为在适合工具的辅助下，对不同结构的数据源进行抽取和集成，结果按照一定的标准统一存储，利用合适的数据分析技术对存储的数据进行分析，从中提取有益的知识并利用恰当的方式将结果展示给终端用户。大数据处理的基本流程如图 6.11所示。

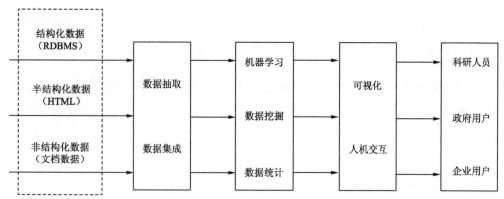

图 6.11　大数据处理的基本流程

（1）数据抽取与集成

由于大数据处理的数据来源类型广泛，而其第一步是对数据进行抽取和集成，从中找出关系和实体，经过关联、聚合等操作，再按照统一的格式对数据进行存储，现有的数据抽取和集成引擎有三种：基于物化或 ETL 方法的引擎、基于中间件的引擎、基于数据流方法的引擎。

（2）大数据分析

大数据分析是指对规模巨大的数据进行分析。大数据分析是大数据处理流程的核心步骤。通过抽取和集成环节，从不同结构的数据源中获得用于大数据处理的原始数据，用户根据需求对数据进行分析处理，如数据挖掘、机器学习、数据统计，数据分析可以用于决策支持、商业智能、推荐系统、预测系统等。

（3）数据可视化

用户最关心的是数据处理的结果及以何种方式在终端上显示结果，因此采用什么方式展示处理结果非常重要。就目前来看，可视化和人机交互是数据解释的主要技术。

数据可视化主要是借助于图形化手段，清晰有效地传达与沟通信息。数据可视化技术的基本思想是将数据库中每一个数据项作为单个图元元素表示，大量的数据集合构成数据图像，同时将数据的各个属性值以多维数据的形式表示，可以从不同的维度观察数据，从而对数据进行更深入的观察和分析。而使用可视化技术可以将处理结果通过图形方式直观地呈现给用户，如标签云、历史流、空间信息等；人机交互技术可以引导用户对数据进行逐步分析，参与并理解数据分析结果。

7. 大数据的数据格式特性

从 IT 角度来看，信息结构类型大致经历了三个阶段。必须注意的是，旧的阶段仍在不断发展，如关系数据库的使用。因此三种数据结构类型一直存在，只是其中一种结构类型往往主导其他结构。

（1）结构化信息：这种信息可以在关系数据库中找到，多年来一直主导着 IT 应用，是关键任务 OLTP 系统业务所依赖的信息。另外，这种信息还可对结构数据库信息进行排序和查询。

（2）半结构化信息：包括电子邮件、文字处理文件及大量保存和发布在网络上的信息。半结构化信息是以内容为基础的，可以用于搜索，这也是 Google（谷歌）等搜索引擎存在的理由。

（3）非结构化信息：该信息在本质形式上可认为主要是位映射数据。数据必须处于一种可感知的形式中（如可在音频、视频和多媒体文件中被听到或看到）。许多大数据都是非结构化的；其庞大的规模和复杂性需要高级分析工具来创建或利用一种更易于人们感知和交互的结构。

8. 大数据的特征

大数据分析常和云计算联系到一起，因为实时的大型数据集分析需要像 MapReduce 那样的框架来向数十、数百或甚至数千个计算机分配工作。简言之，从各种各样类型的数据中快速获得有价值信息的能力，就是大数据技术。

大数据呈现出"4V1O"的特征，具体如下：

（1）数据量大（Volume）：是大数据的首要特征，包括采集、存储和计算的数据量非常大。大数据的起始计量单位至少是 100 TB。通过各种设备产生的海量数据，其数据规模极为庞大，远大于目前互联网上的信息流量，PB 级别将是常态。

（2）多样化（Variety）：表示大数据种类和来源多样化，具体表现为网络日志、音频、视频、图片、地理位置信息等多类型的数据. 多样化对数据的处理能力提出了更高的要求，由于编码方式、数据格式、应用特征等多个方面都存在差异性，多信息源并发形成大量的异构数据。

（3）数据价值密度化（Value）：表示大数据价值密度相对较低，需要很多的过程才能挖掘出来。随着互联网和物联网的广泛应用，信息感知无处不在，信息量大，但价值密度较低。如何结合业务逻辑并通过强大的机器算法挖掘数据价值，是大数据时代最需要解决的问题。

（4）速度快，时效高（Velocity）：随着互联网的发展，数据的增长速度非常快，处理速度也较快，时效性要求也更高。例如，搜索引擎要求几分钟前的新闻能够被用户查询到，个性化推荐算法要求实时完成推荐，这些都是大数据区别于传统数据挖掘的显著特征。

（5）数据是在线的（On-Line）：表示数据必须随时能调用和计算。这是大数据区别于传统数据的最大特征。现在谈到的大数据不仅大，更重要的是数据是在线的，这是互联网高速发展的特点和趋势。例如，好大夫在线，患者的数据和医生的数据都是实时在线的，这样的数据才有意义。如果把它们放在磁盘中或者是离线的，显然这些数据远远不及在线的商业价值大。

总之，无所遁形的大数据时代已经到来，并快速渗透到每个职能领域，如何借助大数据持续创新发展，使企业成功转型，具有非凡的意义。

9. 大数据的应用领域

大数据在社会生活的各个领域得到了广泛的应用，如科学计算、金融、社交网络、移动数据、物联网、医疗、网页数据、多媒体、网络日志、RFID 传感器、社会数据、互联网文本和文件，互联网搜索索引，呼叫详细记录、天文学、大气科学、基因组学、生物和其他复杂或跨学科的科研、军事侦察、医疗记录，摄影档案馆视频档案，大规模的电子商务等。不同领域的大数据应用具有不同特点，其响应时间、稳定性、精确性的要求各不相同，解决方案也层出不穷，其中最具代表性的有 Informatics Cloud 解决方案、IBM 战略、Microsoft 战略、京东框架结构等。

6.3.2 大数据技术架构

各种各样的大数据应用迫切需要新的工具和技术来存储、管理和实现商业价值。新的工具、流程和方法支撑起了新的技术架构，使企业能够建立、操作和管理这些超大规模的数据集和数据存储环境。

企业逐渐认识到必须在数据驻留的位置进行分析，提升计算能力，以便为分析工具提供实时响应。考虑到数据速度和数据量，来回移动数据进行处理是不现实的。相反，计算和分析工具可以移到数据附近。因此，云计算模式对大数据的成功至关重要。

云模型在从大数据中提取商业价值的同时也在驯服它。这种交付模型能为企业提供一种灵活的选择，以实现大数据分析所需的效率、可扩展性、数据便携性和经济性，但仅仅存储和提供数据还不够，必须以新方式合成、分析和关联数据，才能提供商业价值。部分大数据方法要求处理未经建模的数据，因此，可以用毫不相干的数据源比较不同类型的数据和进行模式匹配，从而使大数据的分析能以新视角挖掘企业传统数据，并带来传统上未曾分析过的数据洞察力。基于上述考虑，一般可以构建出适合大数据的四层堆栈式技术架构，如图 6.12 所示。

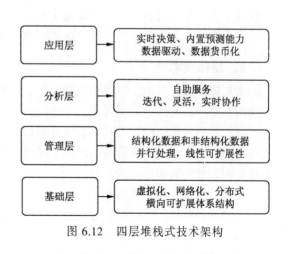

图 6.12 四层堆栈式技术架构

1. 基础层

第一层作为整个大数据技术架构基础的底层，也是基础层。要实现大数据规模的应用，企业需要一个高度自动化的、可横向扩展的存储和计算平台。这个基础设施需要从以前的存储孤岛发展为具有共享能力的高容量存储池。容量、性能和吞吐量必须可以线性扩展。

云模型鼓励访问数据并通过提供弹性资源池来应对大规模问题，解决了如何存储大量数据及如何积聚所需的计算资源来操作数据的问题。在云中，数据跨多个节点调配和分布，使数据更接近需要它的用户，从而缩短响应时间，提高效率。

2. 管理层

大数据要支持在多源数据上做深层次的分析，在技术架构中需要一个管理平台，即管理层使结构化和非结构化数据管理为一体，具备实时传送和查询、计算功能。本层既包括数据的存储和管理，也涉及数据的计算。并行化和分布式是大数据管理平台所必须考虑的要素。

3. 分析层

大数据应用需要大数据分析。分析层提供基于统计学的数据挖掘和机器学习算法，用于分析和解释数据集，帮助企业获得深入的数据价值领悟。可扩展性强、使用灵活的大数据分析平台更可能成为数据科学家的利器，起到事半功倍的效果。

4. 应用层

大数据的价值体现在帮助企业进行决策和为终端用户提供服务的应用上。不同的新型商业需求驱动了大数据的应用。反之，大数据应用为企业提供的竞争优势使企业更加重视大数据的价值。新型大数据应用不断对大数据技术提出新的要求，大数据技术也因此在不断的发展变化中日趋成熟。

6.3.3　大数据的整体技术和关键技术

大数据需要特殊的技术，以有效地处理在允许时间范围内的大量数据。适用于大数据的技术，包括大规模并行处理（MPP）数据库、数据挖掘网、分布式文件系统、分布式数据库、云计算平台、互联网和可扩展的存储系统。

大数据技术分为整体技术和关键技术两个方面。

1. 整体技术

大数据的整体技术一般包括数据采集、数据存取、基础架构、数据处理、统计分析、数据挖掘、模型预测和结果呈现等。

（1）数据采集：ETL 工具负责将分布的、异构数据源中的数据，如关系数据、平面数据文件等抽取到临时中间层后进行清洗、转换、集成，最后加载到数据仓库或数据集中，成为联机分析处理、数据挖掘的基础。

（2）数据存取：关系数据库、NoSQL、SQL 等。

（3）基础架构：云存储、分布式文件存储等。

（4）数据处理：自然语言处理是研究人与计算机交互的语言问题的一门学科。处理自然语言的关键是要让计算机"理解"自然语言，所以自然语言处理又称为自然语言理解，也称计算语言学。

（5）统计分析：假设检验、显著性检验、差异分析、相关分析、T检验、方差分析、卡方分析、偏相关分析、距离分析、回归分析、简单回归分析、多元回归分析、逐步回归、回归预测与残差分析、岭回归、Logistic 回归分析、曲线估计、因子分析、聚类分析、主成分分析、因子分析、快速聚类法与聚类法、判别分析、对应分析、多元对应分析（最优尺度分析）、BootStrap 技术等。

（6）数据挖掘：分类、估计、预测、相关性分组或关联规则、聚类、描述和可视化、复杂数据类型挖掘。

（7）模型预测：预测模型、机器学习、建模仿真。

（8）结果呈现：云计算、标签云、关系图等。

2．关键技术

大数据处理关键技术一般包括大数据采集技术、大数据预处理技术、大数据存储及管理技术、开发大数据安全技术、大数据分析及挖掘技术、大数据展现与应用技术（大数据检索、大数据可视化、大数据应用、大数据安全等）。

（1）大数据采集技术：数据是指通过 RFID 射频、传感器、社交网络交互及移动互联网等方式获得的各种类型的结构化、半结构化（或称为弱结构化）及非结构化的海量数据，是大数据知识服务模型的根本。大数据采集技术重点要突破分布式高速高可靠性数据采集、高速数据全映像等大数据收集技术，高速数据解析、转换与装载等大数据整合技术，设计质量评估模型，开发数据质量技术。

大数据采集一般分为智能感知层和基础支撑层。智能感知层主要包括数据传感体系、网络通信体系、传感适配体系、智能识别体系及软硬件资源接入系统，实现对结构化、半结构化、非结构化的海量数据的智能化识别、定位、跟踪、接入、传输、信号转换、监控、初步处理和管理等，必须着重掌握针对大数据源的智能识别、感知、适配、传输、接入等技术。基础支撑层提供大数据服务平台所需的虚拟服务器，结构化、半结构化及非结构化数据的数据库及物联网资源等基础支撑环境，重点攻克分布式虚拟存储技术，大数据获取、存储、组织、分析和决策操作的可视化接口技术，大数据的网络传输与压缩技术，大数据隐私保护技术等。

（2）大数据预处理技术：主要完成对已接收数据的辨析、抽取、清洗等操作。

① 抽取：因获取的数据可能具有多种结构和类型，数据抽取过程可以帮助我们将复杂的数据转化为单一的或者便于处理的构型，以达到快速分析处理的目的。

② 清洗：由于在海量数据中，数据并不全是有价值的，有些数据并不是我们所关心的内容，而另一些数据则是完全错误的干扰项，因此要对数据进行过滤"去噪"从而提取出有效数据。

（3）大数据存储及管理技术：大数据存储与管理要用存储器把采集到的数据存储起来，建立相应的数据库，并进行管理和调用。大数据存储与管理技术重点解决复杂结构化、半结构化和非结构化大数据管理与处理技术；主要解决大数据的可存储、可表示、可处理、可靠性及有效传输等几个关键问题；开发可靠的分布式文件系统（DFS）、能效优化的存储、计算融入存储、大数据的去冗余及高效低成本的大数据存储技术，突破分布式非关系型大数据管理与处理技术、异构数据的数据融合技术、数据组织技术，研究大数据建模技术，大数据索引技术和大数据移动、备份、复制等技术，开发大数据可视化技术和新型数据库技术。新型数据库技术可将数据库分为关系型数据库、非关系型数据库及数据库缓存系统。其中，非关系型数据库主要指的是 NoSQL，又分为键值数据库、列存数据库、图存数据库及文档数据库等类型。关系型数据库包含了传统关系数据库系统及 NewSQL 数据库。

（4）开发大数据安全技术：改进数据销毁、透明加解密、分布式访问控制、数据审计等技术，突破隐私保护和推理控制、数据真伪识别和取证、数据持有完整性验证等技术。

（5）大数据分析及挖掘技术：大数据分析及挖掘技术改进已有数据挖掘和机器学习技术，开发数据网络挖掘、特异群组挖掘、图挖掘等新型数据挖掘技术，突破基于对象的数据连接、相似性连接等大数据融合技术和用户兴趣分析、网络行为分析、情感语义分析等面向领域的大数据挖掘技术。

数据挖掘就是从大量的、不完全的、有噪声的、模糊的、随机的实际应用数据中，提取隐含在其中人们事先不知道但又是潜在有用的信息和知识的过程。

数据挖掘涉及的技术方法很多且有多种分类法。根据挖掘任务可分为分类或预测模型发现、数据总结、聚类、关联规则发现、序列模式发现、依赖关系或依赖模型发现、异常和趋势发现等；根据挖掘对象可分为关系数据库、面向对象数据库、空间数据库、时态数据库、文本数据源、多媒体数据库、异质数据库、遗产数据库及环球网；根据挖掘方法可粗略分为机器学习方法、统计方法、神经网络方法和数据库方法。机器学习方法可细分为归纳学习方法（决策树、规则归纳等）、基于范例学习、遗传算法等。统计方法可细分为回归分析（多元回归、自回归等）、判别分析（贝叶斯判别、费歇尔判别、非参数判别等）、聚类分析（系统聚类、动态聚类等）、探索性分析（主元分析法、相关分析法）等。神经网络方法细分为前向神经网络（BP 算法等）、自组织神经网络（自组织特征映射、竞争学习）等。数据库方法主要是多维数据分析或 OLAP 方法，另外还有面向属性的归纳方法。

从挖掘任务和挖掘方法的角度，数据挖掘着重突破以下几个方面。

① 可视化分析。数据可视化无论是对普通用户还是数据分析专家，都是最基本的功能。数据图像化可以让数据"说话"，让用户直观地感受到结果。

② 数据挖掘算法。图像化是将机器语言翻译给人们看，而数据挖掘算法用的是机器语言。分割、集群、孤立点分析还有各种各样的算法使我们可以精练数据、挖掘价值。数据挖掘算法一定要能够应付大数据的量，同时还应具有很高的处理速度。

③ 预测性分析。预测性分析可以让分析师根据图像化分析和数据挖掘的结果做出一些前瞻性判断。

④ 语义引擎。语义引擎需要设计足够的人工智能以从数据中主动地提取信息。语言处理技术包括机器翻译、情感分析、舆情分析、智能输入、问答系统等。

⑤ 数据质量与管理。数据质量与管理是管理的最佳实践，透过标准化流程和机器对数据进行处理可以确保获得一个预设质量的分析结果。

（6）大数据展现与应用技术：大数据技术能够将隐藏于海量数据中的信息和知识挖掘出来，为人类的社会经济活动提供依据，从而提高各个领域的运行效率，大大提高整个社会经济的集约化程度。

在我国，大数据将重点应用于商业智能、政府决策、公共服务三大领域。例如，商业智能技术、政府决策技术、电信数据信息处理与挖掘技术、电网数据信息处理与挖掘技术、气象信息分析技术、环境监测技术、警务云应用系统（道路监控、视频监控、网络监控、智能交通、反电信诈骗、指挥调度等公安信息系统）、大规模基因序列分析比对技术、Web 信息挖掘技术、多媒体数据并行化处理技术、影视制作渲染技术、其他各种行业的云计算和海量数据处理应用技术等。

大数据和云计算之间的区别在于：首先大数据和云计算在概念上不同，云计算改变了 IT，而大数据改变了业务。其次大数据和云计算的目标受众不同，如在一家公司中，那么云计算就是技术层，大数据就是业务层。但需要指出的是大数据对云计算有一定的依赖性。

6.3.4 大数据分析的五种典型工具

大数据分析是在研究大量的数据的过程中寻找模式、相关性和其他有用的信息，以帮助企业更好地适应变化，并做出更明智的决策。

1. Hadoop

Hadoop 是一个能够对大量数据进行分布式处理的软件框架，是一个能够让用户轻松架构和使用的分布式计算平台。用户可以轻松地在 Hadoop 上开发和运行处理海量数据的应用程序。它主要有以下几个特点：

（1）高可靠性。Hadoop 按位存储和处理数据的能力值得人们信赖。

（2）高扩展性。Hadoop 是在可用的计算机集簇间分配数据并完成计算任务的，这些集簇可以方便地扩展到数以千计的节点中。

（3）高效性。Hadoop 能够在结点之间动态地移动数据，并保证各个节点的动态平衡，因此处理速度非常快。

（4）容错性。Hadoop 能够自动保存数据的多个副本，并且能够自动将失败的任务重新分配。Hadoop 带有用 Java 语言编写的框架，因此运行在 Linux 平台上是非常理想的。Hadoop 上的应用程序也可以使用其他语言编写，如 C++。

2. Spark

Spark 是一个基于内存计算的开源集群计算系统，目的是更快速地进行数据分析。Spark 由加州伯克利大学 AMP 实验室 Matei 为主的小团队使用 Scala 开发，其核心部分的代码只有 63 个 Scala 文件，非常轻量级。Spark 提供了与 Hadoop 相似的开源集群计算环境，但基于内存和迭代优化的设计，spark 在某些工作负载上表现更优秀。图 6.13 为 Spark 与 Hadoop 的对比。

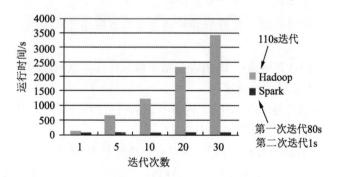

图 6.13 Spark 与 Hadoop 对比

在 2014 上半年，Spark 开源生态系统得到了大幅增长，已成为大数据领域最活跃的开源项目之一。

（1）轻量级快速处理。着眼大数据处理，速度往往被置于第一位。Spark 允许 Hadoop 集群中的应用程序在内存中以 100 倍的速度运行，即使在磁盘上运行也能快 10 倍。Spark 通过减少磁盘 I/O 来达到性能提升，它们将中间处理数据全部放到了内存中。

Spark 使用了 RDD（Resilient Distributed Dataset）的理念，这允许它可以透明地在内存中存储数据，只在需要时才持久化到磁盘。这种做法大大地减少了数据处理过程中磁盘的读/写，大幅度地降低了所需时间。

（2）易于使用，Spark 支持多语言。Spark 允许 Java、Scala 及 Python 等语言，这允许开发者在自己熟悉的语言环境下进行工作。它自带了 80 多个高等级操作符，允许在 shell 中进行交互式查询。

（3）支持复杂查询。在简单的 map 及 reduce 操作之外，Spark 还支持 SQL 查询、流式查询及复杂查询。同时，用户可以在同一个工作流中无缝地搭配这些能力。

（4）实时的流处理。相较于 MapReduce 只能处理离线数据，Spark 支持实时流计算。Spark 依赖 Spark Streaming 对数据进行实时的处理，当然在 YARN 之后 Hadoop 也可以借助其他的工具进行流式计算。对于 Spark Streaming，Cloudera 的评价是：

① 简单：轻量级且具备功能强大的 API，Sparks streaming 允许快速开发流应用程序。

② 容错：不像其他流解决方案，例如 Storm，无须额外的代码和配置，Spark streaming 就可以做大量的恢复和交付工作。

③ 集成：为流处理和批处理重用了同样的代码，甚至可以将流数据保存到历史数据中。

（5）可以与 Hadoop 和已存 Hadoop 数据整合。Spark 可以独立运行，除了可以运行在当下的 YARN 集群管理之外，它还可以读取已有的任何 Hadoop 数据。这是个非常大的优势，它可以运行在任何 Hadoop 数据源上，例如 HBase、HDFS 等。这个特性让用户可以轻易迁移已有 Hadoop 应用。

（6）活跃和无限壮大的社区。Spark 起源于 2009 年，目前已有超过 50 个机构 250 个工程师贡献过代码，和 2014 年 6 月相比，代码行数几乎扩大三倍，这是个令人艳羡的增长。

3. HPCC

HPCC（高性能计算与通信）是美国实施信息高速公路而实施的计划，该计划的实施将耗资百亿美元，其主要目标是开发可扩展的计算系统及相关软件，以支持太位级网络传输性能；开发千兆比特网络技术，扩展研究和教育机构及网络连接能力。该项目主要由以下5 部分组成。

（1）HPCS（高性能计算机系统），内容包括今后几代计算机系统的研究、系统设计工具、先进的典型系统及原有系统的评价等。

（2）ASTA（先进软件技术与算法），内容有巨大挑战问题的软件支撑、新算法设计、软件分支与工具、计算及高性能计算研究中心等。

（3）NREN（国家科研与教育网格），内容有中接站及 10 亿位级传输的研究与开发。

（4）BRHR（基本研究与人类资源），内容有基础研究、培训、教育及课程教材，BRHR是通过奖励调查者开始的，长期的调查在可升级的高性能计算中增加创新意识流，通过教育、高性能的计算训练和通信来加大熟练的和训练有素的人员的联营，为调查研究活动提供必需的基础架构。

（5）IITA(信息基础结构技术和应用)，目的在于保证美国在先进信息技术开发方面的领先地位。

4. Storm

Storm 是一个开源软件，一个分布式、容错的实时计算系统。Storm 可以非常可靠地处理庞大的数据流，用于处理 Hadoop 的批量数据。Storm 很简单，支持许多种编程语言，使用起来非常有趣。Storm 由 Twitter 开源而来，其他知名的应用企业包括 Groupon、淘宝、支付宝、阿里巴巴、乐元素、Admaster 等。

Stotrm 有许多应用领域，包括实时分析、在线机器学习、不停顿的计算、分布式 RPC（远过程调用协议，一种通过网络从远程计算机程序上请求服务的协议）、ETL 等。Storm 的处理速度惊人，经测试，每个节点每秒可以处理 100 万个数据元组。Storm 具有可扩展、容错、容易设置和操作的特点。

5. Apache Drill

为了帮助企业用户寻找更为有效、加快 Hadoop 数据查询的方法，Apache 软件基金会发起了一项名为 Drill 的开源项目。Apache Drill 实现了 Google's Dremel。

据 Hadoop 厂商 MapR Technologies 公司产品经理 Tomer Shiran 介绍，Drill 已经作为 Apache 孵化器项目来运作，将面向全球软件工程师持续推广。

该项目将创建出开源版本的 Google Dremel Hadoop 工具（Google 使用该工具来为 Hadoop 数据分析工具的互联网应用提速）。而 Drill 将有助于 Hadoop 用户实现更快查询海量数据集的目的。

Drill 项目其实也是从 Google 的 Dremel 项目中获得灵感的，该项目帮助 Google 实现海量数据集的分析处理，包括分析抓取 Web 文档、跟踪安装在 Android Market 上的应用程序数据、分析垃圾邮件、分析 Google 分布式构建系统上的测试结果等。

通过开发 Apache Drill 开源项目，组织机构将有望建立 Drill 所属的 API 接口和灵活强大的体系架构，从而帮助支持广泛的数据源、数据格式和查询语言。

6.3.5 大数据未来发展趋势

大数据逐渐成为我们生活的一部分，它既是一种资源，又是一种工具，让我们更好地探索世界和认识世界。大数据提供的并不是最终答案，只是参考答案，它为我们提供的是暂时帮助，以便等待更好的方法和答案出现。

1. 数据资源化

资源化是指大数据成为企业和社会关注的重要战略资源，并已成为大家争抢的新焦点，数据将逐渐成为最有价值的资产。

随着大数据应用的发展，大数据资源成为重要的战略资源，数据成为新的战略制高点。资源不仅仅只是指看得见、摸得着的实体，如煤、石油、矿产等，大数据已经演变成不可或缺的资源。《华尔街日报》在题为《大数据，大影响》的报告中提到，数据就像货币或者黄金一样，已经成为一种新的资产类别。

大数据作为一种新的资源，具有其他资源所不具备的优点，如数据的再利用、开放性、可扩展性和潜在价值。数据的价值不会随着它的使用而减少，而是可以不断地被处理和利用。

2. 数据科学和数据联盟的成立

（1）催生新的学科和行业

数据科学将成为一门专门的学科，被越来越多的人所认知。越来越多的高校开设了与大数据相关的学科课程，为市场和企业培养人才。

一个新行业的出现，必将会增加工作职位的需求，大数据催生了一批与之相关的新的就业岗位。例如，大数据分析师、大数据算法工程师、数据产品经理、数据管理专家等。因此，具有丰富经验的大数据相关人才将成为稀缺资源。

（2）数据共享

大数据相关技术的发展将会创造出一些新的细分市场。针对不同的行业将会出现不同的分析技术。但是对于大数据来说，数据的多少虽然不意味着价值更高，但是数据越多对一个行业的分析价值越有利。

以医疗行业为例，如果每个医院想要获得更多病情特征库及药效信息，就需要对数据进行分析，这样经过分析之后就能从数据中获得相应的价值。如果想获得更多的价值，就需要对全国甚至全世界的医疗信息进行共享。只有这样才能通过对整个医疗平台的数据进行分析，获取更准确更有利的价值。因此，数据可能成为一种共享的趋势。

3. 大数据隐私和安全问题

（1）大数据引发个人隐私、企业和国家安全问题

大数据时代将引发个人隐私安全问题。在大数据时代，用户的个人隐私数据可能在不经意间就被泄露。例如，网站密码泄露、系统漏洞导致用户资料被盗、手机里的 App 暴露用户的个人信息等。在大数据领域，一些用户认为根本不重要的信息很有可能暴露用户的近期状况，带来安全隐患。

大数据时代，企业将面临信息安全的挑战。企业不仅要学习如何挖掘数据价值，还要考虑如何应对网络攻击、数据泄露等安全风险，并且建立相关的预案。在企业用数据挖掘和数据分析获取商业价值的同时，黑客也利用这些数据技术向企业发起攻击。因此，企业必须制定相应的策略来应对大数据带来的信息安全挑战。

大数据时代，大数据安全应该上升为国家安全。数据安全的威胁无处不在。国家的基础设施和重要机构所保存的大数据信息，如与石油、天然气管道、水电、交通、军事等相关的数据信息，都有可能成为黑客攻击的目标。

（2）正确合理利用大数据，促进大数据产业的健康发展

大数据时代，必须对数据安全和隐私进行有效的保护，具体方法如下。

① 从用户的角度，积极探索，加大个人隐私保护力度。数据来源于互联网上无数用户产生的数据信息，因此，建议用户在使用互联网或者 App 时保持高度警惕。

② 从法律的角度，应提高安全意识，及时出台相关政策，制定相关政策法规，完善立法。国家需要有专门的法规来为大数据的发展扫除障碍，必须健全大数据隐私和安全方面的法律体系。

③ 从数据使用者角度，数据使用者要以负责的态度使用数据，我们需要把进行隐私保护的责任从个人转移到数据使用者身上。政府和企业的信息化建设必须拥有统一的规划和标准，只有这样才能有效地保护公民和企业隐私。

④ 从技术角度，加快数据安全技术研发，尤其应加强云计算安全研究，保障云安全。

4. 开源软件成为推动大数据发展的动力

大数据获得动力的关键在于开放源代码，帮助分解和分析数据。开源软件的盛行不会抑制商业软件的发展。相反，开源软件将会给基础架构硬件、应用程序开发工具、应用服务等各个方面相关领域带来更多的机会。

从技术的潮流来看，无论是大数据还是云计算，其实推动技术发展的主要力量都来源于开源软件。使用开源软件有诸多的优势，之所以这么说，是因为开源的代码很多人在看、在维护、在检查。了解开源软件和开源模式，将成为一个重要的趋势。

5. 大数据在多方位改善我们的生活

大数据作为一种重要的战略资产，已经不同程度地渗透到每个行业领域和部门。现在，通过大数据的力量，用户希望掌握真正的便捷信息，从而让生活更有趣。

例如，在医疗卫生行业，能够利用大数据避免过度治疗、减少错误治疗和重复治疗，从而降低系统成本、提高工作效率、改进和提升治疗质量；在健康方面，我们可以利用智能手环来对睡眠模式进行检测和追踪，用智能血压计来监控老人的身体状况。在交通方面，我们可以通过智能导航 GPS 数据来了解交通状况，并根据交通拥挤情况及时调整路径。同时，大数据也将成为智能家居的核心。大数据也将促进智慧城市的发展，是智慧城市的核心引擎。智慧医疗、智慧交通、智慧安防等，都是以大数据为基础的智慧城市的应用领域。大数据将多方位改善我们的生活。

近年来大数据应用带来了令人瞩目的成绩。作为新的重要资源，世界各国都在加快大数据的战略布局，制定战略规划。美国奥巴马政府发起了《大数据研究和发展倡议》，斥资 2 亿美元用于大数据研究；英国政府预计在大数据和节能计算研究上投资 1.89 亿英镑；法国政府宣布投入 1150 万欧元，用于 7 个大数据市场研发项目；日本在新一轮 IT 振兴计划中，将发展大数据作为国家战略层面提出，重点关注大数据应用技术，如社会化媒体、新医疗、交通拥堵治理等公共领域的应用。中国的基础研究大数据服务平台应用示范项目正在启动，有关部门正在积极研究相关发展目标、发展原则、关键技术等方面的顶层设计。

目前我国大数据产业还处于发展初期，市场规模仍然比较小。2016 年我国大数据应用的整体市场规模突破了百亿元量级，未来将形成全球最大的大数据产业带。

总而言之，大数据技术的发展必将解开宇宙起源的奥秘并对人类社会未来发展的趋势有推动作用。

6.4　M2M 技术

M2M（Machine-to-Machine Communication，机器对机器通信）的核心目标就是使生活中所有的机器设备都具备联网和通信的能力，是物联网实现的基础平台。M2M 是基于特定行业终端，以公共无线网络为接入手段，为客户提供机器到机器的通信解决方案，满足客户对生产过程监控、指挥调度、远程数据采集和测量、远程诊断等方面的信息化需求。M2M 不是简单的数据在机器和机器之间的传输，更重要的是，它是机器和机器之间的一种智能化、交互式的通信，具有广泛的应用前景。

6.4.1　M2M 概述

M2M 技术具有非常重要的意义，有着广阔的市场前景，它正在推动着社会生产和生活方式的重大变革。与此同时，M2M 不只是简单的远程测量，还具有远程控制功能，用户可以在读取远程数据的同时对其进行操控。M2M 不只是人到机器设备的远程通信，而且还包括机器与机器之间的通信和相互沟通，而反映到人的交互界面可能就只有一个结果。

M2M 不是一种新的技术，而是在现有的基础上的一种新的应用，很多应用比如远程测量和 GPS 已经存在了很多年，但近些年由于移动通信技术的发展才被加上 M2M 的名称。M2M 不只是基于移动通信技术的，无线传感器网络 RFID 等短距离无线通信技术甚至有线网络都可以成为连接机器的手段。

M2M 技术是物联网实现的关键，是无线通信和信息技术的整合，用于双向通信，适用范围较广，可以结合 GSM/GPRS/UMTS 等远距离传输技术，同样也可以结合 Wi-Fi、Bluetooth、ZigBee、RFID 和 UWB 等近距离连接技术，应用在各种领域。

M2M 与物联网关系如图 6.14 所示。M2M 是基于特定行业终端，以 SMS/USSD/GPRS/CDMA 等为接入手段，为集团客户提供机器到机器的解决方案，满足客户生产过程监控、指挥调度、远程数据采集和测量、远程诊断等方面的信息化需求。

物联网是物物相连的网络，机器与机器之间的对话成为切入物联网的关键。M2M 正是解决机器开口说话的关键技术，其宗旨是增强所有机器设备的通信和网络能力。机器的互连，通信方式的选择，数据的整合成为 M2M 技术的关键。

M2M 不是简单的数据在机器和机器之间的传输，更重要的是，它是机器和机器之间的一种智能化、交互式的通信。也就是说，即使人们没有实时发出信号，机器也会根据既定程序主动进行通信，并根据所得到的数据智能化地做出选择，对相关设备发出正确的指令。可以说，智能化、交互式成为 M2M 有别于其他应用的典型特征，这一特征下的机器也被赋予了更多的"思想"和"智慧"。

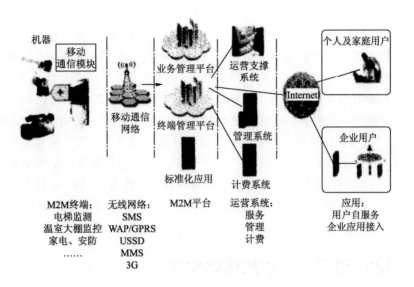

注：GPRS—通用分组无线业务；MMS—多媒体信息业务；WAP—无线应用协议

M2M—机器到机器；SMS—短信息业务

图 6.14 M2M 与物联网关系示意图

在我国，工业网络化是工业化和信息化融合的大方向，工业控制需要实现智能化、远程化、实时化和自动化，M2M 正好填补了这一缺口；同时，未来 LTE 网络建设带来的无线宽带突破，更为 M2M 服务的发展提供了更佳的承载基础——高数据传输速率、IP 网络支持、泛在移动性。3GPP（3rd Generation Partnership Project）作为移动通信网络及技术的国际标准化机构，从 2005 年就开始关注基于 GSM 及 UMTS 网络的 M2M 通信。传统的 3GPP 蜂窝通信系统主要以 H2H（Human to Human）应用作为目标进行优化，并对 VoIP、FTP、TCP、HTTP、流媒体等业务应用提供 QoS（Quality of Service）保障，而 M2M 的业务特征和 QoS 要求与 H2H 有明显差异，主要表现在低数据传输速率、低占空比、不同的延迟要求；从终端使用场景和分布的差异来看，传统蜂窝通信系统针对 H2H 终端的典型分布位置和密度进行优化，如手机的典型无线环境和单位面积内的数量，而 M2M 终端的使用环境和数量密度与 H2H 有明显差异，主要表现为 M2M 网络部署的地理范围比传统手机网络更为广泛，在单位面积内，M2M 终端可能有"海量"的存在。正是因为以上差异，3GPP 专门发起了多个研究工作组，分别从网络、业务层面、接入网、核心网对 M2M 通信的网络模型、业务特征以及基于未来 3GPP 网络的 M2M 增强技术进行了系统的研究。

现阶段物联网的发展还处于初级阶段，M2M 由于跨越了物联网的应用层和感知层，是无线通信和信息技术的整合，它可用于双向通信，如远距离收集信息、设置参数和发送指令，因此 M2M 技术可以用于安全监测、远程医疗、货物跟踪、自动售货机等。因此，M2M 通信系统是目前物联网应用中一个重要的通信模式，是物联网中承上启下、融会贯通的平台，同时也是一种经济、可靠的组网方法。

随着我国社会经济的不断发展和市场竞争的日益深化，各行各业都希望通过加快自身信息化建设，提高工作效率，降低生产和运行成本，全面增强市场竞争力。M2M 技术综合了通信和网络技术，将遍布在人们日常生活中间的机器设备连接成网络，使这些设备变得更加"智能"，从而可以提供丰富的应用，给日常生活、工业生产等的方式带来新一轮的变革。在当今世界上，机器的数量至少是人的数量的 4 倍，因此 M2M 具有巨大的市场潜力，未来通信的主体将是 M2M 通信。由于无须布线，覆盖范围广，移动网络是 M2M 信息承载和传送最广泛、最有市场前景的技术。随着移动通信网络带宽的不断提高和终端的日益多样化，数据业务能力不断提高，这将促使 M2M 应用的发展进一步加快，有专家断言，在未来的 5G 时代，"机与机"产生的数据通信流量最终将超过"人与人"和"人与机"产生的通信流量。ITU 在描述未来业务时认为，NGN 应是一个电信级和企业级的全业务网，能满足新的通信需求，其中首次强调了要为大量的机器服务。而 M2M 与移动技术的结合，有可能带来杀手业务，促进 5G 和 NGN 的发展。一句话，M2M 是移动通信系统争夺的下一个的巨大市场。

6.4.2　M2M 对通信系统的优化需求

由于 M2M 与 H2H（Human to Human）通信在一些方面（比如数据量、数据传输速率、延迟等）有着很大的差异，因此需要对现有的蜂窝系统进行优化来满足 M2M 的通信要求，具体原因如下：

（1）业务特征的差异。

（2）以往的蜂窝通信系统针对 H2H 业务进行优化，比如 VoIP、FTP、TCP、HTTP、流媒体等业务。

（3）M2M 业务特征和 QoS 要求与 H2H 有明显的差异，比如低数据传输速率、低占空比、不同的延迟要求。

（4）终端使用场景和分布差异。

（5）以往的蜂窝通信系统针对 H2H 终端的典型分布位置和密度进行优化，比如手机的典型无线环境和单位面积内的数量。

（6）M2M 终端的使用环境和数量密度与 H2H 有明显差异，比如传感器网络的使用地域比手机更为广泛，在单位面积内 M2M 终端可能大量地存在，表现在如下两方面。

① 增强网络能力。在网络层，3GPP 主要在 M2M 结构上做了改进来支持在网络中支持大规模的 M2M 设备部署 M2M 服务需求。

基于 MTC（Machine Type Communication，机器类型通信）设备和 MTC 服务器之间的端到端的应用使用的是 3GPP 系统提供的服务。3GPP 系统提供专门针对 MTC 优化的传输和通信服务，包括 3GPP 承载服务、IMS、SMS。如图 6.15 所示，MTC 设备通过 MTCu 接口连接到 3GPP 网络，如 UTRAN、E-UTRAN、GERAN、I-WLAN 等。MTC 设备通过由 PLMN 提供的 3GPP 承载服务、SMS 以及 IMS 与 MTC 服务器或者其他 MTC 设备进行通信。MTC 服务器是一个实体，它通过 MTci/MTCsms 接口连接到 3GPP 网络，然后与 MTC 设备进行通信。另外，MTC 服务器这个实体可以在操作域内也可以在操作域之外。

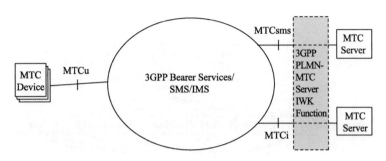

图 6.15 针对 MTC 的 3GPF 架构

图 6.15 中的接口定义如下：

a. MTCu：它是 MTC 设备接入 3GPP 网络的接口，完成用户层和控制层数据的传输。MTCu 接口可以基于 Uu、Um、Ww 和 LTE-Uu 接口来设计。

b. MTCi：它是 MTC 服务器接入 3GPP 网络的接口，并且通过 3GPP 的承载服务/IMS 来和 MTC 设备进行通信。它可以基于 Gi、Sgi 以及 Wi 接口来设计。

c. MTCsms：它是 MTC 服务器通过 3GPP 承载服务/SMS 接入 3GPP 网络的接口。

② 增强接入能力：

a. 研究各种 MTC 通信应用的典型业务流量特性，定义新的流量模型。

b. 针对 SAI 工作组定义的 MTC 需求，研究对 UTRA 和 EUTRA 的改进。

c. 研究针对大量的低功耗、低复杂度 MTC 设备的优化的 RAN 资源使用。

d. 最大限度地重用当前的系统设计，尽可能减少修改，以限制 M2M 优化带来的额外成本和复杂度。

6.4.3　M2M 模型及系统架构

1. 中国移动 M2M 模型及系统架构

（1）M2M 系统结构图

M2M 系统分为应用层、网络传输层和设备终端层，如图 6.16 所示。应用层提供各种平台和用户界面以及数据的存储功能，应用层通过中间件与网络传输层相连，通过无线网络传输数据到设备终端。当机器设备有通信需求时，会通过通信模块和外部硬件发送数据信号，通过通信网络传输到相应的 M2M 网关，然后进行业务分析和处理，最终到达用户界面，人们可以对数据进行读取，也可以远程操控机器设备。应用层的业务服务器也可以实现机器之间的互相通信，来完成总体的任务。

① 设备终端层。设备终端层包括通信模块以及控制系统等。通信模块产品按照通信标准来分可分为移动通信模块、ZigBee 模块、WLAN 模块、RFID 模块、蓝牙模块、GPS 模块以及网络模块等，外部硬件包括从传感器收集数据的 I/O 设备、完成协议转换功能将数据发送到通信网络的连接控制系统、传感器，以及调制解调器、天线、线缆等设备。设备终端层的作用是通过无线通信技术发送机器设备的数据到通信网络，最终传送服务器和用户。而用户可以通过通信网络传送控制指令到目标通信终端，然后通过控制系统对设备进行远程控制

和操作。

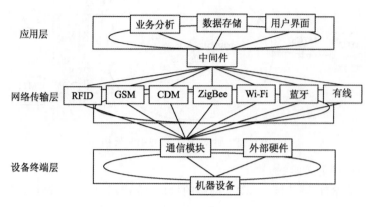

图 6.16　M2M 系统结构与技术体系

② 网络传输层。通信传输层即用来传输数据的通信网络。从技术上来分，通信网络包括：广域网（无线移动通信网络、卫星通信网络、Internet、公众电话网）、局域网（以太网、WLAN、Bluetooth）、个域网（ZigBee、传感器网络）等。

③ 应用层。应用层包括中间件、业务分析、数据存储、用户界面等部分。其中数据存储用来临时或者永久存储应用系统内部的数据，业务分析面向数据和应用，提供信息处理和决策，用户界面提供用户远程监测和管理的界面。

中间件包括 M2M 网关、数据收集/集成部件两部分。网关是 M2M 系统中的"翻译员"，它获取来自通信网络的数据，将数据传送给信息处理系统。主要的功能是完成不同的通信协议之间的转换。通过数据收集/集成部件可将数据变成有价值的信息，对原始数据进行不同加工和处理，并将结果呈献给需要这些信息的观察者和决策者。

（2）网元功能描述

M2M 业务系统结构图如图 6.17 所示。

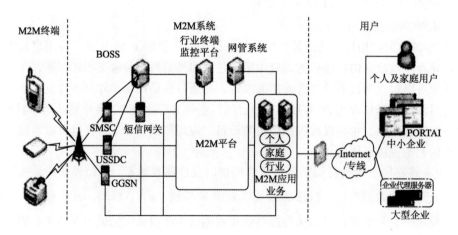

图 6.17　业务系统结构

① M2M 终端：M2M 终端基于 WMMP 并具有以下功能——接收远程 M2M 平台激活指令、本地故障告警、数据通信、远程升级、数据统计以及端到端的通信交互功能。

②　M2M 平台：为 M2M 应用服务的客户提供统一的 M2M 终端管理、终端设备鉴权，并对目前短信网关尚未实现的接入方式进行鉴权。支持多种网络接入方式，提供标准化的接口使得数据传输简单直接。提供数据路由、监控，用户鉴权、计费等管理功能。

③　M2M 应用业务平台：为 M2M 应用服务客户提供各类 M2M 应用服务业务，由多个 M2M 应用业务平台构成，主要包括个人、家庭、行业三大类 M2M 应用业务平台。

④　短信网关：由行业应用网关或移动网网关组成，与短信中心等业务中心或业务网关连接，提供通信能力。负责短信等通信接续过程中的业务鉴权、设置黑白名单、EC/SI 签约关系/黑白名单导入。行业网关产生短信等通信原始使用话单，送给 BOSS 计费。

⑤　USSDC：负责建立 M2M 终端与 M2M 平台的 USSD 通信。

⑥　GGSN：负责建立 M2M 终端与 M2M 平台的 GPRS 通信。提供数据路由、地址分配及必要的网间安全机制。

⑦　BOSS：与短信网关、M2M 平台相连，完成客户管理、业务受理、计费结算和收费功能。对 EC/SI 提供的业务进行数据配置和管理，支持签约关系受理功能，支持通过 HTTP/FTP 接口与行业网关、M2M 平台、EC/SI 进行签约关系以及黑白名单等同步的功能。

⑧　行业终端监控平台：M2M 平台提供 FTP 目录，将每月的统计文件存放在 FTP 目录，供行业终端监控平台下载，以同步 M2M 平台的终端管理数据。

⑨　网管系统：网管系统与平台网络管理模块通信，完成配置管理、性能管理、故障管理、安全管理及系统自身管理等功能。

2. ETSI 系统结构图

ETSI 的 M2M 功能结构主要是用来利用 IP 承载的基础网络（包括 3GPP、TISPAN 以及 3GPP2 系统）。同时 M2M 功能结构也支持特定的非 IP 服务（SMS、CSD 等）。M2M 系统结构包括 M2M 设备域和网络与应用域，如图 6.18 所示。

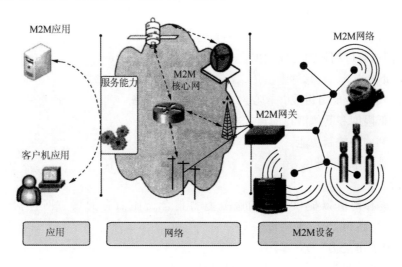

图 6.18　系统结构

M2M 设备域由以下几部分组成：

（1）M2M 设备

M2M 设备主要是利用 M2M 服务能力和网络域的功能函数来运行 M2M 应用。M2M 设备域到 M2M 核心网的连接方式主要有以下两种。

① 直接连接：M2M 设备通过接入网连接到网络和应用域。M2M 设备主要执行以下几种过程，如注册、鉴权、认证、管理、提供网络与应用域。M2M 设备还可以让其他对于网络与应用域不可见的设备连接到自己本身。

② 利用网关作为网络代理：M2M 设备通过 M2M 网关连接到网络与应用域。M2M 设备通过局域网的方式连接到 M2M 网关。这样 M2M 网关就是网络和应用域面向连接到它的 M2M 设备的一个代理。M2M 网关会执行一些过程比如鉴权、认证、注册、管理以及代理连接到这个网关的 M2M 设备向网络与应用域提供服务。M2M 设备可以通过多个网关并联或者串联的方式连接到网络域。

（2）M2M 局域网

可以通过 M2M 局域网让 M2M 设备连接到 M2M 网关。包括个人局域网（如 IEEE802.15x、ZigBee、蓝牙、IETF ROLL、ISAl00.11a 等）、局域网（如 PLC、M–BUS、Wireless MBUS 和 KNX）。

（3）M2M 网关

M2M 网关的主要作用是利用 M2M 服务能力来保证 M2M 设备连接到网络与应用域，而且 M2M 网关还可以运行 M2M 应用。

3. M2M 网络与应用域的组成

（1）接入网

接入网允许 M2M 设备域与核心网通信。主要包括：xDsL、HFC、PLC、Satellite、GERAN、UTRAN、eUTRAN、W–LAN 和 WiMax。

（2）传输网

允许在网络与应用域内传输数据。

（3）M2M 核心

由核心网和服务能力组成，核心网主要提供以下服务：

① 以最低限度和其他潜在的连接方式进行 IP 连接。

② 服务和网络控制功能。

③ 与其他网络的互联。

④ 漫游。

不同的核心网可以提供不同的服务能力集合，比如有的核心网包括 3GPP CNS、ETSITISPAN CN 和 3GPP2 CN。

（4）M2M 服务能力

① 提供 M2M 功能函数，这些函数可以被不同的应用共享。

② 通过一系列的开放接口开放功能。

③ 应用核心网功能。

6.4.4 M2M 的应用

M2M 技术可为各行业提供一种集数据采集、传输、处理和业务管理的综合解决方案，实现业务流程的自动化。其主要应用领域包括：交通领域（物流管理、定位导航）、电力领域（远程抄表和负载监控）、农业领域（大棚监控、动物溯源）、城市管理（电梯监控、路灯控制）、安全领域（城市和企业安防）、环保领域（污染监控、水土检测）、企业（生产监控和设备管理）和家居（老人和小孩看护、智能安防）等。行业应用体现的是 M2M 技术应用的深度性，而个人应用领域体现的是 M2M 技术应用的广度性。相关专家指出，未来 M2M 的应用还会以行业应用为主，但会逐渐渗透到个人应用领域。大多数 M2M 应用与行业需求紧密结合，没有适合所有客户的横向产品，几乎所有的 M2M 应用都需要针对特定客户群的实际需求进行一定程度的定制（见图 6.19）。

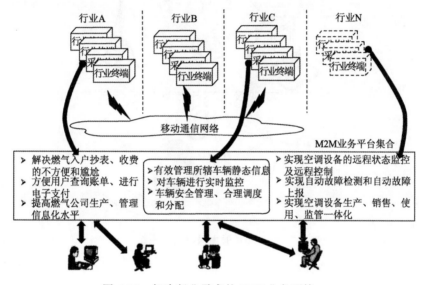

图 6.19　解决行业需求的 M2M 业务环境

下面介绍 M2M 典型行业应用。

1. 医疗保健

（1）医疗保健 M2M 应用概述

随着我国人口老龄化问题的日益严重，家庭医疗监护将成为普遍的社会需求。在患者和医院、医疗工作人员之间建立高速信息网络，是以改善医用通信条件为手段解决上述问题的有效可行的重要方法之一。

用传感技术和现代通信技术将病人的监护范围从医院内扩展到通信网络可以到达的任何地方，医生通过网络全程监控患者的病程（包括突发病变），并给予他们必要的指导和及时处理，而患者则通过网络在家里、公共场所或社区医院得到大医院的救治和指导。远程监护提供一种通过对被监护者生理参数进行连续监测研究，缩短了医生和病人之间的距离，医生可以根据远地传来的生理信息为患者提供及时的医疗服务，远程监护系统不仅能提高老人的生活质量，而且能够及时捕捉老人的发病先兆，结合重要生理参数的远程监护，可以提高老年人的家庭护理水平。这对于患者获得高水平的医疗服务及在紧急情况时的急救支援，具有重要意义。

（2）医疗保健 M2M 应用方案

无线传感器网络技术、短距离通信技术（IEEE 802.11a/b/g、ZigBee、Wi-Fi）、蜂窝移动通信网（GPRS/CDMA/3G）、互联网技术等先进通信技术的发展，为实现基于 M2M 的医疗保健应用方案提供了坚实的技术基础。M2M 在医疗保健上的应用，将会带动医疗设备的微型化和网络化，同时促进医疗模式向以预防为主的方向发展。图 6.20 中描述了一种可扩展的多层次网络式远程医疗监护系统结构。

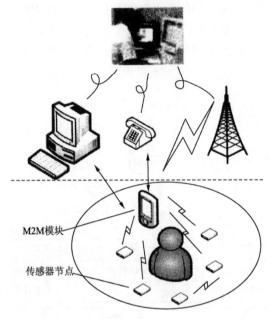

M2M模块

传感器节点

图 6.20　通用医疗监护系统

系统由监护终端设备和无线专用传感器节点构成了一个微型监护网络。医疗传感器节点用来测量各种人体生理指标，如体温、血压、血糖、血氧、心电图、脑电图、脉搏等，传感器还可以对某些医疗设备的状况或者治疗过程情况进行动态监测。传感器节点将采集到的数据，通过无线通信方式将数据发送至监护终端设备，再由监护终端上的通信装置将数据传输至服务器终端设备上，如通过互联网可以将数据传输至远程医疗监护中心，由专业医护人员对数据进行观察，提供必要的咨询服务和医疗指导，实现远程医疗。

（3）一个完整的远程医疗监护 M2M 系统可以具体分为如下部分。

① 传感器部分：负责对病人生理参数，如心电图、心跳、呼吸、脉搏等进行采集。

② 传输网络部分：传输数据的通道，包括数据在传感器和个人终端间的传输通道，个人终端和服务器间的传输通道。

③ 远程医疗业务平台。

④ 远程医疗业务提供方。

（4）应用模式

医疗保健 M2M 应用方案主要可以根据应用场景和功能的不同划分为两种模式，分别是家庭社区远程医疗监护系统和医院临床无线医疗监护系统。

① 家庭社区远程医疗监护系统以前期预防为主要目的，对患有心血管等慢性疾病的病人在家庭、社区医院等环境中进行身体健康参数的实时监测，远程医生随时可对病人进行指导，发现异常时进行及时的医疗监护。这样一方面节省了大型专科医院稀缺的医疗资源，减少庞大的医疗支出费用，同时又在保证个人的生命安全的基础上，为病人就医提供了便利。

一个适用于家庭社区环境的典型远程医疗监护 M2M 系统分为：

- 用户便携终端，包括客户端，一般为 PC、便携计算机、PDA、膝上计算机甚至手机等，具有采集、存储、显示、传输、预处理、报警等功能，其中 PDA 和手机是目前最有发展潜力的个人终端。
- 服务器终端，为设于医院监护中心或家庭护理专家处的专业服务器，可提供详细的疾病诊断及分析，并提供专业医疗指导，反馈最佳医疗措施。
- 网络部分。

病人便携终端负责数据采集、本地监测、病人定位和数据发送，其工作方式可以是无线或有线，电源方式为有线或电池供电。医院终端由信息采集服务器、数据库服务器及监控管理终端等组成。一台信息采集服务器负责接收远程发来的心电数据和位置数据，实现对病人的远程监控，同时以 Web 服务的标准格式为医生提供一个历史数据检索、查看和诊断的平台。医生在医生工作站和医生终端上通过标准的浏览器即可实现对病人数据的实时访问。

网络各部分通过移动网络与其他网络互联；移动网络在其中起到了枢纽和控制的功能；其中，用户便携终端包含常见的传感器，主要用于测量身体参数和室内外环境，除了人体参数外，还可以实现如体重、人体和环境温度等参数的测量，并自动通过无线网络技术，上传到终端，实现参数的实时监测。另外，家庭社区主要针对慢性疾病进行监护，个人监护设备不应对病人的日常生活进行限制，因此要求有很好的便携性。

家庭社区远程医疗监护系统通过现有的通信技术，在家庭环境中对人体和环境参数进行综合测量，从而实现护理和保健的统一，如图 6.21 所示。

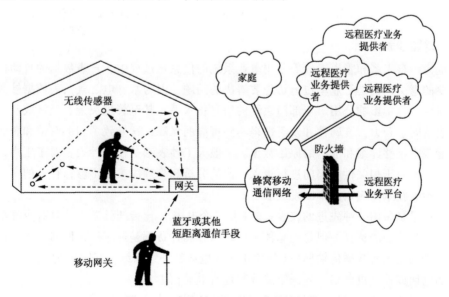

图 6.21　家庭社区远程医疗监护系统

② 医院临床无线监护系统。医院临床无线监护系统在医院范围内利用各种传感器对病人的各项生理指标进行监护、监测。系统可以采用先进的传感器技术和无线通信技术，替代固定监护设备的复杂电缆连接，摆脱传统设备体积大、功耗大、不便于携带等缺陷，使得患者能够在不被限制移动的情况下接受监护，满足当今实时、连续、长时间监测病人生命参数的医疗监护需求。

在该应用模式下，系统仍旧可以沿用通用的远程医疗系统模型，利用无线数据传输的方式，传递医疗传感器与监护控制仪器之间的信息，减少监护设备与医疗传感器之间的联系，使得被监护人能够拥有较多的活动空间，获得准确的测量指标，满足病人的日常生活需要。同时，在医院病房内建立无线监测网络，很多项测试可以在病床上完成，极大地方便了病人就诊，并加强医院的信息化管理和工作效率。

系统需要同时支持床旁重症监护和移动病患监护。系统可分为：

- 生理数据采集终端，具有采集、存储、显示、传输、预处理、报警等功能，根据病人病情的需要，可分为固定型和移动型终端两种。
- 病房监护终端，作为病房内数据采集的中心控制和接入节点，收集病人的生理数据，支持本地监测，同时将数据发送至远程服务器终端。
- 远程服务器终端为设于医院监护中心的专业服务器，可提供详细的疾病诊断及分析，并提供专业医疗指导，反馈最佳医疗措施。
- 网络部分。

其中，生理数据采集终端和病房监护终端构成病房范围内的数据采集传输网络，可根据移动性的需求，采用无线或有线的方式进行连接，实现病房内多用户数据采集和病人定位，同时也方便医生和护士在病房内对病人的情况进行检查和监测。医院终端由信息采集服务器、数据库服务器及监控管理终端等组成。一台信息采集服务器负责接收远程发来的心电数据和位置数据，实现对病人的远程监控，同时以 Web 服务的标准格式为医生提供一个历史数据检索、查看和诊断的平台。医生在医生工作站和医生终端上通过标准的浏览器即可实现对病人数据的实时访问。

2. 智能抄表

在电力、自来水和管道煤气等公用事业系统的信息化过程中，户表数据的自动抄送具有十分重要的意义，也是行业单位迫切想要解决的问题，因为水、电、气三表数据抄送的准确性、及时性，直接影响公用事业部门系统的信息化水平，甚至管理决策、经济效益。传统的手工抄表费时、费力，准确性和及时性得不到可靠的保障，这导致了相关营销和企业管理类软件不能获得足够详细和准确的原始数据。一般人工抄表都是按月抄表，对于用户计量来说是可行的，但对于相关供应部门进行更深层次的分析和管理决策却不够，行业的实际需求催生着自动抄表技术和应用的不断发展。

智能计量是采用一种先进的仪表（通常是一个电表），比传统计费方式具有更详细的消费标识，并具备更多的选择。但是，总体来说，监控和计费都是通过通信网络来进行传递的。网络通常指的是无线数据传输网络（如使用无线电或红外线系统），它也包括其他媒质的数据传输，如电话或计算机网络、光纤链路或其他有线通信。

智能计量技术的关键技术问题是通信方式的使用。计量必须能够可靠、安全地通信，将收集到的信息传至中心控制台。图 6.22 所示为智能抄表系统，智能计量采用了一些智能电网的新功能，但智能电网范围比智能仪表要大得多，智能计量包括智能电网的核心技术部分，智能计量装置（如阀门、电表、气表、水表等）的仪表通过一个通信网关将信息数据传输到数据中心。

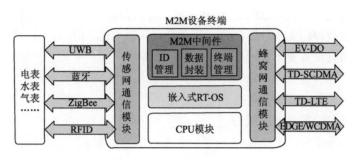

图 6.22　智能抄表系统

在我国，自动抄表是一种典型的数据测量应用。这种业务被广泛应用于公共事业领域，比如自来水供应、电力供应以及天然气供应等行业，传感器被广泛地安装到用户的终端上，到指定日期或时间，传感器将自动读取计量仪表的数据并把相关的数据通过无线网络传输到数据中心，然后由数据中心进行统一的处理。

在家居生活中，使用智能仪表进行能源管理是智能电网应用的一个重要功能。因此，在现有的家居联网和自动化系统中将不得不予以考虑，并开发相应的能源管理功能。在家中所有的设施都需要具备通信能力，以支持智能计量。

如图 6.23 所示，无线电力远程抄表系统由位于电力局的配电中心和位于居民小区的电表数据采集点组成，利用运营商的无线网络（GSM、GPRS 或 CDMA），电表数据通过运营商的无线网络进行传输。

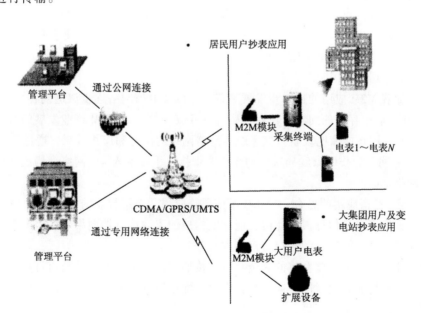

图 6.23　无线电力远程抄表系统

电表直接通过 RS-232 口与无线模块连接或者首先连接到电表数据采集终端，数据采集终端通过 RS-232 口与无线模块连接，电表数据经过协议封装后发送到运营商的无线数据网络，通过无线数据网络将数据传送至配电数据中心，实现电表数据和数据中心系统的实时在线连接。

运营商无线系统可提供广域的无线 IP 连接。在运营商的无线业务平台上构建电力远程抄表系统，实现电表数据的无线数据传输，具有可充分利用现有网络，缩短建设周期，降低建设成本的优点，而且设备安装方便、维护简单。

一个完整的无线抄表系统可以具体分为如下部分。

（1）数据采集部分：负责采集电表数据。

（2）传输部分：传输数据的通道。

（3）管理及业务平台。

3. 智能家居

（1）M2M 应用概述

目前，移动通信网络由 4G 向 5G 发展，网络的作用已被充分地挖掘和发挥。以往的发展注重的是计算机之间的互联和人与人之间的通信，忽略了大量存在于我们周围的普通机器，这些机器的数量远远超过人和计算机的数量，其中数量最大的要数普通消费者联系最密切的家庭设备。目前，家庭设备联网已经逐渐普及并渗透到千家万户。越来越多的信息智能型家居产品如雨后春笋般涌现，智能家庭局域网、家庭网关、信息家电等这些与智能家居密切相关的名词已经几乎是家喻户晓。相对于其他的行业应用来说，社区、家庭、个人应用领域，拥有更广大的用户群和更大的市场空间。

智能家居作为 M2M 的一种应用，M2M 的规范化和产业化发展将为智能家居行业提供强劲的动力。移动运营商在 M2M 产业领域具有天然的优势，比如随时随地接入网络的能力，成熟的运营体系；智能家居业务为移动运营商进一步挖掘个人应用市场并向家庭、社区领域拓展提供增长空间。未来运营商主导业务的运营和推广将成为智能家居业务的重要发展方向，同时也能进一步扩大运营商的收益和市场。

（2）智能家居 M2M 应用方案

目前，随着 M2M 应用的进一步发展和普及，以及电信网络逐步渗透到各个行业和领域，为解决 M2M 发展中存在的问题，泛在、融合、开放、整合是 M2M 产业发展的必然方式。

所谓泛在，即智能家电设备借鉴无线传感器网络的研究和应用成果，通过蓝牙、WLAN、WiMAX、家庭网关等作为家庭局域网的无线宽带接入手段融入 4G 网络，构成智能家居服务泛在化的网络基础。

所谓融合，是指应用的融合。M2M 技术使得跨应用乃至跨行业的机器终端之间实现联网。未来的智能家居不再是信息孤岛，由智能家电构成的家庭传感器网络与各服务提供商的应用系统建立连接，通过标准化的接口协议请求服务。

例如，冰箱可根据存储食物的剩余容量，按照预设的清单向食品超市订购食品，而超市又通过和专业的物流企业联网，向用户提供食品配送服务。通过不同应用之间的相互融合，逐步形成一个泛在的服务环境，为用户提供周到的服务。

应用的融合有赖于制定行业应用系统的接口规范。缺乏标准和规范已成为约束智能家居业务发展的主要因素之一。目前，国内一些运营商已开始召集包括家庭安防、电梯监控、智能家居等一些行业应用厂家，启动规范制定工作。

所谓的开放，是指业务能力的开放。面向个人和家庭用户的。M2M业务对个性化和定制化有更高的要求。典型的如智能家居业务，由于每个家庭的家电设备千差万别，用户的使用习惯、生活习惯也千差万别，如果采用开发商提供的应用模式，显然是无法满足所有用户需求的。因此，客观上需要一个开放的业务开发环境，使运营商或者合作运营的 SP 可以方便地为用户生成个性化的业务逻辑，甚至将这个业务开发环境开放给用户自己使用。这显然要求业务开发环境具有足够的易用性。

所谓的整合是指对产业链的整合。电信运营商可以通过制定标准协议、终端入网等措施，对 M2M 产业进行规范。例如，可以制定终端与 M2M 平台，以及 M2M 平台与 M2M 应用之间的交互协议等。同时，运营商对入网资格进行测试和审查，从而形成以运营商为核心的整合的产业链。运营商利用其发达的营销渠道、良好的品牌形象和庞大的用户群，使符合其 M2M 业务架构的终端厂商和应用提供商获得市场拓展的便利，并从运营商的利润中获得分成；用户通过租用运营商提供的统一服务大大减少初期建设投入和使用成本；运营商则通过运营 M2M 业务获得业务使用费用，赚取可观的利润。由此产业链的各个环节达到多方共赢的局面。

6.4.5　M2M 技术的发展趋势

1. 移动通信技术将成为主流，短距离通信技术将成为补充

移动通信可以实现全球的设备监控和联网，是实现 M2M 最理想的方式，目前也已经有不少的基于移动通信的 M2M 业务。但可以预见到在未来的几年移动通信模块成本和网络建设费用仍然居高不下，为每一台机器或者每一个物品配备移动通信的模块仍不现实。在这种情况下，短距离通信将成为扩展移动通信 M2M 的重要手段，尤其在一些特定的应用中。RFID、无线传感器等短距离通信技术与移动通信网络的无缝连接将成为未来 M2M 应用的重要趋势，这也为网络融合以及"网络一切"理念创造了机遇。RFID、蓝牙可以直接与移动通信模块连接，也可以通过无线传感器网络连接到移动通信模块，如图 6.24 所示。同时，也不排除有新的专门针对 M2M 应用的通信技术产生，能代替现有的技术。而有线网络和 Wi-Fi 技术由于其高速率和高稳定性的优势，将在一些特殊的领域继续存在。

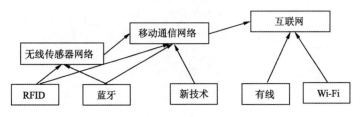

图 6.24　未来 M2M 技术结构

2. 无线通信技术和 M2M 产业的发展将推动 M2M 标准化

M2M 行业数据标准制定目前已经有初步的成果，虽然影响力还不大。随着。M2M 产业链的整合以及 M2M 业务领域的不断扩大，相信 M2M 的数据标准、体系结构标准、设备接口标准、安全标准、测试标准将不断地完善和融合，最终形成统一的标准体系。届时，整个标准

体系不止包括移动通信 M2M，还将包括短距离通信技术及应用。

3．无线升级通信终端软件将成为提高经营效率的重要手段

随着 M2M 通信终端和模块的大规模应用，通信终端软件升级将成为困扰 M2M 服务提供商的一个难题。DOTA（Download Over The Air，空中下载）和 FOTA（Firmware Over The Air，空中存储）技术目前已经在手机中实现了广泛的应用，Ovum 预测，未来的两年手机 FOTA 软件将迅速发展。M2M 通信对 FOTA 技术需求比手机应用更强烈，因此虽然目前这项技术在 M2M 领域还涉及比较少，但相信随着 M2M 产业的发展，越来越多的 M2M 厂商会注重这项技术在 M2M 中的作用。

习　题

1．什么是人工智能?请阐述其主要特点。
2．简述云和云计算的基本概念。
3．简述云计算工作原理
4．简述数据挖掘的概念
5．简述M2M技术的定义及系统架构。
6．为什么说M2M技术是物联网核心技术?
7．M2M的应用有哪些方面?
8．M2M技术的发展趋势有哪些方面?

第7章　电子商务技术

7.1 电子商务的机理与模式

电子商务是一个新兴的、迅速发展的崭新领域，而这个领域的理论研究却没能跟上时代的发展脚步。如何理解电子商务中出现的新型事物，如何从理论上对电子商务进行研究和分析，是电子商务理论研究面临的重要课题。本章着重介绍了电子商务的基本分析模型和理论体系结构，通过对各相关方面关系的理解，来揭示电子商务发展的一些本质问题。因此，对电子商务的机理和基本模式的研究，对研究电子商务具有一定的理论指导意义。

7.1.1 电子商务的通用模型

1. 电子商务的概念模型

电子商务的概念模型，是对现实世界中电子商务活动的一般抽象描述，它由电子商务实体、电子市场、交易事务和物流资金流、信息流、商流等基本要素构成，如图 7.1 所示。

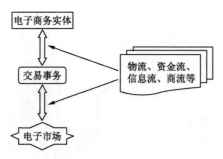

图 7.1 电子商务概念模型

在电子商务概念模型中，电子商务实体（简称 EC 实体，也可称为电子商务交易主体）是指能够从事电子商务活动的客观现象，它可以是企业、银行、商店、政府机构、科研教育机构和个人等；电子市场是指电子商务交易主体从事商品和服务交换的场所，它由各种各样的商务活动参与者，利用各种通信装置，通过网络连接成一个统一的经济整体；交易事务是指电子商务交易主体之间所从事的具体的商务活动的内容，如询价、报价、转账支付、广告宣传、商品运输等。

电子商务的任何一笔交易包含着以下四种基本的"流"，即物流、资金流、信息流和商流。其中物流主要是指商品和服务的配送及传输渠道，对于大多数商品和服务来说，物流可能仍然经由传统的经销渠道；然而对有些商品和服务来说，可以直接以网络传输的方式进行配送，如各种电子出版物、信息咨询服务、有价信息等。资金流主要是指资金的转移过程，包括付款、转账、兑换等过程。信息流既包括商品信息的提供、促销营销、技术支持、售后服务等内容，也包括诸如询价单、报价单、付款通知单、转账通知单等商业贸易单证，还包括交易方的支付能力、支付信誉、中介信誉等。商流主要指交易中物权的转移过程。对于每个电子商务交易的主体来说，它所面对的是一个电子市场，必须通过电子市场来选择交易的内容和对象。因此，电子商务的概念模型可以抽象地描述为每个电子商务交易主体和电子市场之间的交易事务关系。

2. 电子商务的交换模型

（1）交换模型

所有的商业交易都需要语义确切的信息交流和处理，以减少买方和卖方之间的不确定性因素。这些不确定性因素包括交易产品的质量问题、是否有第三方对委托进行担保以及如何解救纠纷等。

电子商务改变了以往的贸易方式和中介角色的作用，降低了商品交换过程中的成本。商品交换成本通常包括调研、合同的起草、谈判、捍卫贸易条款、支付和结算、强制履行合同和解决贸易纠纷。

从商品交换的基本过程和这个过程中的一些不确定性因素出发，可以概括出一个电子商务的基本交换模型，如图 7.2 所示。

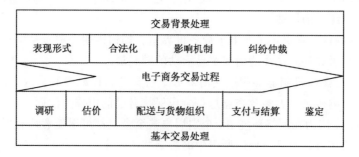

图 7.2　电子商务基本交换模型

在电子商务的交换模型中，通信和计算技术成为整个交易过程的基础。同传统的贸易活动相比，电子商务所依赖的贸易基本处理过程并没有改变，而用以完成这些过程的方式和媒介发生了变化。下面首先介绍贸易的基本处理过程，然后介绍处理过程所依赖的贸易背景的处理，贸易背景的处理将减少未来贸易过程中的不确定性因素。电子商务对这些处理过程带来的影响将作为主线贯穿其中。

（2）贸易的基本处理过程

① 调研。电子商务通常减少了买方的调研成本，而相对增加了卖方的调研成本。电子商务活动中常用的调研方式有三种：其一，卖方在电子市场上发放顾客偏好描述文件，向顾客提供产品信息，同时收集顾客对产品的偏好；其二，从特定的用户群中收集信息，如根据用户对某类产品的偏好来决定己方产品的买卖信息；其三，用户在电子市场上广播他们对产品的需求信息，让产品供应商来提供报价。

② 估价。任何贸易都离不开估价过程。在简单贸易模型中，通常由卖方提供一个非协商性价格，然后逐渐降价直到有人来买。然而，在电子商务模型下，商品和服务的定价过程对顾客来说变得更为透明。网络交易环境下，良好的用户交互性、价格低廉的通信基础设施以及智能软件代理技术，为用户提供了各种不同的动态价格搜索机制，甚至可以为用户提供

实时性要求很高的价格搜索，如拍卖活动中的拍卖报价。

③ 组织配送。在任何商业模型中，实际产品的组织和配送都是一个值得考虑的重要问题，电子商务在这方面为企业提供了一些新的商机。例如，销售商根据库存信息及时方便地同供应商取得联系，调整库存以减少不必要的库存开支；供应商必须建立更灵活、更方便的生产系统和产品交付系统，以便能够为更多的零售商服务；信息和软件经营商利用 Internet 来交付产品或者进行软件升级，但是目前这种方式的使用范围还很有限。

④ 支付与结算。电子商务的支付与结算采用电子化的工具和手段进行，从而替代了以往贸易模型中的纸张单证。

⑤ 鉴定。这主要包括检验产品的质量、规格、确认贸易伙伴的仲裁机构、监督贸易伙伴是否严格遵守贸易条款等内容。电子商务给鉴定机构带来了挑战，例如，如何检验一家设立在 Internet 上的电子商店是合法的，如何确保自己所购买的商品的质量。

（3）贸易背景处理

① 表现形式。表现形式决定了企业如何向买方表达产品的信息和贸易协议。实施了多年的 EDI 已经形成了一些企业与企业之间，或者不同的行业和部门之间传递报文的文字化模板，但是对于范围更广的电子商务，尤其是对于基于 Internet 的电子商务来说，需要更为严格、更为专业化、统一的标准。

② 合法性的确认。它决定了在电子商务世界里，如何声明一项贸易协议才算是有效的，它关系到电子世界里如何立法才能确保贸易活动的顺利展开。

③ 影响机制。影响机制能够刺激交易双方履行义务，以减少交易双方的风险。声誉影响是一种常见的影响机制，大多数企业总是希望保持自己的声誉。然而，电子商务却对声誉的作用提出了挑战，因为在网络环境下，个别用户甚至个人都可以随意地利用这种影响机制，来影响一个企业的声誉，而且，他们所产生的影响并不一定客观公正。

④ 解决纠纷。解决纠纷的手段主要有直接谈判、诉诸法律或者采用武力等。纠纷在传统的纠纷解决机制下带来的影响是局部的，而在电子商务环境下，尤其是 Internet 环境下，纠纷的解决将是世界范围的，其影响范围也很广泛。

（4）交易链的扁平化

从上面对电子商务交换模型的分析中可以看出，电子商务在商品交易链中所起的作用，总体来说，就是实现了交易链的扁平化。一方面它成功地减少了交易中间商的存在，拉近了商品流通领域中卖方和最终消费者的距离，使得以前可能要经过好几道分销过程，才能到达最终用户手中的商品，现在只需很少的中间环节或者根本无须中间环节就能到达。这里面有一种很有意思的回归。在最早"以物易物"的时候，商品流通领域的交易链是最短的，买、卖双方直接见面，一对一，没有中介。随着生意越做越大，面对数目巨大的最终消费者，这种一对一的方式以当时的技术就无法实现了，于是出现了专门从事商品流通的行业一级批发商、二级批发商、零售商等，交易链在这个过程中被拉长，同时产生了附加值，从而使得消费者除了要负担商品的生产成本，还要负担更重的流通成本。现在有了网络，有了电子技术，有了贸易过程的自动化处理，厂商就可以以相对较低的成本实现这种一对一的交易模式。像 DELL 公司那样实现网上直销，从而大幅度减少了商品成本，使得买卖双方都获益。消费者也不再只是产品的被动接收者，他可以参加到产品的设计、生产中去，他可以在网上直接向生产商提出能够满足自己个性化要求的服务。不过这种"回归"和早期的那种一对一交易是有本质不同的，就像我们说人类社会是以一种螺旋式上升的方式发展，在一个阶段可能会和以前的某个历史阶段形式相似，但境界是相差甚远。

另一方面，这种交易链的缩短并不意味着为完成一笔交易所需的参与者会减少，事实上，在方便、快捷地完成一笔交易的背后，是一些庞大的机构和复杂的机器在服务。以支付系统为例，当在刷卡机前完成一个简单的刷卡动作，只是几秒的事，而就在这几秒内，信息已经从商场到收单行，到信用卡授权清算中心，再到发卡行打了一个来回了。电子商务的支付过程类似于信用卡的支付过程，只是由于网络的特殊性，使得这种支付需要有特殊的中介机构来保证，于是出现了电子证书、授权认证中心，以及为协调纠纷而设立的仲裁机构。这一切意味着交易链在时间上的缩短，是以一个庞大复杂的中介机构群为后盾的，中介机构是否良好运转，将直接关系到电子商务的成败。

3. 电子商务的通用交易过程

一次完整的商业贸易过程，包括交易前的了解商情、询价、报价，发送订单、应答订单，发送/接收送货通知、取货凭证，支付汇兑过程等，此外还有涉及行政过程的认证等行为，涉及了资金流、物流、信息流的流动。严格地说，只有上述所有贸易过程实现了无纸贸易，即全部是非人工介入，使用各种电子工具完成的，才能称为一次完整的电子商务过程。

电子商务的通用交易过程如图 7.3 所示，交易前期包括交易前的准备；交易中期主要包括交易磋商、签订合同与交易手续办理；交易后期主要包括合同履行与支付、售后服务等。下面分别进行具体介绍。

图 7.3　电子商务通用交易过程模型

（1）交易前的准备

这一阶段主要是买、卖双方和参加交易各方在签约前的准备活动。

买方根据自己要买的商品，准备购货款，制订购货计划，进行货源市场调查和市场分析，并反复进行市场查询；了解各个卖方国家的贸易政策，反复修改购货计划和进货计划，确定和审批购货计划；再按计划确定购买商品的种类、数量、规格、价格、购货地点和交易方式等，尤其要利用 Internet 和各种电子商务网络，寻找自己满意的商品和商家。

卖方根据自己所销售的商品，召开商品新闻发布会，制作广告进行宣传，全面进行市场调查和市场分析，制定各种销售策略和销售方式，了解各个买方国家的贸易政策，利用 Internet 和各种电子商务网站发布商品广告，寻求贸易伙伴和贸易机会，扩大贸易范围和商品所占市场的份额。其他参加交易各方有中介方、银行金融机构、信用卡公司、海关系统、商检系统、保险公司、税务系统、运输公司，也都为进行电子商务交易做好准备。

在电子商务系统中，信息的交流通常都是通过双方的网址和主页来完成的。这种信息的沟通方式，无论从效率上、还是时间上，都是传统方法无可比拟的。

（2）交易磋商

在商品的供需双方都了解到了有关商品的供需信息后，具体商品交易磋商过程就开始了。在传统的工业化社会中，贸易磋商过程往往都是贸易单证的传递过程。这些单证均反映了商品交易双方的价格意向、营销策略管理要求及详细的商品供需信息。通过邮寄的单证传递，是贸易磋商中很费时费力的过程，特别是在贸易磋商回合较多的情况下更是如此。用电话虽然能够达到磋商的目的，但是磋商的结果仍需用传递纸面单证的方式来完成。用传真虽然能够达到直接传递纸面单证的目的，但是传真的安全保密性和可靠性不足，一旦发生贸易纠纷，传真件不足以作为法庭仲裁的依据。

故在传统的技术条件下，邮寄就成了重要贸易文件传递的唯一途径，而在网络化环境下，整个商贸磋商的过程可以在网络和系统的支持下完成。原来商贸磋商中的单证交换过程，在电子商务中变为记录、文件或报文在网络中的传递过程。各种各样的电子商务系统和专用数据交换协议，自动地保证了网络信息传递的准确性和安全可靠性。

电子商务的特点是可以签订电子商务贸易合同，交易双方可以利用现代电子通信设备和通信方法，经过认真谈判和磋商后，将双方在交易中的权利、承担的义务、所购买商品的种类、数量、价格、交货地点、交货期、交易方式和运输方式、违约和索赔等合同条款，全部以电子交易合同做出全面详细的规定，合同双方可以利用电子数据交换进行签约，可通过数字签名等方式签名。

（3）签订合同与办理手续

在传统的技术环境中，贸易磋商过程都是通过口头协议来完成的。磋商过程完成后，为了以法律文件的形式，确定磋商结果以监督双方的执行，双方必须要以书面形式签订商贸合同。在网络化环境下的电子商贸系统中，书面合同失去了它传统的功效。因为网络协议和应用系统自身，已经保证了所有贸易磋商日志文件的准确性和安全可靠性，故双方都可以通过磋商日志或文件来约束商贸行为和执行磋商结果。同时，第三方在授权的情况下，可以通过它们来仲裁执行过程中所产生的纠纷。

买卖双方签订合同后到合同开始履行之前还需办理各种手续，也是双方贸易前的交易准备过程。交易主要涉及的有关各方，以及可能要涉及的中介方、银行金融机构、信用卡公司、海关系统、商检系统、保险公司、税务系统、运输公司等，买卖双方要利用 EDI 与有关各方进行电子票据和电子单证的交换，直到办理完一切手续，卖方可以将所购商品按合同规定开始向买方发货为止。

（4）合同的履行和支付过程

这一阶段是从买卖双方办完所有手续之后开始，卖方要备货、组织货源，同时进行报关、保险、取证等，买方将所购商品交付给运输公司包装、起运、发货，买、卖双方可以通过电子商务服务器跟踪发出的货物，银行和金融结构也按照合同，处理双方收付款、进行结算，出具相应的银行单据等，直到买方收到自己所购商品，完成整个交易过程。

传统商贸业务中的支付过程有两种形式：一是用支票方式，这种方式多用于企业的商贸过程；一是现金方式，这种方式比较简单，常用于企业（主要是商业零售业）对个体消费者的商品零售过程。在实际操作过程中，现金支付方式非常简单，而支票方式则较为复杂，它涉及双方单位和它们的开户银行等多家单位。

4. 电子商务带来的变革

21 世纪将是一个以网络计算为核心的信息时代，这已为全球所公认。数字化、网络化与信息化是 21 世纪的时代特征。目前经济全球化和网络化已经成为一种潮流，信息技术革命与信息化建设，正在使资本经济转变为信息经济、知识经济，并将迅速改变传统的经贸交易方式和整个经济的面貌，它加快了世界经济结构的调整与重组，推动着我国从工业化向信息化社会的过渡。

电子商务带来了经营战略、组织管理及文化冲突等方面的变化，电子商务不仅是一种技术革命，它还通过技术的辅助、引导和支持来实现前所未有的频繁的商务往来，是商务活动本身发生的根本性革命。电子商务直接改变的是商务活动的方式、买卖的方式、磋商的方式、售后服务的方式等。消费者真正能够足不出户，就可以货比三家，同还能够以一种轻松自由的、自我服务的方式来完成贸易。Web技术使得企业能够为每个客户或合作伙伴定制产品和服务。电子商务使得全球上亿网民，都有可能成为企业的客户或合作伙伴，企业可以用Web每天24小时轻松又实惠地发展潜在客户。联机客户服务程序可以把客户的问题及时传送到不同的部门，并和现有的客户信息系统相集成。

对企业而言，电子商务是一种业务转型，或者说是一场重大的革命。HP公司认为，变换企业业务运作模式、改变企业竞争策略、提升企业间业务合作伙伴关系，是企业在电子世界中获得成功的关键。真正的电子商务，使企业从事在物理环境中所不能从事的业务。这些特点包括：对新的子公司开放后端系统，是Internet成为一种重要的业务传送载体；生成新的业务，产生新的收入；使企业进行相互连锁交易；自适应导航，使用户通过网上搜索交换信息；使用智能代理；运用注册业务或媒介，组织买方和卖方；使业务交往个人化，具有动态特征，受用户欢迎，更具收益。电子商务对企业过程的影响体现在随着信息技术的发展，企业内部的管理机制在不断变化之中。电子商务作为信息处理技术的一个飞跃，其影响不会仅仅停留在交易手段和贸易方式上，而且由于这些因素的改变，尤其是供应链的缩短、市场核心的转移，以及各方面管理成本的大幅度降低，必然导致企业内部过程的变迁，因而使得电子商务成为企业过程重组的一种根本的推动力。这对企业来说是一个改革自身、重新适应新环境、迅速投入新环境的最佳契机。

电子商务带来了新的贸易组合模型。电子商务将贸易社会视为一个有机体，如图7.4所示。当把视野从单个企业扩展到整个行业，进而继续扩展到整个贸易社会中所有的企业组织（如供应商、运输商、分销商、银行等等）之后，这时人们所看到的是一个单一的、复杂的有机体，将原料变成成品，然后送到最终用户手里，一个资金在其中连续流动，并积累到效率更高的企业中去的结构。当电子商务在整个贸易社会所有的个体中实现时，这个社会将作为一个联合的、有目的的、高效的实体而运行。当一个行业的主导企业已经将电子商务变成商业运作的基本标准时，如果一个小企业想与大企业合作，就必须使用电子商务。

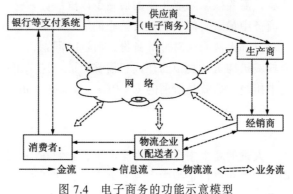

图7.4 电子商务的功能示意模型

总之，电子商务不仅仅是一种贸易的新形式，从本质上说，电子商务应该是一种业务转型，它正在从包括企业竞争和运作、政府和社会组织的运作模式、教育及娱乐方式等各方面，改变着人类相互交往的方式和关于各种生活细节的思维、观念。电子商务可以帮助企业接触到新的客户，增加客户信任度，合理运作和以更快的方式将产品和服务推向市场；它同时还可帮助政府更好地为更多的市民服务，并因此提高公众对政府的满意度；它可以更新人类的消费观念和生活方式，改变人与人之间的关系。

5. 电子商务中的参与者

（1）企业

企业是电子商务中最主要的推动者和受益者。

（2）消费者

消费者作为经济活动中不可缺少的一环，也必然要介入电子商务的环境中，它们的角色也比较容易定义，也比较容易理解。

（3）政府

政府作为现代经济生活的调控者，在电子商务环境中应该起到什么样的作用，这是一个引起各国政府广泛关注的问题，各国政府的态度也不尽相同。

① 政府业务的转型。对于工业企业、商业企业而言，电子商务实质上是一种业务转型。事实上，也有一些相关政府部门因为其职能需要（如对某些企业或商品进行调配、管理，对企业行为进行监督等），也必须作为贸易模型的一个环节加入电子商务当中来，政府部门在这个加入过程中，也存在着相应的业务转型问题。最典型的是政府与企业之间的数据传输。

例如，工商管理部门需对下属各类企业的经营活动进行管理，就必须要介入电子商务的过程中。一方面，由于被管理对象已经集成到电子商务中去了，业务过程变成完全无纸化的，管理部门无法像从前一样通过纸面单证来监督企业活动，必须要加入企业的现有贸易活动中，才能完成相关工作；另一方面，管理者加入电子商务可以更加及时准确地获得企业信息，更严密地监督企业活动，并可以采用相应的技术手段执法，从而加大执法力度，提高政府威信。

② 政策导向。电子商务的前提是开放，因为一切商务活动均建立在一个开放的公共网络之上。开放的网络必然带来贸易环境的开放，因此，国家在贸易政策上要想全面加入世界范围的电子商务中，必须坚持并继续发展现行的开放政策。而其中一些关于保护民族工业等问题与之又有一定的矛盾，需要国家采取相应的措施予以解决。

③ CA 问题。电子商务中最重要的、也是最核心的问题就是安全和信任，因为网上的交易不是面对面的交易，双方都无法确认对方的身份，而这一问题，一方面要通过技术手段来解决，同时也需要一个权威机构负责其中的仲裁和信誉保证。这一角色显然应该由政府出面或指定相关机构或部门来担当，这就是所谓的 CA（Certificated Authority），它必须要具备一定的法律效力。

（4）中介机构

在电子商务环境下，大量的新兴中介机构将会产生，它们在一定程度上决定了电子商务的成败。电子商务环境中的中介机构是指为完成一笔交易，在买方和卖方之间起桥梁作用的各种经济代理实体。大部分的金融性服务行业，如银行、保险公司、信用卡公司、基金组织、风险投资公司都是中介机构；其他的像经纪人、代理人、仲裁机构也都是中介机构。

大致来说，中介机构可以分为三类：一是为商品所有权的转移过程（即支付机制）服务的，像那些金融机构；另一类是提供电子商务软硬件服务、通信服务的各种厂商，如 IBM、HP、Microsoft 这样的软硬件和解决方案提供商；还有一类是像 Yahoo、Alta Vista、Infoseek 这样的提供信息及搜索服务的信息服务增值商。

7.1.2 电子商务的分类

为了更加深入地了解电子商务，对其进行分类是十分必要的。这有助于对不同类型的电子商务进行更加有针对性的研究。

电子商务的分类大体有以下几种分类方式：按照交易的对象进行分类，按照交易的数字化程度进行分类，按照信息网络的范围进行分类和按照电子商务的复杂性进行分类。

1. 按照交易对象分类

电子商务的主要参与者有企业、政府、网络接入提供商、中介服务提供商、物流和支付服务提供商等等。根据这些对象的性质不同，电子商务可以分为企业（Business）、消费者（Customer）、政府（Government）三种类型。电子商务参与者的示意图如图 7.5 所示。由此加上交易时的对应关系，形成了电子商务中最基本、最常用的 9 种分类方式。如表 7.1 所示。

（1）企业间电子商务

企业间电子商务是指企业与企业之间通过专用网络或 Internet，进行数据信息的交换、传递，开展贸易活动的电子商务形式，它已经成为全世界最主要的电子商务形式。它包括企业与其供应商之间采购事务的协调；物料计划人员与仓储、运输公司之间的业务协调；销售机构及其产品批发商、零售商之间的协调；为合作伙伴及大宗客户提供的服务；等等。

企业间电子商务的特点是：它是电子商务中历史最长、发展最为完善的商业模式，它能迅速地带来利润回报，但往往并不能引起公众的关注。企业间电子商务的利润来源，除了由于电子商务带来的客户增加以外，还来自相对低廉的信息成本带来的各种费用下降，以及供应链整合带来的好处。伴随着互联网的发展，早期仅适用于大企业之间的专用增值网络的电子商务，正逐步由基于 Internet 的电子商务所取代，因此也同样适用于中小型企业。中小型企业可以通过中介机构建立的交易平台，从事产品的采购、销售和寻找新的贸易伙伴等商务活动。

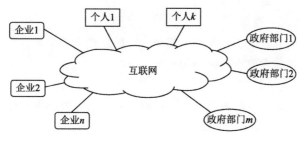

图 7.5 电子商务参与者示意图

表 7.1　电子商务按交易对象进行分类

交易对象	企业（Business）	消费者（Customer）	政府（Govemment）
企业（Business）	B 2 B	B 2 C	B 2 G
消费者（customer）	C 2 B	C 2 C	C 2 G
政府（Govemment）	G 2 B	G 2 C	G 2 G

此外，提供此类电子商务的各种形式的交易市场蓬勃发展，还出现了以虚拟企业为代表的全新的企业形态，成为电子商务发展的重要领域。

（2）企业对个人电子商务

企业对个人电子商务，又称直接销售市场，主要表现形式为电子零售业态和网上零售业态。随着互联网的快速发展，企业对个人的电子商务发展非常迅速，人们在网上创建了大量的网上商店和一些崭新的服务模式，这也是我们最直观认识电子商务的形态。目前在互联网上提供的有形商品主要有鲜花、书籍、计算机、汽车、装饰品等各种消费商品；无形商品主要有各种电子出版物、电子书籍、计算机软件，甚至网络游戏的装备等等。

另外提供此类交易的电子市场也同样蓬勃发展，成为电子商务的重要组成部分。

（3）企业对政府电子商务

企业对政府电子商务，主要表现为政府的网上采购，即政府机构通过网上进行产品、服务等的招标和采购。此经营模式的利润表现为采购费用的降低。

（4）个人对企业电子商务

个人对企业电子商务，是指个人向企业提供服务或商品的交易方式，这种方式目前主要是市场调研、分析报告等信息服务的形式为主。

（5）个人对个人电子商务

个人对个人电子商务，主要是消费者之间在网上进行的小额交易或网上拍卖等业务。个人对个人电子商务是电子商务发展中十分重要的一种形式。这种形式的电子商务的发展使个人间的交易进入了一个全新的境界，两个相隔万里的人可以方便地通过网络直接进行交易，这是电子商务时代出现的划时代的商务活动方式。

（6）个人对政府电子商务

个人对政府电子商务，是指政府将一些如调研、咨询等业务外包给个人的一些交易行为。

（7）政府对企业电子商务

政府对企业电子商务是电子政务的一部分，如网上税收等。

（8）政府对个人电子商务

政府对个人电子商务是电子政务的一部分，一般表现为消费者自我估税及个人的税收征集等，此外将政府的福利发放也可以归为此类。

（9）政府对政府电子商务

此类比较少见，主要是各级政府和各国政府之间，通过网络进行服务和商品交换的交易形式。

2. 按照交易数字化程度分类

按照交易的数字化程度分为：完全电子商务和非完全电子商务。根据所销售的产品（服务）、销售过程和代理人（或中间商）的数字化程度的不同，电子商务可以有多种形式。按照图 7.6 所示，在产品、参与者、销售方式 3 个维度上有 8 种可能组合。只有 3 个维度上都是数字化的时候，电子商务才是完全电子商务；当 3 个维度全是实体时，就是传统商务。

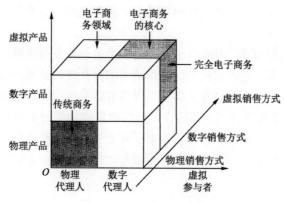

图 7.6　电子商务的维度

3. 按照交易的地区和范围分类

电子商务按照交易的区域或范围通常划分为 3 类：本地电子商务、远程国内电子商务和全球电子商务。

（1）本地电子商务

本地电子商务通常指利用本地的信息网络电子商务活动，电子交易的范围较小。由于交易范围比较小，配送和支付的实现相对比较容易、简单。本地电子商务是开展国内电子商务和全球电子商务的基础。

（2）远程国内电子商务

远程国内电子商务是指在本国范围内的网上电子商务活动，其交易的范围较大，交易的数量和网站的访问量比较大，因此对软件和硬件的技术要求比较高。由于交易的范围比较大，对配送和支付的要求比较高，对交易管理的要求也比较高。远程国内电子商务的发展为全球电子商务的发展提供了许多有益的基础。

（3）全球电子商务

全球电子商务是指在全世界范围内进行的电子商务活动，参与电子商务的各方通过网络进行交易。由于交易范围大，交易不仅涉及交易的双方，还涉及国际金融清算等。电子交易除了交易过程本身，还对配送等有要求，另外还涉及语言、海关和保险等一系列复杂的后勤保障。因此，对交易的管理、实现都有很高的要求。

4. 按照交易的复杂性分类

电子商务按照在网上解决方案和网页的复杂性分为 3 类：网上主页、网上简单电子商务和网上复杂电子商务。

（1）网上主页

通过建立网上主页的方式，在网上发布企业或个人的信息，通过网上主页让人们了解你或企业，通过电子邮件和交易对象进行沟通。因此，网上主页的方式实现非常简单、方便，也十分有效，是电子商务的基础。

（2）网上简单电子商务

在网上建立自己的网站，可以拥有自己的产品目录，也可以接受订货，因此可以进行简单的电子商务活动。这种方式一般比较适合小型企业的需要，这种方式下，一般不需要专门的网上支付、配送等服务，交易达成后的交易实施同传统的交易没有什么分别。

（3）网上复杂电子商务

相对于简单电子商务而言，复杂电子商务进入了电子商务的成熟阶段，建立网上的虚拟商。网上复杂电子商务系统能够对网上的交易请求进行及时的处理，即对网上商务请求和交易进行在线处理。网上复杂电子商务不仅能够提供前台服务或网上交易服务，还提供后台服务或订单处理，这样就要涉及公司内部的许多部门的协作，加上网上服务的时间承诺等制约，对运营管理的要求十分高。此外，网上复杂电子商务还能够自动进行业务处理或实现在线分析、在线决策和在线交易处理，因此复杂电子商务比较受大型企业欢迎。

7.1.3 电子商务的赢利模式

1. 主要赢利模式

目前网上企业的主要赢利模式有：网上目录模式、广告支持模式、广告—收费混合模式及交易费用模式等，这些模式既适合企业与消费者之间的电子商务，也适合企业之间的电子商务。下面分别加以介绍。

（1）网上目录模式

在目录模式下，商家通过建立一种品牌形象，并通过这个形象优势带来的信任感，向潜在消费者或者用户企业，邮寄商品目录来销售商品。购买者通过邮寄或拨打商家付费电话下订单。在很多领域，如服装、办公用品、计算机、家电、家庭用品及礼品等，这一商业模式都取得了巨大的成功。

将这一模式扩展到网上，就是企业用网站上的信息代替商品目录的分发。这种模式称为网上目录模式。用户可以通过网站或电话下定单，这种灵活性对业务的拓展非常重要。

采用这一模式进行网上销售的商品主要有：计算机与家电、图书和音像制品，奢侈品，服装，鲜花与礼品，折扣商品等。

（2）数字内容赢利模式

通过提供信息和知识等具有价值的信息服务，内容供应商以订阅费或付费的内容授权的形式，提供信息服务。拥有知识和信息等内容提供商，常常使用这一模式。他们既将网络作为赢利的来源，又将网站作为提升自身形象的工具。

采用这一模式的企业主要有：报纸等新闻服务、律师和会计师等专业性很强的服务、培训和学术期刊、电影等娱乐服务等。

（3）广告支持模式

通过在网站上提供网络广告，为网站提供主要的收入来源的赢利模式。有一些网站靠广告支持业务取得了成功，并实现了赢利。如新浪和搜狐等这些网站的成功，在于成功地吸引了特定的访问群或海量的访问群,这样广告主就可以直接将特定的信息发送到特定的人群中。

采用这一模式的企业主要有：门户网站、报纸出版商、分类广告网站等。

（4）广告–收费混合模式

广告–收费混合模式是指，企业除了依靠网络广告提供的收入以外，还要向消费者收取一定的订阅费用的赢利模式。这种模式的优点是消费者相对广告支持模式下受到的广告骚扰比较少，但是对内容提供者提出了更高的要求。能否吸引到更多的订阅者，是该模式成功的关键。

采用这一模式的企业主要有：新闻、体育、财经和娱乐等信息的提供商。

（5）交易费用模式

交易费用模式是指企业提供收费服务，收取的费用根据所处理的交易的数量或规模来确定。

采用这一模式的企业主要有：旅行社和票务、汽车销售、证券经纪公司、保险经纪公司、在线银行等等，主要以中介业务为主。

（6）服务费用模式

采用服务费用模式的企业提供收费服务，收取的费用按照服务本身的价值来确定。服务的高附加值和吸引力是这一模式成功的关键。

采用这一模式的企业主要有：网络游戏、电影与音乐会、法律和财务等专业服务等。

（7）商贸模式

这种模式最接近原有的商业活动，就是直接利用售价高于采购价格的方式赢得利润。采用这一模式的企业主要有：商品经销商和制造商。

（8）信息中介模式

信息中介模式是指企业提供收费服务，收取固定的年费等费用，无须为每次交易付费。采用这一模式的主要是以电子市场为主的交易中介服务商。

2. 主要赢利模式的演变

为了能够提高收益或者适应环境的变化，电子商务的赢利模式也在不断地演化之中。大致有以下几种演化过程。

（1）从收费模式向广告模式转变。由于吸引到足够多的用户或者收费模式不足以赢利时，广告模式就成为一个具有吸引力的选项。

（2）从广告模式向广告—收费模式转变。由于内容能够吸引到足够的用户或者能够针对特定的用户群开展业务，就可能转向广告—收费模式。

（3）从广告模式向服务费用模式转变。如果广告不能支持赢利，或者还能够提供更加具有针对性的服务，从简单的广告模式转向服务费用模式就成为一个必然的选项。

（4）从广告模式向收费模式转变。如果广告不能支持赢利或者还能够提供更加具有针对性的服务，从简单的广告模式转向收费费用模式，同服务费用模式不同的是按照服务的质量和项目进行收费。

（5）从信息中介模式向服务费模式转变。如果能够提供更加具有针对性的服务、或增值服务、或信息中介的收入不理想，都可能转向服务费模式。

（6）多种模式的混合现在也有按照提供服务的特点、项目、质量等的不同，灵活采用不同的赢利模式的发展趋势。

7.2 电子商务的技术体系

以电子技术为手段的商务活动称为电子商务，而这些商务活动所赖以存在的环境则称为电子商务系统。电子商务系统涉及信息的搜集、处理、控制和传递活动，它能适时、适地地提供恰当的信息以支撑电子商务的运行，进行信息沟通与交流，电子商务与电子商务系统最核心的区分在于目标不同，电子商务的目标是完成商务，而电子商务系统的目标是提供商务活动所需要的信息沟通与交流的环境，以及相关的信息流程。因此，要实现电子商务，必须首先建立电子商务系统。

从广义上讲，电子商务系统是指支持商务活动的电子技术手段的集合；而从狭义上则指在 Internet 的基础上，以实现企业电子商务活动为目标，满足企业生产、销售、服务等生产和管理的需要，支持企业的对外业务协作，为企业提供商业智能的信息系统。电子商务对于电子商务系统的依赖已经远远超越了信息技术应用的范畴，在很多场合，人们并不对这两个名称作确切的区分。

7.2.1 电子商务系统的框架结构

根据电子商务系统需求的发展特征，将电子商务系统的框架结构定义为如下几个方面。

1. 社会环境

电子商务系统同其他系统一样，需要特定的法律环境，法律、国家政策等是电子商务系统框架必不可少的支撑环境。电子商务的社会环境主要包括法律、税收、隐私、国家政策及人才等方面，它规范和约束电子商务系统的生存环境和发展模式，同时也鼓励甚至引导电子商务系统的建设。

2. 计算机系统平台

这部分包括计算机硬件、软件及网络平台。电子商务系统的硬件环境主要由计算机主机和外部设备构成，为电子商务系统提供底层基础。网络基础设施可以利用电信网络，也可以利用无线网络和原有的行业性数据通信网络，如铁路、石油、有线广播电视网等。由于电子商务活动的广泛社会性，电子商务系统中的应用系统大都构造在公共数据通信网络基础上。软件系统平台包括了操作系统和网络通信协议软件等，是系统运行和网络通信的基本保障。

3. 数据库平台和 Web 信息平台

这一层主要提供系统信息资源的管理。在传统信息系统中，主要由数据库管理系统承担。但在电子商务系统中，存在着大量非结构化数据，包括各种文档和各类多媒体信息，它们以超链接文件形式存储于各级系统之中。

4. 应用开发支持平台

这部分是指为电子商务系统的开发、维护提供支持的工具软件。电子商务系统的开发工具中 Java 语言及其相关产品和标准逐渐成为主流。为提高软件的可重用性，组件技术和协同开发平台发展很快并逐渐推广。

5. 电子商务服务与应用平台

从功能上讲，商务服务平台可以分为两个部分：第一部分侧重于商务活动，包括安全、支付、认证等；另外一部分则侧重于系统的优化，包括负荷均衡、目录服务、搜索引擎等。商务服务平台为特定商务应用软件的正常运行提供保证，为电子商务系统中的公共功能提供软件平台支持和技术标准。电子商务应用是利用电子手段开展商务活动的核心，也是电子商务系统的核心组成部分，是通过应用程序实现的。

7.2.2 电子商务应用系统的体系结构

网络环境中对于资源均衡、有效应用的需求，推动了客户/服务器结构及相关技术的发展；随着 Internet 技术的发展和普及，电子商务应用中对于更大范围商务活动的跟踪和控制需求，又带来了三层和多层应用体系结构的出现，并极大地推动了这一领域的技术发展。

1. 客户/服务器体系结构

客户/服务器结构（Client/Server，C/S）是指在客户/服务器计算模式下，一个或多个客户、一个或多个服务器与操作系统协同工作，形成允许分布计算、分析、表示的合成系统。它是一种灵活的、规模可变的体系结构和计算平台。

客户/服务器的概念是 20 世纪 80 年代中期提出来的，从硬件角度讲，客户/服务器结构是指将某项任务在两台或多台计算机之间进行分配，其中客户机用来提供用户接口和前端处理的应用程序，服务器提供可供客户机使用的各种资源和服务。客户机在完成某一项任务时，通常要利用服务器上的共享资源和服务器提供的服务。在一个客户/服务器体系结构中通常有多台客户机和服务器。从应用系统，特别是应用软件的角度讲，客户/服务器结构将信息系统进行层次划分，提高各层的逻辑独立性以及对上层处理的透明性，其目的在于提高系统的灵活性和可扩展性，方便应用系统在网络环境中的配置和使用。

随着软件技术的提高，特别是数据库管理系统自身客户/服务器计算能力的提高，客户端只需要将数据请求发送给服务器端，由服务器端完成数据查找及客户的请求处理工作，将处理结果发送回客户端，再由客户机完成与用户的交互工作。该模式中，数据处理任务分别在客户端和数据库服务器上进行，客户端负责用友好的界面与用户交互，从客户发往数据库服务器的只是查询请求；服务器专门负责数据库的操作、维护，从数据库服务器传回给客户的只有查询结果，减少了网络上的传输量，提高了整个系统的吞吐量、减少了响应时间，并充分利用了网络中的计算资源。

2. 电子商务应用系统的体系结构

在传统的客户/服务器的应用分配模型中，由客户机完成表示部分和应用逻辑部分的功能，在软件开发中，这两部分通常紧密地耦合在一起，即设计和代码编写中并不对两部分的内容进行明确的划分，应用中这两部分也作为一个整体安装在客户机上。

电子商务应用系统的主要特征体现在 Internet 技术的使用上，用户的数量和范围都在不断扩张，用户类型也有很大的不确定性，如果客户端需要复杂的处理能力，需要较多的客户端资源，必然会导致应用系统总体费用的增加，这与客户/服务器结构所期望的借助任务共担提高网络资源利用率以减少总体费用的初衷相违背，即对传统应用逻辑分配方案带来挑战。

因此，为了解决应用任务的分担问题、客户端系统的分发问题以及界面问题，在电子商务等新的应用中，产生了两类新的结构：三层客户/服务器结构和浏览器/服务器（Browser/Server，B/S）结构。

在三层客户/服务器结构中，商业和应用逻辑独立出来，组成一个新的应用层次，并将这一层次放置于服务器端。数据在发送到网络之前首先由功能性服务器加以过滤，网络通信量会因此下降。三层结构的客户端并不直接同数据库打交道，而是通过中间层的统一调用来实现，因此具有较好的灵活性和独立性，而且适合于不同数据库之间的互联。

B/S 结构特指客户端使用了 Web 技术，即在客户端使用浏览器，并在应用服务器端配置 Web 服务器以响应浏览器请求。

7.2.3 电子商务系统的实现要素

电子商务系统的信息交互范围大，包括组织内部的信息流程以及组织与外部的信息交互；系统所涉及的环节和角色多，包括相关的法律、安全、电子支付等。更重要的是，所有这些必须有机地整合在一起，形成一个标准统一、各方协作、信息畅通的一体化系统。

电子商务系统中的各方没有像传统商务活动中大量存在的直接联系，而是完全通过网络进行信息沟通，因此需要一些传统商务活动中没有（如认证中心）或者重要程度不同（如物流中心）的电子商务系统角色。至于网络平台，则更是传统商务系统中所没有的。

电子商务系统的顺利运行，需要有众多环境技术的保障：网络支付技术是实现真正网上交易的基本保障，也是制约电子商务发展的关键环节；电子商务交易过程中，如何保证商业机密和交易过程的安全可靠，是电子商务推广普及的先决条件；物流技术在电子商务中的应用与发展，为电子商务的有效开展提供了重要保障。

电子商务系统的复杂性使得电子商务应用系统及其开发运行环境要比传统信息系统复杂得多。在应用逻辑上，电子商务系统由商务表达层、商务逻辑层和数据层组成，而在具体实现中，涉及硬件环境和应用软件的具体配置。

1. 商务表达层

商务表达层主要为电子商务系统的用户提供使用接口，最终表现在客户端应用程序的硬件设备——商务表达平台上，如计算机、移动通信设备等，应用程序或是浏览器，或是专用的应用程序。从物理平台上看，商务表达平台是一种瘦客户逻辑，但具体的实现过程中，表达逻辑还要依赖 Web 服务器等后台设备和软件，更多的是服务器端的逻辑处理以及前后台的通信处理技术。

2．商务逻辑层

商务逻辑层描述处理过程和商务规则，是整个商务模型的核心，该层所定义的应用功能是系统开发过程中需要实现的重点。企业的商务逻辑可以划分成两个层次：一个层次是企业的核心商务逻辑，需要通过开发相应的电子商务应用程序实现；另一层次是支持核心商务逻辑的辅助部分，例如安全管理、内容管理等，这些功能可以借助一些工具或通用软件来实现。从物理实现上看，商务逻辑运行在商务支持平台上，企业核心商务逻辑由电子商务应用系统完成，需要根据系统需求进行应用软件的开发，相对比较独立；提供辅助功能的通用软件集成在一起，通过与其他软硬件的集成构成支持商务逻辑的商务支持平台。

3．数据层

数据层为商务逻辑层提供数据支持。一般来说，这一部分为商务逻辑层中的各个应用软件提供各种后端数据，这些后端数据具有多种格式，有多种来源，例如企业内部数据库、ERP系统的数据、EDI 系统的数据以及企业外部的合作伙伴、商务中介（如银行、认证中心等）的数据。数据层规划时的重点是标识清楚各种数据的来源、格式等特征，确定数据层与商务逻辑层数据交换的方式；构造数据层的重点是开发电子商务系统与外部系统、内部信息资源的接口，完成系统集成。

7.3 电子支付与支付体系

7.3.1 电子支付系统概述

在传统支付模式中，银行作为金融业务的中介，通过自己创造的信用流通工具为商人与商家办理支付与结算，主要利用传统的各种纸质媒介进行资金转账，比如通过纸质现金或纸质单据等方式。现金是由本国政府发行的纸币和硬币形式供应的，支付的纸质单据主要指银行汇票、银行支票或国家邮政部门等公认机构所签发的邮政汇票等。随着计算机系统及Internet 的普及应用，银行的业务开始以电子数据的形式通过网络进行办理，诸如信用卡、电子汇兑等一些电子支付方式开始投入使用，并且发展迅速。以 Internet 为主要平台的网络支付方式在许多国家已逐渐投入使用，应用面越来越广，已经形成一定的理论与应用体系，并正在不断发展和完善中。

1．电子支付与网络支付的定义

电子支付，英文为 Electronic Payment，或简称 E-payment，指的就是通过电子信息化的手段实现交易中的价值与使用价值的交换过程，即完成支付结算的过程。远程网络通信、数据库等电子信息技术应用于金融业，如信用卡专线支付结算方式在 20 世纪 70 年代就产生了，因此电子支付方式的出现要早于现在的 Internet。随着 20 世纪 90 年代全球范围内 Internet 的普及和应用，电子商务的深入发展标志着信息网络经济时代的到来，一些电子支付结算方式逐渐采用费用更低、应用更为方便的公用计算机网络特别是 Internet，为运行平台，网络支付方式就应运而生了。

网络支付，英文叫做 Net Payment 或 Internet Payment，是指以金融电子化网络为基础，以商用电子化工具和各类交易卡为媒介，通过计算机网络系统特别是 Internet 来实现资金的流通和支付。

可以看出，网络支付是在电子支付的基础上发展起来的，它是电子支付的一个最新发展阶段；或者说，网络支付是基于 Internet 并适合电子商务发展的电子支付，带有很强的 Internet 烙印，并愈发如此，所以很多学者干脆称之为 Internet Payment。它是基于 Internet 的电子商务的核心支撑流程。网络支付比现存的信用卡 ATM 存取款、POS 支付结算等这些基于专线网络的电子支付方式更新、更先进、更方便，将是 21 世纪网络时代里支撑电子商务发展的主要支付与结算手段。

2. 支付系统的相关术语

支付系统包括结算系统和清算系统，涉及的主要术语介绍如下。

（1）结算

结算通常指那些伴随各种经济交易的发生，交易双方通过银行进行债权债务清偿的货币收付行为。结算分为现金结算和非现金结算两种形式。结算通常是在商业银行和企业之间进行的，由商业银行操作。

（2）清算

清算通常是指那些伴随各种结算业务发生的，需要通过两家以上银行间账户往来或通过当地货币清算系统的清算账户来完成的货币划转。清算分为同城清算和异地清算，是进行债权债务清偿的货币收支行为。与结算不同，清算通常发生在银行之间。

（3）支付

支付是银行的主要功能和业务之一。支付既包含结算行为，也包含清算行为。支付是经济交易的双方和它们各自的开户银行之间的资金收、付关系。银行之间的资金收、付交易，又必须通过中央银行进行资金的清算，才能最后完成支付的全过程。

（4）电子支付

实现电子支付的银行客户首先将一定金额的现金或存款从发卡者处兑换成代表相同金额的数据，然后，通过使用某些电子化方法将该数据金额直接转移给支付对象，从而能够清偿债务。

（5）国际支付

国际支付也称为跨国支付，国际支付主要通过 SWIFT 网络和国际支付电传网络传输支付信息，通过布鲁塞尔、纽约、伦敦和东京等国际金融中心进行资金结算。

7.3.2 基于 Internet 的网络支付体系

1. 网络支付体系的构成

网络支付与结算的过程涉及客户、商家、银行或其他金融机构、商务认证管理部门之间的安全商务互动,因此支撑网络支付的体系可以说是融购物流程、支付与结算工具、安全技术、论证体系、信用体系以及现在的金融体系为一体的综合大系统。

具体到电子商务系统中,电子商务的网络支付指的是客户、商家、金融机构及认证管理机构之间使用安全电子手段进行的网上商品交换或服务交换,主要以 Internet 为应用网络平台。这种在电子商务中主要基于 Internet 公共网络平台的网络支付结算体系的基本构成如图 7.7 所示。

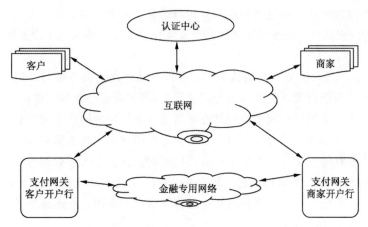

图 7.7 电子商务网络支付体系示意图

图 7.7 中主要涉及七大构成要素,以下分别叙述。

① 客户是指在 Internet 上与某商家或企业有商务交易关系并存在未清偿的债权债务关系(一般是债务)的一方。客户用自己拥有的网络支付工具(如信用卡、电子钱包、电子支票等)来发起支付,是网络支付体系运作的原因和起点。

② 商家,是拥有债权的商品交易的另一方。商家可以根据客户发起的支付指令向中介的金融体系请求获取货币给付,即请求结算。商家一般设置了专门的服务器来处理这一过程,包括协助身份认证以及不同网络支付工具的处理。

③ 客户的开户行,是指客户在其中拥有资金账户的银行。客户所拥有的网络支付工具主要就是由开户银行提供的,客户开户行在提供网络支付工具的时候也同时提供了一种银行信用,即保证支付工具是真实并可兑付的。例如,在利用银行卡进行网络支付的体系中,客户开户行又被称为发卡行。

④ 商家开户行,是商家在其中开设资金账户的银行,其账户是整个支付结算过程中资金流向的地方或目的地。商家将收到的客户支付指令提交给其开户行后,就由开户行进行支付授权的请求以及进行商家开户行与客户开户行之间的清算等工作。商家的开户行是依据商家提供的合法账单(客户的支付指令)来工作的,因此又称为收单行或接收行。

⑤ 支付网关,英文为 Payment Gateway,是 Internet 公用网络平台和银行内部的金融专用网络平台之间的安全接口,网络支付的电子信息必须通过支付网关进行处理后才能进入安全的银行内部支付结算系统,进而完成安全支付的授权和获取。支付网关的建设关系着整个网络支付结算的安全以及银行自身的安全,关系着电子商务支付结算的安全以及金融系统的风险,必须十分谨慎。不过,支付网关这个网络节点不能分析通过的交易信息,支付网关对送来的双向支付信息也只是起保护与传输的作用,即这些保密数据对网关而言是"透明"的,

即无须网关进行一些涉及数据内容级的处理。

⑥ 金融专用网络，是银行内部及银行间进行通信的专用网络，不对外开放，具有很高的安全性，如正在完善的中国国家金融通信网，其上运行着中国国家现代化支付系统、中国人民银行电子联行系统、工商银行电子汇兑系统、银行卡授权系统等。目前中国传统商务中主要应用的电子支付与结算方式，如信用卡 POS 支付结算、ATM 资金存取、电话银行、专业 EFT 系统等，均运行在金融专用网上。中国银行的金融专用网发展很迅速，虽然不能直接为基于 Internet 平台的电子商务进行直接的支付与结算，但是它为逐步开展电子商务提供了必要的条件。因为归根结底，金融专用必然是涉及银行业务这一端的电子商务网络支付 Internet 平台的一部分。

⑦ 认证中心。作为认证机构的认证中心必须确认各网上商务参与者的相关信息（如在银行的账户状况、与银行交往的信用历史记录等），因此认证过程其实也离不开银行的参与。在电子商务网络支付系统的构成中也包括在网络支付时使用的网络支付工具以及遵循的支付通信协议，即电子货币的应用过程。目前经常被提及的网络支付工具有银行卡、电子现金、电子支票、网络银行等。银行卡的发展已有一段时间，社会上大多数银行卡只用在金融专用网络的 POS 支付结算等，发展到现在，基于 Internet，公用网络上的银行卡支付已基本成熟，应该说在电子商务中的一些小额支付结算中已得到很好的应用，并迅速普及。

综上所述，基于 Internet 的网络支付体系基本构成是电子商务活动参与各方与网络支付工具、支付协议的结合体。

2. 网络支付的基本流程

网络支付借鉴了很多传统支付方式的应用机制与过程，只不过流动的媒介不同，一个是传统纸质货币与票据，大多是手工作业；另一个是电子货币并网上作业。可以说，基于 Internet 平台的网络支付结算流程与传统的支付结算过程是类似的，如果熟悉传统的支付结算方式如纸币现金、支票、POS 信用卡等方式的支付结算过程，将大大有助于对网络支付结算流程的理解。例如，用户通过 Internet 进行网络支付的过程与目前商店中的销售点系统（即 POS 信用卡支付结算系统）的处理过程非常相似，其主要不同在于网络云集的客户是通过 PC、Internet、Web 服务器作为操作和通信工具，而 POS 信用卡结算应用专用刷卡机、专用终端、专线通信等。

以 Internet 为基本平台的网络支付的一般流程如图 7.8 所示。

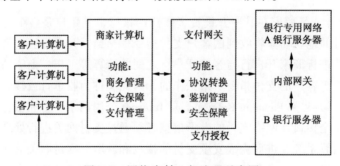

图 7.8　网络支付一般流程示意图

基本的流程可以描述如下。

① 客户连接 Internet，用 Web 浏览器进行商品的浏览、选择与订购。填写网络订单，选择应用的网络支付结算工具，并得到银行的授权使用，如信用卡、电子钱包、电子现金、电子支票或网络银行账号等。

② 客户机对相关订单信息如支付信息进行加密，在网上提交订单。

③ 商家电子商务服务器对客户的订购信息进行检查、确认，并把相关的经过加密的客户支付信息等转发给支付网关，直至银行专用网络的银行后台业务服务器进行确认，以期从银行等电子货币发行机构验证得到支付资金的授权。

④ 银行验证确认后通过刚才建立起来的经由支付网关的加密通信通道，给商家服务器回送确认及支付结算信息，并为进一步的安全给客户回送支付授权请求（也可没有）。

⑤ 银行得到客户传来的进一步授权结算信息后，把资金从客户账号转拨至开展电子商务的商家银行账号上，可以是不同的银行，后台银行与银行借助金融专网进行结算，并分别给商家、客户发送支付结算成功信息。

⑥ 商家服务器接收到银行发来的结算成功信息后，给客户发送网络付款成功信息和发货通知。至此，一次典型的网络支付结算流程就结束了，商家和客户可分别借助网络查询自己的资金余额信息，以进一步核对。

需要说明的是，图 7.8 所示的网络支付结算流程只是对目前各种网络支付结算方式的应用流程的普遍归纳，并不表示各种网络支付方式的应用流程与图中所示是一模一样的，或不同网络支付结算工具的应用流程也是一样的。在实际应用中，这些网络支付方式的应用流程由于技术、资金数量、管理机制上的不同还是有所区别的，但大致遵守图 7.8 所示流程。

3. 网络支付方式的分类

发展中的以 Internet 为主要运作平台的网络支付方式也有很多种分类标准，而且随着电子商务的发展与技术的进步，更多更新的网络支付工具还被不断地研发并投入应用，又会产生新的分类。

（1）按电子商务的实体性质分类

大家知道，电子商务的主流分类方式是按照开展电子商务的实体性质分类的，即分为B2B、B2C、C2C、B2B、G2G 等。目前，客户在进行电子商务交易时通常会按照开展电子商务类型的不同来选择使用不同的网络支付与结算方式。这正如企业在进行传统商务时，一般小金额的消费直接就用信用卡与现金进行支付以图方便，而购买像计算机、数字摄像机、汽车等贵重设备时，由于涉及较大金额付款，就常用支票结算，而大批量订货时就用银行电子汇票。

所以，考虑到这些不同类型的电子商务实体的实力、商务的资金流通量大小、一般支付结算习惯等因素，可以按开展电子商务的实体性质把当前的网络支付方式分为以下两类，即B2C 型网络支付方式和 B2B 型网络支付方式。

这也是目前较为主流的网络支付结算分类方式，由于与传统的商务支付方式分类相近，大家容易理解，就是说，个体消费者有自己习惯的支付方式，而企业与政府单位用户也有与之适合的网络支付方式。

① B2C 型网络支付方式。主要用于企业与个人、政府部门与个人、个与个人进行网络交

易时采用的网络支付方式，比如信用卡网络支付、IC 卡网络支付、电子现金支付、电子钱包支付以及最新的个人网络银行支付等。这些方式的特点就是适用于不是很大金额的网络交易支付结算，应用起来较为方便灵活，实施起来也较为简单，风险也不大。

② B2B 型网络支付方式。主要用于企业与企业、企业与政府部门单位进行网络交易时采用的网络支付方式，如电子支票网络支付、电子汇兑系统、国际电子支付系统 SWIFT 与 CHIPS、中国国家现代化支付系统、金融 EDI 以及企业网络银行服务等。这些方式的特点就是适用于较大金额的网络交易支付结算。

把一些基于专用金融通信网络平台的电子支付结算方式如电子汇兑系统、国际电子支付系统 SWIFT、中国国家现代化支付系统、EDI 等都归结为 B2B 型网络支付方式，主要因为银行金融专用网本来也是大众化的 Internet 支付平台的一部分，随着新一代 Internet 如 IPv6 的使用，银行金融专用网、EDI 网与 Internet 的融合趋势越来越明显。

（2）按支付数据流的内容性质分类

同样是进行网络支付，用电子支票支付与用电子现金支付在网络平台上传输的数据流的性质是有区别的，正如用纸币现金支付与用纸质支票支付传递的信息性质不同一样，收到 100 万元的纸币现金给人的感觉是收到了真的 100 万元"金钱"，而收到 100 万元纸质支票只是收到了可以得到 100 万元"金钱"的指令。

因此，根据电子商务流程中用于网络支付结算的数据流传递的是指令还是具有一般等价物性质的电子货币本身，可以将网络支付方式分为如下两类。

① 指令传递型网络支付方式。支付指令是指启动支付与结算的口头或书面命令，网络支付的支付指令是指启动支付与结算的电子化命令，即一串指令数据流。支付指令的用户从不真正地拥有货币，而是由他指示银行等金融中介机构替他转拨货币，完成转账业务。指令传递型网络支付系统是现有电子支付基础设施和手段（如同城清算 ACH 系统和信用卡支付等）的改进和加强。

指令传递型网络支付方式主要有银行网络转拨指令方式（如电子资金转账 EFT、国际电子支付系统 SWIFT 与 CHIPS、电子支票、网络银行、金融电子数据交换 FEDI 等）、信用卡支付方式等。其中，金融电子数据交换（FEDI）是一种以标准化的格式在银行与银行计算机之间、银行与银行的企业客户计算机应用之间交换金融信息的方式。因此，FEDI 可较好地应用在 B2B 的电子商务交易的支付结算中。

② 电子现金传递型网络支付方式。电子现金传递型网络支付是指客户进行网络支付时在网络平台上传递的是具有等价物性质的电子货币本身即电子现金的支付结算机制。主要原理是：用户可以从银行账户中提取一定量的电子现金，并把电子现金保存在一张卡（如智能卡）或是用户计算机中的某部分（如一台电脑或个人数字助理 PDA 的电子钱包）中，这时，消费者拥有了真正的电子"货币"，他就能够在 Internet 上直接把这些电子现金按相应支付数额转拨给另外一方，如消费者、银行或供应商。

7.3.3　典型的网络支付方式介绍

典型的 B2C 型网络支付方式包括信用卡、电子现金和电子钱包等，B2B 型网络支付方式则包括电子汇兑系统、国际电子支付系统等。下面介绍这些电子支付方式的主要应用技术及业务过程。

1. 电子现金

（1）电子现金的定义

电子现金也称数字现金，英文大多描述为 E-Cash，是一种以电子数据形式流通的、客户和商家普遍接受的、通过 Internet 购买商品或服务时使用的货币。电子现金是一种隐形货币，表现为由现金数值转换而来的一系列电子加密序列数，通过这些加密序列数来表示现实中各种金额的币值。比如，利用特殊制作的加密序列数"1101…100"表示 100 元人民币，"1001…50"表示 50 元人民币，"0011…20"表示 20 元人民币。

可以说，电子现金是纸币现金的电子化，与纸币现金一样具有很多优点。随着电子商务的发展，必将成为网络支付的一种重要工具，特别是涉及个体的、小额网上消费的电子商务活动，比如很远的两个个体消费者进行 C2C 电子商务时的网络支付与结算。

电子现金从产生到投入应用，具备一些特点，如货币性、可分性、可交换性、不可重复性以及可存储性等。

（2）电子现金的原理

电子现金的网络支付方式，就是在电子商务过程中客户利用银行发行的电子现金网上直接传输交换，发挥类似纸币的等价物职能，以实现即时、安全的在线支付形式。这种支付方式，在电子现金的产生以及传输过程同样运用了一系列先进的安全技术与手段，如公开密钥加密法、数字摘要、数字签名以及隐藏签名技未等手段，所以其应用还是比较安全的。

电子现金网络支付方式的主要好处就是在客户与商家运用电子现金支付结算的过程中，基本无须银行的直接中介参与，这不但方便了交易双方应用，提高了交易与支付效率，降低了一些成本，而且电子现金具有类似纸币匿名而不可追溯使用者的特征，可以直接转让给别人使用并保护使用者的个人隐私。电子现金的这些特征与信用卡、电子支票等网络支付方式就不同，后者的支付过程中是一直有银行的中介参与的，而且是记名认证的。当然，电子现金支付过程因为无须银行直接中介参与，所以可能存在伪造与重复使用的可能，在这一点上各电子现金发行银行也正采取一些管理与技术措施来完善它。比如，发行银行建立大型数据库来存储发行的电子现金的序列号、币值等信息，商家每次接受电子现金后均直接来银行兑换入账，银行进行记录已使用电子现金；在接受电子现金的商家与发行银行间进行约定，每次交易中由发行银行进行在线鉴定，验证送来的电子现金是否伪造或重复使用等。这样会在一定程度上牺牲了电子现金像纸币一样充当一般等价物的自由流通性，但更加安全。随着电子现金相关的新技术的不断开发与应用、技术与应用规范的统一完善，电子现金也会更加自由地流通，真正发挥出"网络货币"的职能。

（3）电子现金的网络支付流程

应用电子现金进行网络支付需要在客户端安装专门的客户端软件，在商家服务端安装服务器端软件，在发行银行运行对应的电子现金管理软件等。为保证电子现金的安全以及可兑换性，发行银行还应该从第三方认证中心申请数字证书以证实自己的身份并借此获取自己的公开/私人密钥对，并把公开密钥公布出去，利用私人密钥对电子现金进行签名。

电子现金的网络支付业务处理流程（见图 7.9），涉及三个主体，即商家、用户与发行银行，涉及四个安全协议过程，即初始化协议、提款协议、支付协议以及存款协议，一般包括如下步骤。

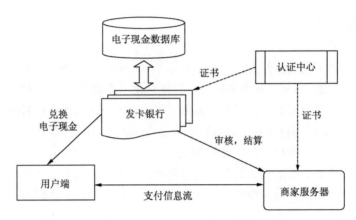

图 7.9　电子现金网络支付流程示意图

① 预备工作 1，电子现金使用客户、电子现金接受商家与电子现金发行银行分别安装电子现金应用软件，为了交易与支付的安全，商家与发行银行从认证中心申请得到数字证书。

② 预备工作 2，客户端在线认证发行银行的真实身份后，在电子现金发行银行开设电子现金账号，存入一定量的资金，利用客户端与银行端的电子现金应用软件，遵照严格的购买兑换步骤，兑换到一定数量的数字现金（初始化协议）。

③ 预备工作 3，客户使用客户端电子现金应用软件在线接收从发行银行兑换来的电子现金，并存在客户机硬盘上（或电子钱包、IC 卡上），以备随时使用（提款协议）。

④ 预备工作 4，接收电子现金的商家与发行银行间应在电子现金的使用、审核、兑换等方面有协议与授权关系，商家也可在发行银行开设接收与兑换电子现金的账号，也可另有收单银行。

⑤ 客户验证网上商家的真实身份（安全交易需要）并确认其能够接收本方电子现金后，挑好商品，选择己方持有的电子现金来支付。

⑥ 客户把订货单与电子现金借助 Internet 平台一并发送给网上商家（可利用商家的公开密钥对电子现金进行加密传送，商家收到后利用私人密钥解开）。对客户来说，到这一步支付就算完成得差不多了，并无须银行的中转（支付协议）。

⑦ 商家收到电子现金后，可以随时地一次或批量地到发行银行兑换电子现金，即把接收到的电子现金发送给电子现金发行银行，与发行银行协商进行相关的电子现金审核与资金清算，电子现金发行银行认证后把同额资金转账给商家开户行账户（存款协议）。

⑧ 商家确认客户的电子现金真实性与有效性后，或兑换到货款后，确认客户的订单与支付信息并发货。

（4）电子现金的应用与解决方案

在电子现金应用上，目前很多国际知名公司提供了电子现金的应用解决方案，如 DigiCash、CyberCash 和 IBM 等，也有很多银行支持电子现金的网络支付服务，如包括 MarkTwain、Eunel、Deutsche、Aduance、CiTi Bank 等在内的世界著名银行。但总体来说，有关电子现金的支付结算体系还在发展完善中，在英美等国均有一些小型的电子现金系统投入实际应用，如 Mondex 电子零钱（预付卡式），而纯电子形式的电子现金就更不普及了。这主要因为各个电子现金发行机构之间还没有就电子现金的应用形成统一的技术与应用标准，在使用上某些方面也不完全成熟，如防止重复消费问题。

（5）电子现金的优缺点

总的来说，电子现金比其他结算方式更为有效，从而使更多的企业发展起来，最终为消费者带来更低的价格。在互联网上现金转账的成本要比处理信用卡的成本低。传统的货币交换系统要求银行、分行、银行职员、自动取款机及相应的电子交易系统来管理转账和现金，成本非常高。而电子现金的转账只需现有的技术设施、因特网和现有的计算机系统就可以，所以处理电子现金的硬件固定成本趋近于零。由于因特网能够覆盖全球，所以电子交易的距离不是问题。传统通货所跨越的距离和其处理成本是成正比的，通货跨越距离越远，移动它所需的成本就越高。人人都可使用电子现金。企业间的交易可用电子现金来结算，而消费者彼此之间也可用电子现金进行结算。电子现金不像信用卡交易所要求的特殊认证。

电子现金的缺点有以下几个方面。

① 互联网征税问题。互联网税收会带来许多问题，用电子货币付税没有审计的记录，换句话说电子现金同实际现金一样很难进行跟踪。

② 由于真正的电子现金无法进行跟踪，这就又带来另一个问题：洗钱。用电子现金采购可轻易地进行洗钱，而非法获取的电子现金可匿名采购商品，而所购商品又可公开销售以换得真正的现金。而且商品还会购自另一个国家，使法律问题更加复杂化了。

③ 像传统的现金一样，电子现金也可伪造。尽管困难越来越大，还是能够伪造电子货币并消费。除需要防止伪造外，还有一些对数字经济有潜在威胁的破坏因素，如由于银行向消费者或商家的银行账户贷出电子现金而引起货币供应扩大。

2. 电子钱包

电子钱包，英文大多描述为 E-wallet 或 E-purse，是一个可以由持卡人用来进行安全电子交易特别是安全网络支付并储存交易记录的特殊计算机软件或硬件设备，就像生活中随身携带的钱包一样。电子钱包中能够存放客户的电子现金、电子信用卡、电子零钱、个人信息等，经过授权后可以进行相应操作，可以说是"虚拟钱包"。电子钱包在具有中文环境的 Windows 操作系统上运行。

电子钱包最早于 1997 年由英国西敏史银行开发成功，经过 20 多年的发展，电子钱包已经在世界各国得到广泛使用，特别是预付式电子钱包，即 IC 卡式或智能卡式电子钱包。对于纯软件电子钱包方案由于只能在 Internet 平台上应用，投入较大，配置麻烦一些，所以成本较高，目前应用范围上还有些局限。目前世界上最主要的三大电子钱包解决方案是 VisaCash、Mondex 和 Proton，不过多是基于卡式的，既可以用于传统 POS 支付，也可用于 Internet 平台上网络支付，详细情况见后面智能卡部分。对于纯软件形式的电子钱包解决方案，比如，支持电子现金与支票等进行网络支付，各个银行也在发展与试运行，应该说这还在发展成熟中。

电子钱包具有如下功能。

① 电子安全证书的管理：包括电子安全证书的申请、存储、删除等。

② 安全电子交易：进行 SET 交易时辨认用户的身份并发送交易信息。

③ 交易记录的保存：保存每一笔交易记录以备日后查询。

持卡人在使用长城卡进行网上购物时，卡户信息（如账号和到期日期）及支付指令可以通过电子钱包软件进行加密传送和有效性验证。电子钱包能够在 Microsoft、Netscape 等公司的浏览器软件上运行。持卡人要在 Internet 上进行符合 SET 标准的安全电子交易，必须安装符合 SET 标准的电子钱包。

可以看出，电子钱包本质上是个装载电子货币的"电子容器"，把有关方便网上购物的信息如信用卡信息、电子现金、钱包所有者身份证、所有者地址及其他信息等集成在一个数据结构里，以供整体调用，需要时又能方便地辅助客户取出其中电子货币进行网络支付，是在小额购物或购买小商品时常用的新式虚拟钱包。因此，在电子商务中应用电子钱包时，真正支付的不是电子钱包本身，而是它装的电子货币，就像生活中钱包本身并不能购物付款，但可以方便地打开钱包，取出钱包里的纸质现金、信用卡等来付款，看起来就像用钱包付款一样。

电子钱包本身可能是个特殊的计算机软件，也可能是个特殊的硬件装置，当其形式上是软件时，常常称为电子钱包软件。当其形式上是硬件时，电子钱包常常表现为一张能储值的卡，即 IC 卡，用集成电路芯片来储存电子现金、信用卡号码等电子货币，这就是智能卡。所以有些书籍，常常干脆把智能卡就叫电子钱包，只不过是硬式的，应用方式上与软件式的电子钱包基本一样。

3. 信用卡

（1）信用卡简介

从广义上说，凡是能够为持卡人提供信用证明，持卡人可凭卡购物、消费或享受特定服务的特制卡片均可称为信用卡。广义上的信用卡包括贷记卡、准贷记卡、借记卡、储蓄卡、提款卡（ATM 卡）、支票卡及赊账卡等。

信用卡具有支付结算、消费信贷、自动取款、信息记录与身份识别等多种功能，是集金融业务与计算机技术于一体的高科技产物。信用卡已经成为当今发展最快的一项金融业务之一，它将在一定范围内用电子货币替代传统现金的流通。

具体到电子商务来讲，利用信用卡支付还具有以下独特的优点。

① 在银行电子化与信息化建设的基础上，银行与特约的网上商店无需太多投入即能付于使用，而持卡人几乎只需登记一下就可以。

② 每天 24 小时内无论何时何地只要能连接上网均可使用，这极大方便了客户与商家，避免了传统 POS 支付结算中布点不足带来的不方便。

③ 目前几乎所有的 B2C 类电子商务网站均支持信用卡的网络支付结算，客户熟悉。

④ 相比较其他更新的网络支付方式如数字现金、电子支票等，信用卡在网络支付上的法律和制度方面的问题较少。

（2）基于 SSL 协议机制的信用卡支付方式

① 基于 SSL 协议机制的信用卡支付方式简介。SSL 协议机制是一种具有较高效率、较低成本、比较安全的网上信息交互机制，大量应用于目前的网络支付实践中。所谓基于 SSL 协议机制的信用卡支付方式，就是在电子商务过程中利用信用卡进行网络支付时遵守 SSL 协议的安全通信与控制机制，以实现信用卡的即时、安全的在线支付。也就是说，持卡客户在公共网络即 Internet 上直接同银行进行相关支付信息的安全交互，即通过对持卡人信用卡账号、密码的加密并安全传递以及与银行间相关确认信息的交互，来实现快速安全支付的目的。

在这种信用卡网络支付方式中，运用了一系列先进的安全技术与手段，如对称密钥加密法、公开密钥加密法、数字摘要以及数字证书等手段，但还需一个发行数字证书的间接的认证中心机构协助。

② 基于 SSL 协议机制的信用卡网络支付流程。目前消费者客户端上的网络浏览器软件产品、商家的电子商务服务器软件等基本都内嵌了对 SSL 协议的支持，而绝大多数银行以及第三方的支付网关平台也都研发了大量支持 SSL 协议的应用服务与产品，这些都为持卡客户借助 SSL 协议机制利用信用卡进行网络支付提供了方便。

a. 持卡客户在网上或直接到发卡银行进行信用卡注册，得到发卡银行网络支付授权，下一次网络支付就不需要再注册了。

b. 持卡客户确认订货单的商品与资金金额信息，在选择付款方式时选择信用卡支付方式及信用卡类别，提交后，生成一张带有信用卡类别的订货单发往商家电子商务服务器。

c. 商家服务器向持卡客户回复收到的订货单查询 ID，但并不确认发货；同时，商家服务器生成相应订单号加上其他相关支付信息发往银行（或还借助第三方网络支付平台）。

d. 在订货单提交后，支付持卡客户机浏览器弹出新窗口页面提示即将建立与发卡银行端网络服务器的安全连接（或还借助第三方网络支付平台），这时 SSL 协议机制开始介入。

e. 持卡客户端自动验证发卡银行端网络服务器的数字证书。通过验证发卡银行端网络服务器的数字证书后，这时 SSL 握手协议完成，意味着持卡客户端浏览器与发卡银行端网络服务器的安全连接通道已经建立，进入正式加密通信浏览器端出现"闭合锁"状，即 HTTPS 通信的标志。

f. 出现相应发卡银行的支付页面，显示有从商家发来的相应订单号及支付金额信息，持卡客户填入自己的信用卡号以及支付密码，确认支付。这时还可以取消支付，只不过原发给商家的订货单作废。

g. 支付成功后，屏幕提示将离开安全的 SSL 连接。持卡客户确认离开后，持卡客户端与银行服务器的 SSL 连接结束，SSL 介入结束。

h. 发卡银行后台把相关资金转入商家资金账号，并发送付款成功消息（如电子邮件方式）给商家。商家收到银行发来的付款成功消息后，发送收款确认信息给持卡客户，并承诺发货。持卡客户还可以根据订货单查询 ID，在线以及电话查询该订货单的执行情况。

从上述过程看出，SSL 介入时是涉及持卡客户的信用卡隐私信息的传送方面，而且现在大多是持卡客户与银行服务器的直接加密通信，而不通过商家中转，是相当安全的。

其实在这里，信用卡的硬件已经没有多大作用了，只需记住一个信用卡号与密码就行了。这与个人的网络银行账号、存折账号性质是一样的，所以大家也基本清楚个人网络银行的网络支付、个人存折的网络支付的原理与流程了。

世界上著名的 CyberCash 公司研发的安全 Internet 信用卡支付模式就是基于 SSL 协议机制的信用卡网络支付模式，应用比较广泛。作为一个第三方的网络支付平台软件产品提供商与服务商，它支持多种信用卡。由于基于 SSL 协议机制的信用卡网络支付模式应用方便、成本较低、安全性高、市场产品成熟，中国的几个大商业银行的信用卡网络支付系统大多采用了这种技术模式。例如，中国工商银行北京分行的牡丹灵通卡、中国银行北京分行的长城信用卡、中国建设银行北京分行的龙卡、中国招商银行北京分行的"一网通"进行网络支付均采用这种模式，绝大多数的网上商家如中国商品交流中心的电子商务系统、新浪商城、搜狐商城等也均支持这种模式的信用卡应用。

4. 电子汇兑系统

（1）电子汇兑系统简介

所谓电子汇兑，英文描述为 Electronic Agiotage 或 Exchange，即利用电子手段来处理资金的汇兑业务，以提高汇兑效率、降低汇兑成本。

广义的电子汇兑系统，泛指客户利用电子报文的手段传递客户的跨机构资金支付、银行同业间各种资金往来的资金调拨作业系统。它包括：一般的资金调拨作业系统，用于行际之间的资金调拨；清算作业系统，用于行际之间的资金清算。具体来说，所谓电子汇兑系统，即银行以自身的计算机网为依托，为客户提供汇兑、托收承付、委托收款、银行承兑汇票、银行汇票等支付结算服务方式。

任何一笔电子汇兑交易，均由汇出行（Issuer Bank）发出，到汇入行（Acquirer Bank）收到为止，其间的数据通信转接过程的繁简视汇出行与汇入行（也称解汇行）两者之间的关系而定。

（2）电子汇兑系统的特点与类型

电子汇兑系统的用户主要是各个银行，终端客户主要是公司企业、政府机构等组织，社会大众用得很少。这种系统同前面介绍的个人自助银行系统（如 ATM、信用卡等）相比，具有交易额大、风险性大、对系统的安全性要求很高、跨行和跨国交易所占比重大等特点。

为适应国际与国内贸易快速发展的需要，国际上许多国家以及一些国际组织建立了许多著名的电子汇兑系统。这些系统所提供的功能不尽相同，按照其作业性质的不同，可把电子汇兑系统分成三大类，即通信系统、资金调拨系统和清算系统。

（3）电子汇兑系统的运作方式

电子汇兑系统运作过程是比较复杂的，但尽管目前电子汇兑系统的种类很多，功能也不尽相同，但是汇出行和解汇行的基本作业流程及账务处理逻辑还是很相似的。电子汇兑系统的运作方式示意图如图 7.10 所示。

以一笔电子汇兑的交易为例，除涉及银行到客户端的支付结算方式如电子支票、FEDI、网络银行等外，真正在银行系统间处理资金的汇兑流程由汇出行启动至解汇行收到为止，不论是点对点传送，还是通过交换中心中转传送，汇出行与解汇行都要经过以下几个基本作业处理流程：①数据输入；②电文接收；③电文数据控制；④处理与传送；⑤数据输出。

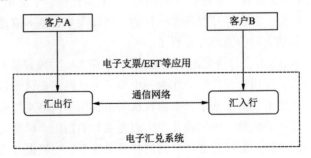

图 7.10　电子汇兑系统的运作方式示意图

5. 国际电子支付系统

为了解国际电子支付机制，首先必须了解提供国际金融通讯服务的 SWIFT 系统和提供国际电子资金转账服务的 CHIPS 系统，它们都属于前一节所述的电子汇兑系统，也是 B2B 型网络支付模式支持平台的一个重要组成部分。我国已经加入 WTO，包括电子商务在内的国际贸易活动日渐增多，因此这里专门介绍一个国际电子支付系统。在 SWIFT 与 CHIPS 两系统中，SWIFT 完成国际问支付结算指令信息的传递，而真正进行资金调拨的是 CHIPS，两者相互协作完成跨区域的国际资金支付与结算。

（1）SWIFT 简介

SWIFT，英文全称为 Society for Worldwide Interbank Financial Telecommunication，中文一般翻译为"环球同业银行金融电信协会"或"环球银行间金融通信协会"，它是国际银行同业间的国际合作组织，是一个国际银行间非营利的国际合作组织，依据全世界各成员银行金融机构相互之间的共同利益，按照工作关系将其所有成员组织起来，按比利时的法律制度登记注册，总部设在比利时的布鲁塞尔。

人们平常所称的 SWIFT 通常是指 SWIFT 网络，即 SWIFT 组织建设和管理的全球金融通信网络系统，它为全球范围内传送金融指令与信息服务。

SWIFT 系统利用高度尖端的通信系统组成了国际性的银行专用通信网，并在会员间传递信息、账单和同业间划拨，即为全世界各个成员银行提供及时良好的通信服务和银行资金清算等金融服务。SWIFT 系统的使用给银行的结算提供了安全、可靠、快捷、标准化、自动化的通讯业务，从而大大提高了银行的结算速度。SWIFT 的电文格式十分标准化，因而在金融领域广泛应用，例如银行信用证主要采用的就是 SWIFT 电文格式。

SWIFT 自正式投入运行以来，以其高效、可靠、完善的通信服务和金融服务，在加强全球范围内的银行资金清算与商品流通、促进世界贸易的发展、促进国际金融业务的现代工业化和规范化等方面发挥了重要作用。发展到现在，SWIFT 系统日处理 SWIFT 电信 300 万笔，高峰达 330 万笔。SWIFT 和 CHIPS、CHAPS、FEDWIRE 等银行金融网络系统一样，已经成为当前世界上著名的银行金融通信和银行资金清算的重要系统。

（2）CHIPS 简介

20 世纪 60 年代末，随着经济的快速发展，纽约地区资金调拨交易量迅速增加。纽约清算所于 1966 年研究建立了 CHIIPS 系统，1970 年正式创立。

CHIPS，英文全称为 Clearing House Interbank Payment System，中文一般翻译为"纽约清算所银行同业支付系统"，它主要以世界金融中心美国纽约市为资金结算地，具体完成资金调拨即支付结算过程。现在，世界上 90%以上的外汇交易是通过 CHIPS 完成的。可以说，CHIPS 是国际贸易资金清算的桥梁，也是美元供应者进行交易的通道。CHIPS 的参加银行主要包括：

① 纽约交换所的会员银行。这类银行在纽约联邦储备银行有存款准备金，具有清算能力，并且都有系统标识码，作为收益银行的清算账号。

② 纽约交换所非会员银行。这类银行称为参加银行，参加银行需经过会员银行的协助才能清算。

③ 美国其他地区的银行及外国银行

主要包括美国其他地区设于纽约地区的分支机构，它们具有经营外汇业务的能力；外国银行设于纽约地区的分支机构或代理行。

CHIPS 采用这种层层代理的支付清算体制，构成了庞大复杂的国际资金调拨清算网，因此，它的交易量非常巨大，而且在逐年增加。

（3）CHIPS 与 SWIFT 合作的国际电子支付体系架构

应用 CHIPS 系统的资金清算处理过程并不复杂，可把整个流程分为两部分：第一部分是 CHIPS 电文的发送，第二部分是在实体银行间完成最终的资金清算。例如，美国境外的 A 国银行（汇款银行）汇一笔美元到美国境外的 B 国银行（收款银行），则 CHIPS 的资金调拨流程如图 7.11 所示。

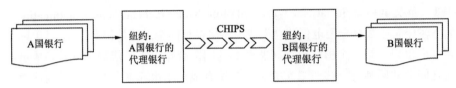

图 7.11　通过 CHIPS 实现国际资金调拨示意图

1. 结合电子商务交换模型和过程模型，分析各个组成部分的功能，并举例说明。

2. 结合电子商务功能模型，举例说明一个电子商务网站的业务组成和实现过程。

3. 列举电子商务的实际应用，分析完全电子商务的特点。

4. 电子商务中的主要赢利模式有哪些？试列举实际网站，说明其采用的赢利模式。

5. 结合网络支付运作体系，分析我国网络支付实践中存在的问题及原因。

6. 结合自身的实践，分析我国电子现金的应用情况。

第 二 部 分

第8章　移动互联网实训指导

8.1 实训一：无线网络的接入

1. 实训目的

（1）理解无线网络的概念及其应用。

（2）掌握计算机添加无线网卡的方法。

（3）掌握无线网络的接入的配置方法。

2. 实训环境

利用 Cisco Packet Tracer Student 6.2 软件模拟操作。添加 4 台计算机、1 台 Pad、1 台无线 AP、1 台 3560 交换机、1 台无线路由器。

3. 实训任务

利用校园现成的网络资源，为方便教师和学生能快捷地连入校园网络，建设了无线网络的接入。PC1、PC2 为学校实验室计算机，通过无线路由器访问校园网络；PC4 和 Pad1 为图书馆计算机，通过无线 AP 访问校园网络；PC3 为教师办公室计算机，通过 DHCP 获取 IP。交换机 3560 为学校中心交换机，划分为三个 VLAN。其中，VLAN2 和 VLAN3 分别用于无线路由和无线连接 AP，为计算机无线访问提供接口，VLAN1 通过有线连接学校内部办公网络的计算机。实验拓扑如图 8.1 所示。

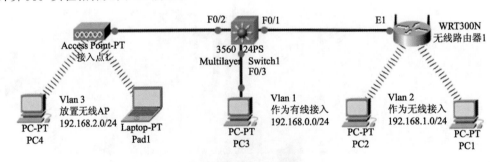

图 8.1　实验拓扑图

4. 相关无线 AP 和无线路由器的功能方面知识

无线 AP 全称是 Access Point，其功能是把有线网络转换为无线网络。可以把无线 AP 看作是无线网和有线网之间沟通的桥梁。其信号范围为球形，搭建的时候最好放到比较高的地方，可以增加覆盖范围，无线 AP 也就是一个无线交换机，接入在有线交换机或是路由器上，接入的无线终端和原来的网络是属于同一个子网。

无线路由器就是一个带路由功能的无线 AP，可以接入在宽带线路上，通过路由器功能实现自动拨号接入网络，并通过无线功能，建立一个独立的无线局域网。

5. 实施过程

步骤1：添加无线网卡。

本实验采用的计算机和平板电脑（PC1、PC2、PC3、PC4 和 Pad）均要先添加无线网卡设备。计算机和 Pad 操作类似。为计算机添加无线网卡的操作如图 8.2 所示。

（1）单击计算机电源开关，将计算机关闭。

（2）将计算机下部的以太网卡拖出删除掉。

（3）将无线网卡拖动到刚才以太网卡所在位置。

（4）单击计算机电源开关，将计算机开启。

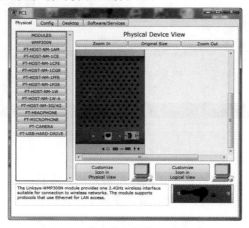

图 8.2 为计算机添加无线网卡

步骤2：已完成配置 3560 三层交换机（学生不用配置）。

将 Vlan1 设为有线接入，Vlan2 设为无线接入，将 VLAN3 设置为无线 AP。此配置已完成。

步骤3：配置无线路由器。

（1）在这里"Internet Setup"选项的右侧不用做任何配置，而在"Network Setup"右侧，设置一个管理 IP 地址：192.168.1.1，以后通过这个 IP 地址来进行该无线路由器的管理。在"DHCP Server Settings"的右侧，将"DHCP 服务器"关闭。因为无线接入的计算机的 IP 地址都是通过 3560 交换机来获取的，如图 8.3 所示。

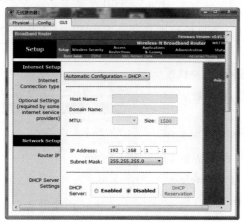

图 8.3 通过交换机获取 IP 地址

（2）接着进入了无线设置，单击"Wireless"进入基础无线设置，将"Network Name（SSID）"改成"Wireless Router"，其他可以不用配置，如图 8.4 所示。

图 8.4　无线设置

（3）设置计算机 PC1、PC2 连接到无线路由器并使它能获得 IP 地址。

此前已将 PC1、PC2 的以太网卡取下来，添加上了无线网卡。因为这里的无线路由器上面没有做任何安全设置，所以在这里它会自动进行连接。其次，将 PC1、PC2 的 SSID 设置为"Wireless Router"，其他的认证都没有设置。如图 8.5 所示。

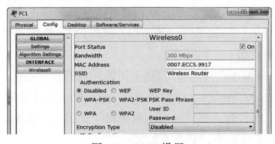

图 8.5　SSID 设置

（4）已完成开启 3560 交换机的路由功能，实现 Vlan1 和 Vlan2 中的计算机通信。（学生不用配置。）

（5）PC1、PC2 通过 3560 交换机配置的 DHCP 服务器获取到 IP 地址，如图 8.6 所示。

（6）将 PC1、PC2 分别连接到无线路由器。进入 PC1、PC2 设置界面的"Desktop"选项卡，单击"PC Wireless"图标，进入无线连接，如图 8.7 所示。

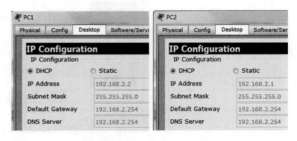

图 8.6　通过 DHCP 服务器获取 IP 地址

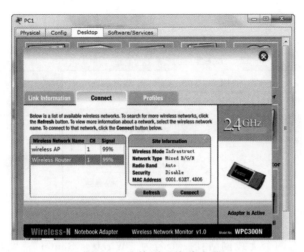

图 8.7　连接到无线路由器

（7）无线 AP 配置

这里将无线 AP 的 SSID 设置成"Wireless AP"，其他的认证都没有设置，如图 8.8 所示。

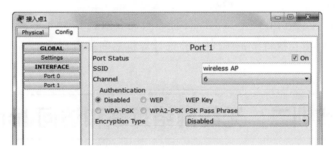

图 8.8　无线 AP 配置

（8）将 PC4、Pad1 加入无线 AP

进入 PC4、Pad1 设置界面的"Desktop"选项卡，单击"PC Wireless"图标，进入无线连接设置，在默认进入的"Link Information"选项页面中，可以看到无线网络的强弱，如图 8.9 所示。

图 8.9　PC4、Pad1 加入无线 AP

（9）将 PC4、Pad1 加入无线 AP，单击"Connect"选项，可以查看当前网络中可用的无线网络，如图 8.10 所示。

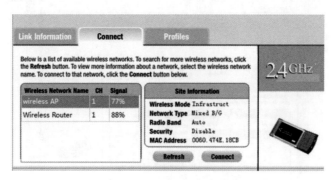

图 8.10　查看当前网络中可用的无线网络

在这里可以看见有两个无线网络：一个名为"Wireless Router"，就是无线路由器的；另一个名为"Wireless AP"，就是无线 AP。这里选择"Wireless AP"，然后单击"Connect"按钮进行连接。连接成功以后，更新一下 DHCP。

6．验证测试

（1）验证 PC1、PC2、PC3、PC4、Pad1 能否自动获取到 IP 地址。

（2）计算机之间相互执行 ping 命令，验证计算机之间是否相通。

8.2　实训二：无线网络互联和访问 Internet

1．实训目的

（1）掌握 SSID 的概念和用途。

（2）掌握配置无线路由器的 DHCP。

（3）掌握无线局域网中的 WPA2 等加密设置。

2．实训环境

利用 Cisco Packet Tracer Student 6.2 软件模拟操作。添加 2 台服务器，作为 Internet 中的 DNS 服务器和 Web 服务器。添加 2 台 2811 路由器，通过串口线互联模拟公网环境，添加 1 台无线路由器，用于提供公司计算机的无线接入。

3．实训任务

在公司内网边界路由器背后接了一台无线路由器，下面的计算机、平板电脑、智能手机通过添加无线网卡连接到无线路由器上，网络设备配置相应的 IP 地址，在 DNS 服务器上做 DNS 配置，然后通过公司内部的路由器访问 Internet 的 Web 服务器。实验拓扑如图 8.11 所示。（注意：路由器与服务器的接口 f0/1 与 f0/0。）

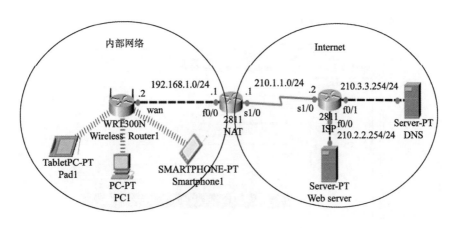

图 8.11　实验拓扑图

4. 相关无线加密和 DHCP 知识

SSID 是 Service Set Identifier 的缩写，意思是服务集标识。SSID 技术可以将一个无线局域网分为几个需要不同身份验证的子网络，每一个子网络都需要独立的身份验证，只有通过身份验证的用户才可以进入相应的子网络，防止未被授权的用户进入本网络。

IEEE 推出的标准中 WPA2 有两种风格，一是 WPA2 个人版，二是 WPA2 企业版。WPA2 企业版需要一台具有 IEEE 802.1X 功能的 RADIUS（远程用户拨号认证系统）服务器。没有 RADIUS 服务器的 SOHO 用户可以使用 WPA2 个人版，其口令长度为 20 个以上的随机字符。

DHCP（Dynamic Host Configuration Protocol，动态主机配置协议）是一个局域网的网络协议，主要用途是给内部网络或网络服务供应商自动分配 IP 地址。

5. 实施过程

本实验是模拟现实网络的运行，由于要用到 DNS 解析域名，所以内部计算机的 IP 地址中都要进行 DNS 配置。

步骤 1：已完成配置公司内网的边界路由器为 NAT 路由器。（学生不用配置）

步骤 2：已完成配置公网路由器 ISP 端。（学生不用配置）

步骤 3：配置 Web 服务器。

Web 服务器默认是开启的，所以不必再去开启一次。根据实验拓扑图为公网 Web 服务器设置 210.2.2.1/24 的 IP 地址，具体设置如图 8.12 所示。

步骤 4：配置 DNS 服务器。

（1）在 DNS 服务器上做一个域名解析，具体操作：单击"Service"项，在"Name"文本框中输入"www.shsipo.com"，再单击"Add"按钮。则将域名 www.shsipo.com 指向公网 Web 服务器的 IP 地址。以便公司内网通过这个域名

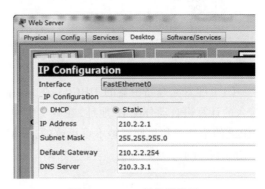

图 8.12　Web 服务器设置

去访问 Web 服务器。设置如图 8.13 所示。

图 8.13　配置 DNS 服务器

（2）在 Desktop 菜单下配置 DNS 服务器 IP 地址与网关。

关于 DNS 服务器 IP 地址与网关的配置也可以在 Config 菜单下完成。进入"Config"|"FastEthernet0"设置 IP 地址为 210.3.3.1，子网掩码为 255.255.255.0；进入"Config"|"GLOBAL"|"Settings"设置网关地址为 210.3.3.254。设置如图 8.14 所示。

步骤 5：无线路由器的基本配置。

这个无线路由器的模拟程序也同真机上的基本一样，为无线路由器配置一个静态的 IP 地址，使之与内部 NAT 路由器互联。无线路由器的 IP 设置有三种不同的方式，如图 8.15 所示，一个是自动配置，通过 DHCP 获取；另一个是手工配置静态 IP 地址；第三个是 PPPoE 拨号（可以直接用它通过 ADSL 拨号上网使用）。

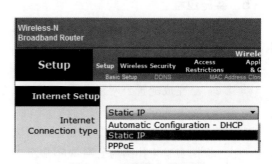

图 8.14　在 Desktop 菜单下配置 DNS 服务器　　　图 8.15　无线路由器配置

（1）配置无线路由器的 DHCP。在无线路由器上进行 DHCP 配置，为通过无线或者有线接入的计算机自动分配 IP 地址，在本实验中就是为公司内部计算机提供 DHCP 服务，在这里，DHCP 的地址池和租期都是不可更改的，只需为其设置一个 DNS 地址即可。具体设置如图 8.16 和图 8.17 所示。

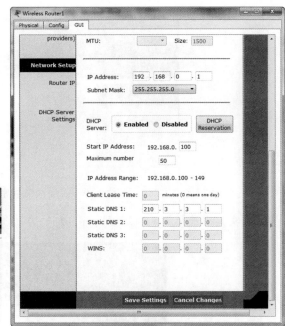

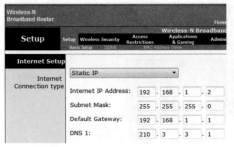

图 8.16 DHCP 配置（1） 图 8.17 DHCP 配置（2）

（2）无线路由器的安全配置。

① 在无线路由器的配置界面进入"Wireless"无线配置。在这里可以设置无线路由器的网络模式、网络名称等，如图 8.18 所示。其中，在"网络模式"下拉列表中选择"Mixed"类型，表示混合型，不管用户是 A/B/G 哪种类型都可以使用；在"Network Name（SSID）"文本框中无线网络显示 SSID 的名称，保持默认名称不变。设置好以后单击"Save Settings"按钮。

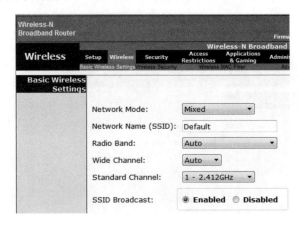

图 8.18 无线路由器的安全配置

② 单击"Wireless"下方的"Wireless Security"按钮，进入无线网络加密方式设置。它提供加密的方式有以下几种（默认是禁用的），如图 8.19 所示。

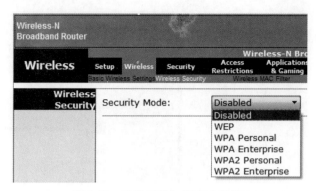

图 8.19　无线网络加密方式设置

③ 本实验中选择"WPA2 Personal"加密方式，具体设置如图 8.20 所示。

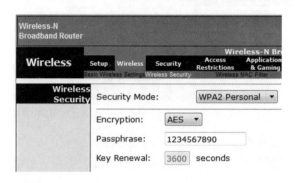

图 8.20　选择"WPA2 Personal"加密方式

（3）无线路由器的远程管理设置。在这里面就是一些管理员密码，是否允许远程管理之类的，如图 8.21 所示。

图 8.21　无线路由器的远程管理设置

（4）查看无线路由器的配置信息。用户可以查看当前无线路由器的状态信息，如图 8.22 所示。到此为止，无线路由器的配置已完成。

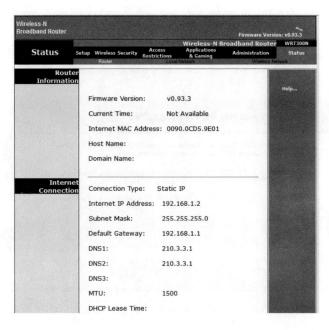

图 8.22 查看无线路由器的配置信息

步骤 6：计算机、平板电脑、智能手机的配置。

为 PC1、Pad1 添加无线网卡，并和 Smartphone1 一起添加到无线网络中。

① 选择实验拓扑图中的 PC1 计算机，进入计算机配置界面的 "Desktop" 选项，单击其中的 "PC Wireless" 图标。单击图中的 "Connect" 按钮，在 "Wireless Network Name" 下面有一个无线网络，名称为 "Default"，在右边的 "Site Intormation" 这里面显示了这台无线路由器的一些信息。如支持网络类型有 "Mixed B/G/N"，安全模式使用的是 "WPA2-PSK"，还有 MAC 地址等。选择左边的 "Default" 列表再单击右边的 "Connect" 按钮进行连接，如图 8.23 所示。

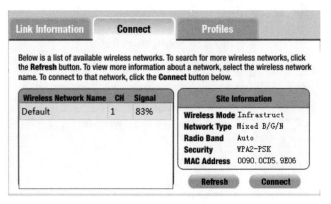

图 8.23 添加到无线网络

② 这时会出现图 8.24 所示的 "WPA2-Personal Needed for Connection" 界面。在 "Pre-shared Key" 文本框中输入前面在路由器中输入的密码：1234567890，单击 "Connect" 按钮，连接到无线路由器。

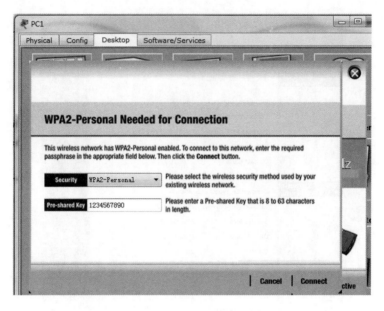

图 8.24　输入密码连接到无线路由器

③ Pad1 和 Smartphone1 配置类似，此处以 Smartphone1 配置为例。
自动获取 IP 地址，如图 8.25 所示。

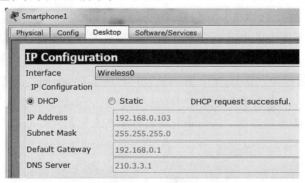

图 8.25　Smartphone1 配置

配置密码：1234567890，连接到无线路由器。如图 8.26 所示。

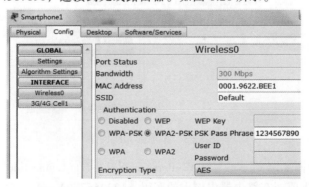

图 8.26　Smartphone1 连接到无线路由器

6. 验证测试

（1）验证计算机、平板电脑、智能手机是否正确获取到 IP 参数，包括 IP 地址、子网掩码、网关和 DNS 服务器。

（2）验证在计算机、平板电脑、智能手机上使用管理面板桌面中的浏览器测试 http://www.shsipo.com 域名能否访问公网 Web 服务器上的网页。如图 8.27 所示。

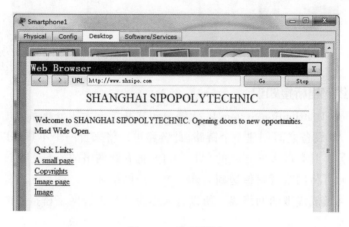

图 8.27　验证测试

8.3　实训三：无线路由器的桥接和 MAC 地址过滤

1. 实训目的

（1）理解扩大无线信号覆盖范围的 WDS 桥接功能。

（2）掌握阻止未经许可的客户端的接入以保护无线网络的应用。

2. 实训环境

利用 Cisco Packet Tracer Student 6.2 软件模拟操作。添加 4 台计算机，1 台打印机，1 台 3560 交换机，2 台无线路由器。

3. 实训任务

小张和小陈是同班同学，小陈的宿舍安装有打印机，而且两位同学分别住两幢楼的同一楼层，楼之间相隔 20～30 m，两位同学想把两个宿舍的计算机连接成一个局域网，实现资料共享并共享打印机。但考虑到布线难度大，拟采用两台无线路由器进行桥接的联网方式。同时考虑到资源有限，为了避免其它的客户端接入，决定在无线路由器上实现 MAC 地址过滤。因为模拟器不支持 WDS（Wireless Distribution System），本实验采用了有线桥接。实验拓扑如图 8.28 所示。

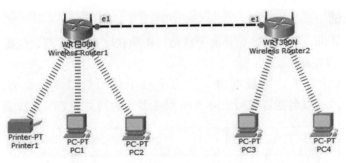

图 8.28　有线桥接实验拓扑图

4. 相关无线网络桥接知识

WDS（Wireless Distribution System），无线分布式系统，无线分布系统（WDS）通过无线相应接口在两个 AP 设备之间创建一个链路。此链路可以将来自一个不具有以太网连接的 AP 的通信量中继至另一具有以太网连接的 AP；WDS 把有线网络的资料，通过无线网络当中继架构来传送，借此可将网络资料传送到另外一个无线网络环境，或者是另外一个有线网络。因为透过无线网络形成虚拟的网络线，所以有人称为这是无线网络桥接功能。严格说起来，无线网络桥接功能通常是指的是一对一，但是 WDS 架构可以做到一对多，并且桥接的对象可以是无线网络卡或者是有线系统。所以 WDS 最少要有两台同功能的 AP，最多数量则要看厂商设计的架构来决定。

5. 实施过程

步骤 1：配置无线宽带路由器 Linksys WRT300N Wireless Router1。

（1）配置无线宽带路由器 SSID

单击 Wireless Router1，单击 GUI 选项卡，在 Wireless 选项卡中，更改 Network Name（SSID）为 ws11，如图 8.29 所示。

图 8.29　配置无线宽带路由器 SSID

（2）选择 Security Mode 为 WPA2 Persona，配置密码为 1234567890，如图 8.30 所示。

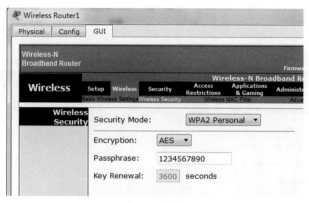

图 8.30　配置密码

（3）配置无线宽带路由器内网（LAN）的 IP 地址。

在 Config 选项卡中的 LAN 选项中设置 IP 地址 192.168.1.254，子网掩码 255.255.255.0，如图 8.31 所示。

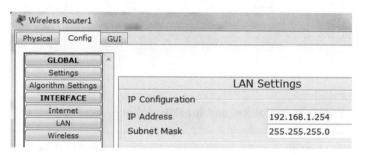

图 8.31　配置无线宽带路由器内网（LAN）的 IP 地址

（4）配置 DHCP，如图 8.32 所示。

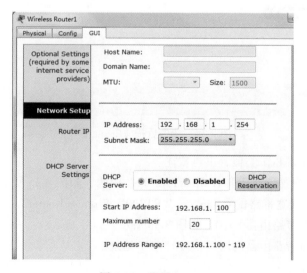

图 8.32　配置 DHCP

步骤 2：配置 PC1、PC2、Printer1。

（1）PC1 自动获取 IP 地址，如图 8.33 所示。

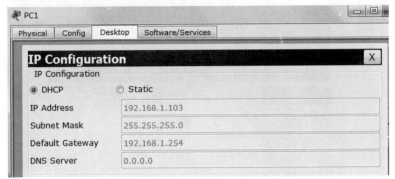

图 8.33　PC1 自动获取 IP 地址

（2）在"Wireless Network Name"下面有一个无线网络，名称为"ws11"，选中后单击"Connect"按钮，如图 8.34 所示。

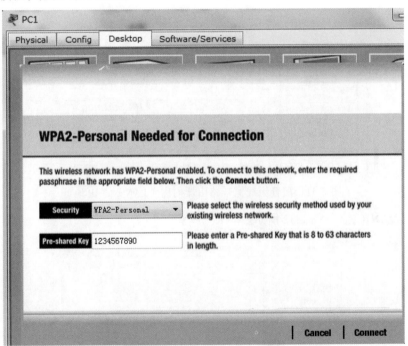

图 8.34　选中后按"Connect"

（3）PC2 的配置和 PC1 类似，不再叙述。

（4）Printer1 的配置自动获取 IP 和 WPA2-PSK 密码，如图 8.35 所示。

步骤 3：配置无线宽带路由器 Linksys WRT300N Wireless Router2。

（1）配置无线宽带路由器 SSID，如图 8.36 所示。

（2）配置无线宽带路由器内网（LAN）的 IP 地址。

在 Config 选项卡中的 LAN 选项中设置 IP 地址 192.168.1.1，子网掩码 255.255.255.0，如图 8.37 所示。

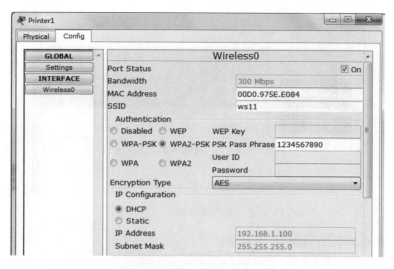

图 8.35 Printer1 的配置自动获取 IP 和 WPA2–PSK 密码

图 8.36 配置无线宽带路由器 SSID

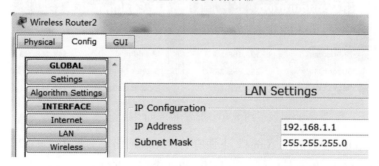

图 8.37 配置无线宽带路由器内网（LAN）的 IP 地址

（3）单击"Wireless"下方的"Wireless Security"按钮，进入无线网络加密方式设置，如图 8.38 所示。

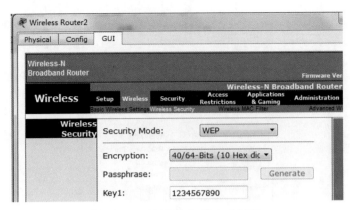

图 8.38　无线网络加密方式设置

（4）配置禁止 DHCP，如图 8.39 所示。

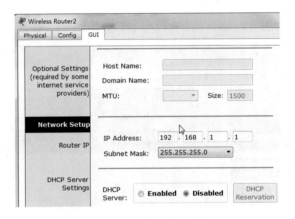

图 8.39　配置禁止 DHCP

步骤 4：配置 PC3、PC4。

（1）PC3、PC4 的 IP 地址获取设为静态模式，配置 IP 地址如图 8.40 所示。

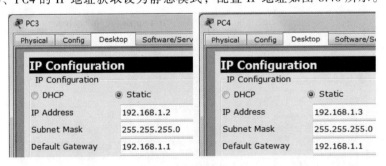

图 8.40　配置 PC3、PC4

（2）在 "Wireless Network Name" 下面有一个无线网络，名称为 "ws22"，选中后单击 "Connect" 按钮，PC3、PC4 具体配置和 PC1、PC2 类似，此处略。

步骤 5：用交叉线连接两个无线路由器，两个无线路由器桥接的时候必须使用以太网口，保持同一网段。

步骤 6：选中"Wireless MAC Filter"，设置拒绝 MAC 地址为 000B.BEAE.6E93 的 PC2 访问无线网络，按"Save Settings"按钮保存设置，如图 8.41 所示。

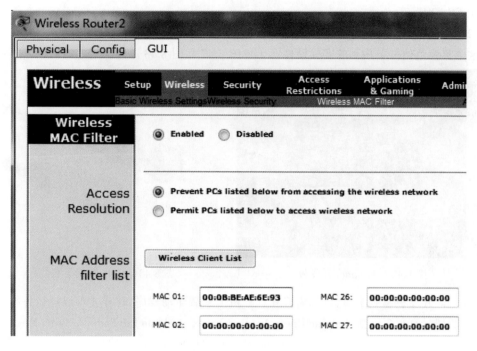

图 8.41　保存设置

6. 验证测试

（1）验证计算机、平板电脑是否正确获取到 IP 参数。

（2）验证 PC2 开始能访问无线网络，经过 MAC 地址过滤设置后，变成不能访问无线网络。

（3）验证 PC3、PC4 计算机使用 ping 命令能连通打印机 Printer1。

8.4　实训四：建立 Arduino IDE 开发环境

1. 实训目的

（1）了解 Arduino 开发板的主要形式和接口。

（2）熟悉 Arduino 开发环境的主要安装方法。

（3）熟悉 Arduino 编程与烧写的基本过程。

2. 实训范例

（1）范例环境

操作系统：Windows 7。

硬件：Arduino Uno R3 开发板、USB 方口数据线。

安装软件：arduino-1.7.8.org-windows.exe 安装程序、ch340USB 串口芯片驱动程序 CH341SER.EXE。

（2）范例内容与步骤

这个实验范例需要用到的实验硬件有（见图 8.42 和图 8.43）：

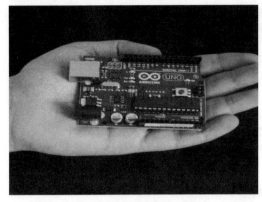

图 8.42　Arduino 开发板　　　　　　　图 8.43　USB 数据下载线

Arduino 开发板拿到手后，首先需要在计算机上安装驱动程序，这样才可以进行各种实验，Arduino 的型号有很多，如 Arduino Uno、Arduino Nano、Arduino LilyPad、Arduino Mega 2560、Arduino Ethernet、Arduino Due 等。Arduino Uno 是使用比较多的一种板型号，本实验教程所使用的就是此型号。Arduino Uno 是 2011 年 9 月 25 日在纽约创客大会（New York Maker Faire）上发布的。型号名字 Uno 是意大利语中"一"的意思，用来表达 Arduino 软件的 1.0 版本，即 Uno Punto Zero（意大利语的"1.0"）。目前官网上已经出到 Arduino Uno R3，即第三版。详见图 8.44 所示。

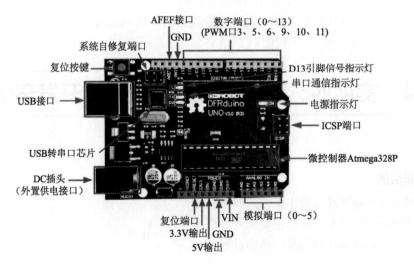

图 8.44　Arduino Uno 开发板及接口图示

Arduino IDE 安装步骤如下：

第一步，下载 arduino 开发环境。

从官网下载 Arduino IDE（IDE 是 Arduino 的软件程序开发环境），对于 1.7 以下的版本则无须安装，只需将 IDE 解压直接双击 arduino.exe 使用即可。

第二步，Arduino USB 串口驱动的安装。

（1）正向安装

目前，国内生产的 Arduino 板大都使用 ch340USB 串口芯片。可下载 ch340（或 ch341）驱动程序，双击 CH341SER.EXE（或 SETUP.EXE）文件，如图 8.45 所示。

单击"帮助"按钮，出现安装说明，如图 8.46 所示。按说明进行安装或卸载。

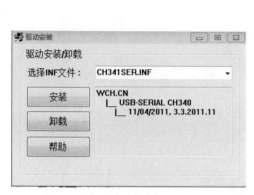

图 8.45　Ch340 驱动安装　　　　　　　图 8.46　Ch340 安装说明

安装成功后，如果已经用自带的 USB 连接线将 Arduino 和 PC 连接起来，那么在设备管理器中可看到相应的串口端口，如图 8.47 所示。

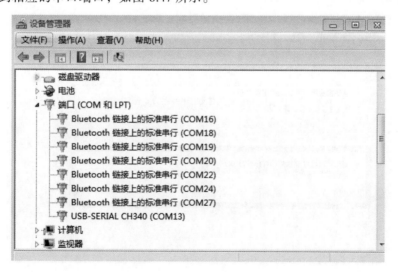

图 8.47　查看 USB 串口端口

（2）反向安装

对于原版 Arduino，其驱动程序就在 Arduino IDE 的 drivers 文件夹下，最新版的 Arduino UNO、Arduino MEGA、Arduino Leonardo 等控制器及各厂家的兼容控制器，在 MAC OS 和 Linux 系统下，均是不要驱动程序的，只需直接插上，即可使用。但在 Windows 系统中，需要为 Arduino

安装驱动配置文件，才可正常驱动 Arduino，具体方法如下（采用反向安装）。

首先把 Arduino UNO R3 通过 USB 数据线和计算机连接。正常情况下会提示驱动安装，这里在 Windows 7 上安装。其他版本上安装也是没有问题的。

① 在设备管理器中找到未识别的设备，然后选择更新驱动程序软件，如图 8.48 所示。

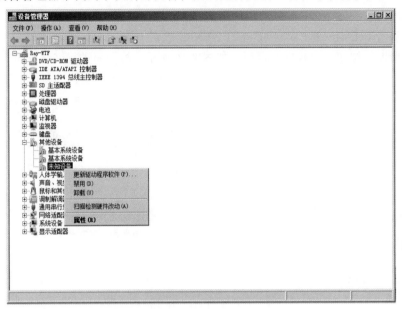

图 8.48　设备管理器中找到未识别的设备

② 选择浏览查找驱动程序软件，如图 8.49 所示。

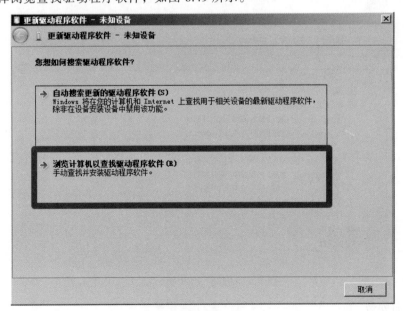

图 8.49　在更新驱动程序中进行选择

③ 浏览计算机上的驱动文件，方法是找到 Arduino IDE 中的 drivers 文件夹，如图 8.50 所示。

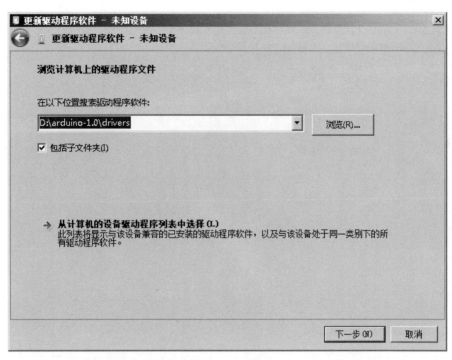

图 8.50　浏览选择正确的 ArduinoIDE 下的 drivers 文件夹

单击"下一步"按钮即可实现安装，如图 8.51 所示。

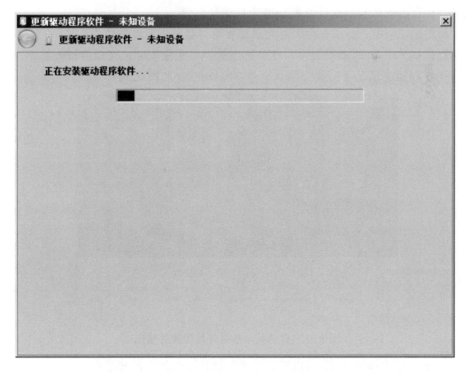

图 8.51　安装驱动程序进度显示

④ 驱动安装完成，如图 8.52 所示。

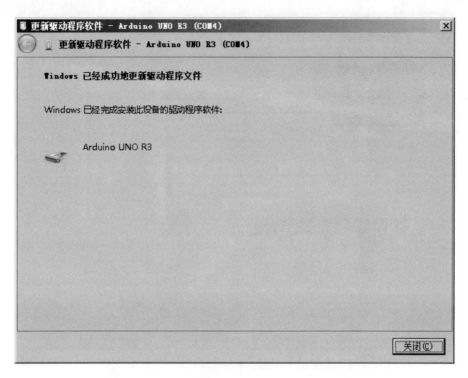

图 8.52　驱动安装结束

此时，在设备管理器中也可发现 USB 串口端口出现。

（3）利用驱动精灵、驱动人生、万能串口驱动等第三方驱动软件安装

如果提供的 CH340 驱动安装包与计算机不兼容，无法安装，可以尝试安装驱动精灵等软件，必须在联网的情况下完成安装。具体参见图 8.53 和图 8.54 所示。

图 8.53　启动驱动精灵并检测硬件情况

插上 USB 数据线连接 Arduino 以后，单击驱动精灵软件立即开始检测。

图 8.54 驱动检测结果

检测完毕以后，会在这个界面提示安装驱动选择，按照软件操作即可，图 8.54 所示界面中的计算机已经安装了 CH340 驱动，所以检测不到，没有显示出来。

3. 实训内容

利用安装好的 Arduino IDE 完成一个简单的实验——Hello World 实验。首先来看一个不需要其他辅助元件，只需要一块 Arduino 和一根下载线的简单实验，让我们的 Arduino 说出"Hello World!"，这是一个让 Arduino 和 PC 通信的实验，这也是一个入门级的实验，希望可以带领大家进入 Arduino 的世界。

按照上面所讲的将 Arduino 的驱动安装好后，我们打开 Arduino IDE，编写一段程序让 Arduino 接受到发送的指令，并显示"Hello World!"字符串，当然也可以让 Arduino 不用接收任何指令就直接不断回显"Hello World!"，利用一条 if()语句就可以让你的 Arduino 听从你的指令了，我们再借用一下 Arduino 开发板自带的数字 13 口所连接的 LED 灯，也可以让 Arduino 接收到指令时 LED 闪烁一下，再显示"Hello World!"。

下面给出参考程序：

```
int val;//定义变量 val
int ledpin=13;//定义数字接口 13
void setup()
{
Serial.begin(9600);//设置波特率为 9600，这里要与软件设置相一致。当接入特定设备
(如：蓝牙)时，波特率也要与其他设备的波特率一致
pinMode(ledpin,OUTPUT);//设置数字 13 口为输出接口，Arduino 上用到的 I/O 口都
要进行类似这样的定义
}
void loop()
{
val=Serial.read();//读取 PC 机发送给 Arduino 的指令或字符，并将该指令或字符赋给
val
if(val=='R')//判断接收到的指令或字符是否是"R"
{//如果接收到的是"R"字符
```

```
digitalWrite(ledpin, HIGH);//点亮数字13口LED
delay(500);
digitalWrite(ledpin, LOW);//熄灭数字13口LED
delay(500);
Serial.println("Hello World!");//显示"Hello World!"字符串
}
}
```

编程练习的具体步骤如下：

（1）首先打开 Arduino IDE，将以上代码复制进去。

（2）将 Arduino IDE 的界面设置为中文显示。通过菜单"File"｜"Preferences"设置，如图 8.55 所示。单击"OK"按钮并退出 Arduino IDE，再次打开时就会出现中文显示的界面。

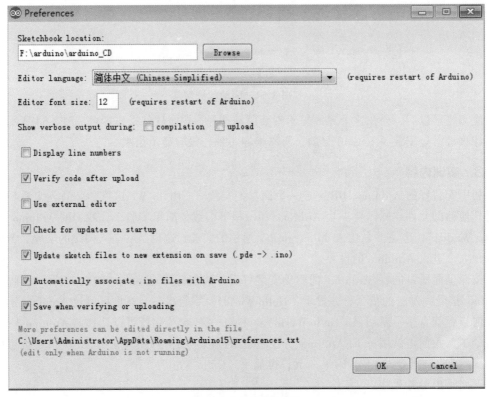

图 8.55　首选项设置

其他如项目文件默认保存位置、编辑器字体大小的这种等都可在此界面中完成。

（3）输入 Hello World 参考程序，并保存为文件名为 Hello_World 的 Arduino 程序，结果如图 8.56 所示。

（4）烧写并运行程序。将 Arduino 与 PC 通过 USB 烧写线（数据下载线）连接。

① 通过"工具"｜"板"选择自己的 Arduino 板的型号，如图 8.57 所示。

② 打开计算机操作系统的设备管理器端口,查看连接 Arduino UNO 板后其相应的串口端口编号。然后，设置端口，如图 8.58 所示。

③ 烧写运行。单击工具栏中向右的箭头，出现"上传"提示，如图 8.59 所示，等待一段时间，如果编译成功，就可以实现上传烧写成功的提示。

④ 查看运行结果。单击"工具"|"串口监视器",打开 Arduino 串口输出。输入"R",回车或单击"发送"按钮,出现图 8.60 所示结果。

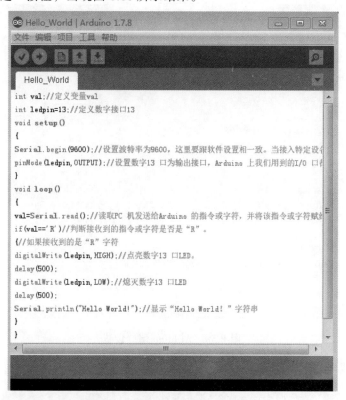

图 8.56 Hello World 参考程序输入界面

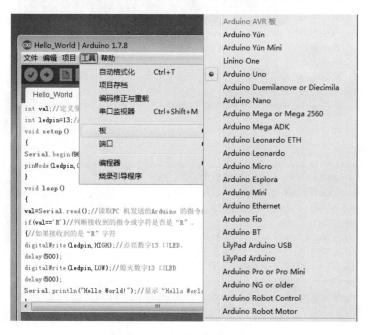

图 8.57 Arduino 板型号选择

231

图 8.58　Arduino 端口设置

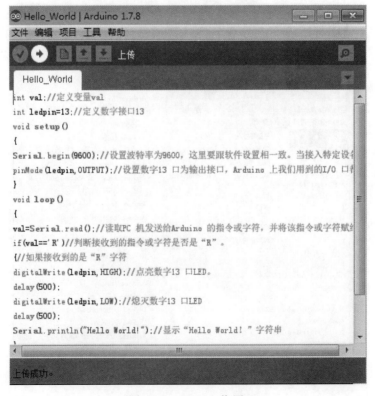

图 8.59　Arduino 烧写

图 8.60 Arduino 串口监视器输出图示

注意：串口监视器中的输出波特率选择要与程序中相应设置 Serial.begin（9600）相同。

4. 测试题

1. 请详细叙述 Arduino Uno R3 的主要接口。

2. 仿照 Hello World 参考程序，编写一个输入学号即可显示姓名的程序，并烧写到开发板运行。

8.5 实训五：外接 LED 灯实验

1. 实训目的

（1）了解 Arduino 开发板的主要形式和接口。

（2）熟悉 Arduino 开发环境的主要安装方法。

（3）熟悉 Arduino 编程与烧写的基本过程。

2. 实训范例

（1）范例环境

操作系统：Windows 7。

硬件：Arduino Uno R3 开发板、USB 方口数据线。

安装软件：arduino-1.7.8.org-windows.exe 安装程序、ch340USB 串口芯片驱动程序 CH341SER.EXE。

3. 实验指导步骤

（1）认识色环电阻

电阻色环识别时，应先找到最后一环即标志误差的色环，从而排定色环顺序。

第一个办法是按颜色确定。最常用的表示电阻误差的颜色是：金、银、棕，尤其是金环和银环，一般很少用做电阻色环的第一环，所以在电阻上只要有金环和银环，就可以基本认定这是色环电阻的最末一环。

第二个办法及最常用的办法是按色环间距确定最后一环。色环间距较宽的一环为最末一环。棕色环既常用做误差环，又常作为有效数字环，且常常在第一环和最末一环中同时出现，使人很难识别谁是第一环。在实践中，可以按照色环之间的间隔加以判别：比如对于一个五道色环的电阻而言，第五环和第四环之间的间隔比第一环和第二环之间的间隔要宽一些，据此可判定色环的排列顺序。

例如，一个色环电阻的顺序颜色为：红、红、黑、黑、棕，打开桌面上的软件"电阻色环的识别.exe"，通过单击右上角五色环标志，确定计算五色环电阻值，顺序单击颜色，计算结果如图 8.61 所示。

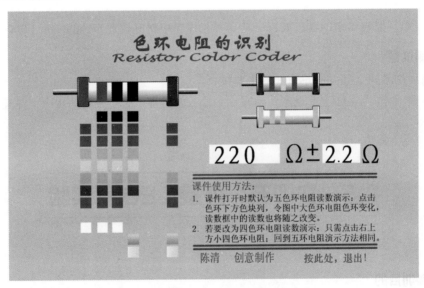

图 8.61　色环电阻自动计算

（2）将下列程序烧写（上传）到 Arduino 板。

```
int val;//定义变量val
int ledpin=13;//定义数字接口13
int i;
String name2= "",xm2="",xh2="";
char name1[4]={0xd0,0xd5,0xc3,0xfb,};// "姓名"的ASCII码
char xh1[4]={0xd1,0xa7,0xba,0xc5,};
char xm1[6]={0xd5,0xc5,0xc8,0xfd,0xb7,0xe8,};//"张三"的ASCII码
//char xm1[6]={0xcd,0xf5,0xb4,0xab,0xb6,0xab,};
void setup()
{
Serial.begin(9600);//设置波特率为9600,这里要跟软件设置相一致。当接入特定设备(如
蓝牙)时,我们也要跟其他设备的波特率达到一致
```

```
pinMode(ledpin,OUTPUT);//设置数字 13 口为输出接口，Arduino 上用到的 I/O 口都要
进行类似这样的定义
    for(i=0;i<4;i++)  name2+=name1[i];
    for(i=0;i<4;i++)  xh2+=xh1[i];
    for(i=0;i<6;i++)  xm2+=xm1[i];  // 姓名 3 个字时，i<6 ;姓名 2 个字，i<4
    }
    void loop()
    {
val=Serial.read();//读取 PC 发送给 Arduino 的指令或字符,并将该指令或字符赋给 val
//if(val=='R')//判断接收到的指令或字符是否是"R"。
{//如果接收到的是"R"字符
digitalWrite(ledpin,HIGH);//点亮数字 13 口 LED。
delay(1000);
digitalWrite(ledpin,LOW);//熄灭数字 13 口 LED
delay(1000);
Serial.println("Hello World!");//显示"Hello World! "字符串
 Serial.print(name2);
  Serial.print(":");
  Serial.println(xm2);
Serial.print(xh2);
Serial.println("  PT123456789");// 真实的学号

Serial.println("");
//Serial.println(xh2);
}
}
```

查看运行 Arduino 上的 LED 闪亮情况。

（3）通过面包板外接一个 LED 灯，与 Arduino 板上的 led 灯同步闪烁。LED 灯其实质就是一个二极管，其中一个脚为正极（长针），接供电端；另一个为负极（短针），接地（GND）。接线如图 8.62 所示。

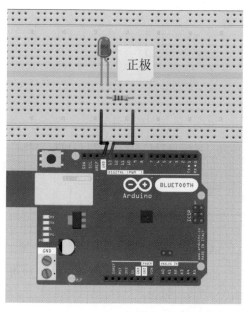

图 8.62　面包板与一个 LED 灯连接

查看是否与 Arduino 板上的 LED 灯同步闪烁。运行成功后，请将连接 LED 正极的红杜邦线连接到 12 口，请修改程序后查看结果。

（4）使用实验 7.4 的方法，修改程序，参数设为自己的姓名和学号。

（5）增加一个班级名称的中文输出，显示操作练习结果。

8.6　实验六：PWM 调光与流水灯实验

1. 认识 PWM

PWM（脉冲宽度调制，Pulse Width Modulation）简称脉宽调制。脉冲宽度调制（PWM）是一种对模拟信号电平进行数字编码的方法。PWM 是将数字信号转换为一定模拟量数值的常用方法。

由于计算机不能输出模拟电压，只能输出 0 V 或 5 V 的的数字电压值，可通过使用高分辨率计数器，利用方波的占空比被调制的方法来对一个具体模拟信号的电平进行编码。PWM信号仍然是数字的，因为在给定的任何时刻，满幅值的直流供电要么是 5 V（ON），要么是 0 V（OFF）。电压或电流源是以一种通（ON）或断（OFF）的重复脉冲序列被加到模拟负载上去的。通的时候直流供电被加到负载上，断的时候供电被断开。只要带宽足够，任何模拟值都可以使用 PWM 进行编码。输出的电压值是通过通和断的时间进行计算的，可表示为如下公式：

$$输出电压=(接通时间/脉冲时间) \times 最大电压值$$

可通过图 8.63 了解该公式的具体意义。

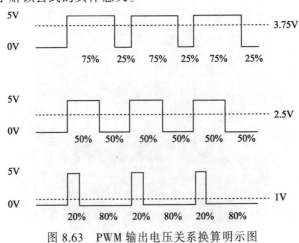

图 8.63　PWM 输出电压关系换算明示图

PWM 被用在许多地方，如调光灯具、电机调速、声音的制作等等。下面介绍一下 PWM的三个基本参数（见图 8.64）。

（1）脉冲宽度变化幅度（最小值/最大值）。

（2）脉冲周期（1 s 内脉冲频率个数的倒数）。

（3）电压高度（如 0 ~ 5V）。

Arduino 控制器有 6 个 PWM 接口，分别是数字接口 3、5、6、9、10、11，在板子上标有 "~" 符号的端口。

在编写程序的过程中，我们用到模拟写入函数：analogWrite(PWM 接口，模拟值 value)，参数模拟值（value）表示 PWM 输出的占空比，范围为 0 ~ 255，对应的占空比为 0% ~ 100%。此函数的作用是将模拟值（PWM 波）输出到管脚 PWM 接口。较多的应用在 LED 亮度控制、电机转速控制等方面。

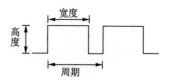

图 8.64 PWM 基本参数表示图

2. 实验指导步骤

（1）PWM 调光

① 接线方法。PWM 控制 LED 灯光强度（调光）接线如图 8.65 所示。LED 灯的正极接 9 号端口。

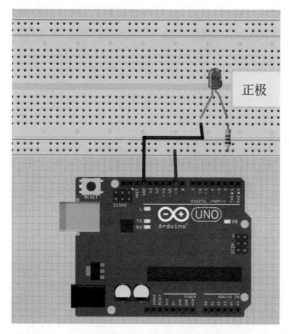

图 8.65 PWM 控制 LED 灯光强度（调光）接线图

② 调光程序。

```
/*
  利用 PWM 功能实现调光效果
 */

int led = 9;              // led 引脚定义，这里需要使用有 PWM 功能的引脚
int brightness = 0;       // led 亮度
int fadeAmount = 5;       // 调节的单步间隔

// 初始化
void setup() {
  // led 引脚定义位输出
```

```
  pinMode(led, OUTPUT);// 独立模块 LY-51S 开发板上 LED1-LED8 都可以使用
}

// 主循环
void loop() {
  // 设置了 led 的亮度
  analogWrite(led, brightness);

  // 下一个循环调整 led 亮度
  brightness = brightness + fadeAmount;

  // 到最大值后反向调整
  if (brightness == 0 || brightness == 255) {
    fadeAmount = -fadeAmount ;
  }
  // 等待 30ms
  delay(10);
}
将上述程序烧写（上传）到 Arduino 板
```

（2）流水灯实验

① 烧写流水灯程序

```
/*
   简易流水灯。可以控制 8 个灯
   */
// 引脚定义
const int ledCount = 8;     // led 个数
int ledPins[] = {
  0,1,2,3,4,5,6,7,};    // 对应的 led 引脚
void setup() {
  // 循环设置，把对应的 led 都设置成输出
  for (int thisLed = 0; thisLed < ledCount; thisLed++) {
    pinMode(ledPins[thisLed], OUTPUT);
  }
}
void loop() {
  // 熄灭所有 led，不同的电路连接也会得到点亮所有 led
    for (int num = 0; num < 8; num++) {
      digitalWrite(ledPins[num], HIGH);
    }
  // 循环顺序点亮 led 然后等待 200ms 后熄灭
  for (int num = 0; num < 8; num++) {
      digitalWrite(ledPins[num], LOW);
      delay(200);
      digitalWrite(ledPins[num], HIGH);
  // 这样就形成了简易的 led 流水效果
    }
  }
```

注：此项目中，要先烧写程序，再接电路图。因为电路占用了串口（0，1），接好电路再上传程序就会受影响，不能上传。

② 流水灯接线图（a）（见图 8.66）。LED 灯的正极接 5V，负极接各个数据位端口。

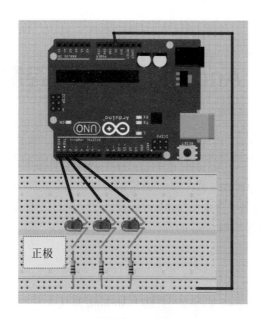

图 8.66 流水灯接线图（a）

观察此时流水灯开始的状态：是先全部熄灭，还是全部点亮？

③ 流水灯接线图（b）（见图 8.67）。把原来接到 5V 端口的线改接到 GND 端，同时将所有的 LED 灯反接，即将 LED 的正极接到各个端口（0～8）。

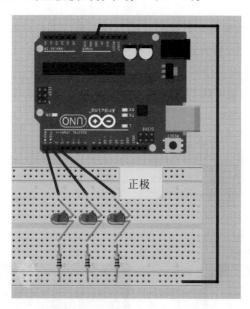

图 8.67 流水灯接线图（b）

观察此时流水灯开始的状态是先全部熄灭，还是全部点亮？并写出实验报告。

8.7 实训七：Android 蓝牙助手控制点亮 LED 灯

1. 实训目的

（1）了解 Android 与 Arduino 蓝牙串口通信的方式方法。

（2）熟悉蓝牙传输的主要方法。

（3）熟悉 Android 蓝牙串口 App 的操作过程。

2. 实训范例

（1）范例环境

操作系统：PC（Windows 7 系统）、手机（Android 系统）。

硬件：Arduino Uno R3 开发板、USB 方口数据线、面包板、杜邦线、HC-06 蓝牙模块、USB 转 TTL PL2303、220Ω 电阻。

支持软件：com.shenyaocn.android.BlueSPP.apk、电阻色环的识别.exe、sscom3.2 串口助手。

（2）范例内容与步骤

① 蓝牙设置。

首先要把蓝牙连接到计算机，计算机才能实现对蓝牙的命令操作。蓝牙连接计算机的方式可采用两种方式：通过 Arduino 连接蓝牙和通过 USB 转 TTL 串口模块连接蓝牙。

通过 USB 转 TTL 串口模块连接蓝牙需设置蓝牙参数：

将蓝牙 HC-06 与 USB 转 TTL PL2303（或其他芯片）模块通过杜邦线连接，注意 TXD 和 RXD 互相对接，如图 8.68 所示。

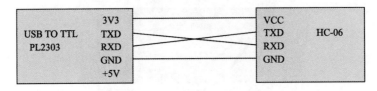

图 8.68　PL2303 模块连接

实物连线如图 8.69 所示。

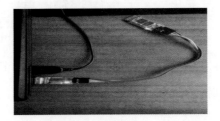

（a）　　　　　　　　　　　　　　（b）

图 8.69　蓝牙 HC-06 与 PL2303 模块连接实物图

如果购买的 PL2303 转接线如图 8.69（a）所示，不能看到各针的标记，可通过线的颜色分辨和连接，具体连接方法如下：

绿色线接蓝牙的 RX 针；

白色线接蓝牙的 TX 针；

红色线接蓝牙的 5V 针；

黑色线接蓝牙的 GND 针。

PL2303 与 HC-06 连接好之后，将 PL2303 插入计算机 USB 口中，注意：除了 PL2303 串口转换模块之外，还有其他如 CH340 等模块的 USB 转 TTL 串口方式，一定要安装相应的驱动程序才能连接成功，其驱动程序可向厂家索要，购买相应模块一定谨记向商家索要相应的驱动软件。

② 利用串口调试助手等工具（串口工具有很多，其中任何一款均可使用，下面启动 SSCOM3.2，如图 8.70 所示）进行 AT 指令测试，并将 HC-06 波特率数值设置为 9600。串口号要在 PC 的 USB 口上插入 USB 转串口模块后到设备管理器的端口上查找，与 Arduino 端口查找方法相同。

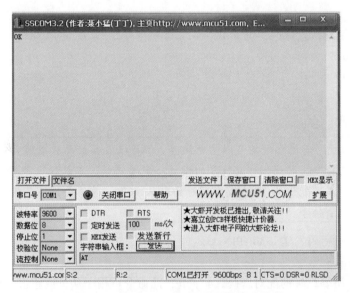

图 8.70 启动 P C 机串口调试助手软件

HC-06 进入 AT 指令的方法：给模块上电，不配对的情况下（也就是指示灯一直快速闪烁的时候），就是 AT 模式了，即命令状态。指令间隔 1s 左右。

出厂默认参数：波特率数值 9600，N81（无校验位，8 位数据，1 位停止），名称 HC-05（或 HC-06），密码 1234。

注意：如果 AT 指令发送后没有反应，可能是周围存在干扰。
- 已经进行了配对，此时 AT 指令无效；
- USB 转串口存在不确定的因素。

a. 测试通信：

发送：AT（返回 OK，1s 左右发一次）

返回：OK

如果没有图 8.70 所示的 OK 出现，此时要在发送的 AT 指令后面，加上回车符。用 SSCOM/XCOM 串口调试助手，勾选"发送新行"即可不需要再加回车了。（作者实验用的 HC-06 蓝牙模块没有要求回车符，勾选"发送新行"后反而没有 OK 反应，不能勾选"发送新行"项，如图 8.70 所示。）

b. 改蓝牙串口通信波特率。

HC-06 的波特率设置方法：

发送：AT+BAUD1

返回：OK1200

发送：AT+BAUD2

返回：OK2400

……

1 表示 1200

2 表示 2400

3 表示 4800

4 表示 9600（默认就是这个设置）

5 表示 19200

6 表示 38400

7 表示 57600

8 表示 115200

注意：其他参数均可以重新设置，但在设置其他参数之前一定要预先知道蓝牙的波特率，因此，对波特率的设置一定要谨慎。本教程规定，在做实验时，蓝牙波特率只能设为 2400 或出厂时的默认 9600，请不要设为其他数据，以免其他同学无法接手。

c. 改蓝牙配对密码发送：AT+PINxxxx。

返回：OKsetpin。

参数 xxxx：所要设置的配对密码，4 字节，此命令可用于从机或主机。适配器或手机弹出要求输入配对密码窗口时，手工输入此参数就可以连接从机。主蓝牙模块搜索从机后，如果密码正确，则会自动配对，主模块除了可以连接配对从模块外，其他产品包含从模块的时候也可以连接配对，比如含蓝牙的数字相机，蓝牙 GPS，蓝牙串口打印机，等等，特别地，蓝牙 GPS 为典型例子

例：发送 AT+PIN8888　　　返回 OKsetpin

这时蓝牙配对密码改为 8888，模块在出厂时的默认配对密码是 1234。

d. 更改模块主从。

```
AT+ROLE=M//设置为主
       //返回 OK+ROLE:M//
AT+ROLE=S //设置为从
//返回 OK+ROLE:S
```

注意：手机第一次连接一个外部蓝牙模块时，先进入蓝牙设置进行配对，输入对方蓝牙密码才可以使用。只需一次配对就可以。

　　本教程实验是用手机连接蓝牙 Arduino 系统，需要将 Arduino 上的蓝牙设为从机，手机蓝牙为主机角色。

　　e. 改蓝牙名称。

　　HC-06 发送：AT+NAMEname

　　返回：OKname

　　例如输入：AT+NAMEw123

　　返回：OKw123

　　表示蓝牙名称已修改为"w123"。

　　参数可以掉电保存，只需修改一次。PDA 端（手机端蓝牙助手）刷新服务可以看到更改后的蓝牙名称。

　　特别提示

　　用 AT 命令设好所有参数后，下次上电使用无须再设，可以掉电保存相应参数。

　　本实验为了与单片机通信程序一致，故应将蓝牙波特率设置为 9600：

　　发送：AT+BAUD4　　　　返回：OK9600

　　为了验证修改是否成功，可以在图 8.70 中下拉波特率按钮，选择 9600，在发送框中填写大写的"AT"，单击"发送"按钮，模块返回"OK"，则说明当前波特率数值为 9600。

　　蓝牙命令模式的功能是有限的，很多功能命令也不统一，故有些命令并不能通用，比如恢复出厂参数、查询波特率、查询地址等都不尽如人意。

　　③ 通过 Arduino 连接蓝牙设置蓝牙参数。我们已经有了 Arduino 控制器板，Arduino 本身具备 USB 转串口的功能，那么就可以利用 Arduino 替代 USB 转串口模块，实现蓝牙参数的设置。

　　在通过 Arduino 连接蓝牙设置蓝牙参数时，必须要明白 Arduino 所带的 USB 数据下载线连接的端口（Arduino 串口）实际是 Arduino 控制器的 RXD（数据位发送）和 TXD（数据位接收），即图数据位第 0 针（pin0）和第 1 针（pin1）。这也是 Arduinod 的串口。

　　利用 Arduinod 的串口第 0 针（pin0，RXD）和第 1 针（pin1，TXD）连接蓝牙，直接就可以实现 Arduinod 蓝牙串口。这样，对于理解蓝牙串口是直观的，Arduinod 的串口与蓝牙模块只要做 RXD-TXD 的互联，就实现了 Arduinod 蓝牙串口的功能。但这样互联，由于蓝牙串口占用了原有 Arduinod 的串口，会直接影响 Arduinod 数据下载烧写，烧写与蓝牙串口在同时间内只能有一个使用，不能同时连线。因此，建立软串口连接蓝牙就很有必要。

　　Arduino 控制器的串口已经占有了 0 针和 1 针，负责数据下载等，那么就需要再开辟一个新的串口，连接蓝牙模块。Arduino 库中有一个 SoftwareSerial 符合这样的要求，就利用软串口的概念实现通过 Arduino 连接蓝牙设置蓝牙参数的目标。

　　a. 蓝牙连接 Arduino 电路设计。我们将设 Arduino 控制器的第 10 针为 RXD，设 11 针为 TXD；电源 VCC 的典型值为 3.3 V，其设计如图 8.71 所示。

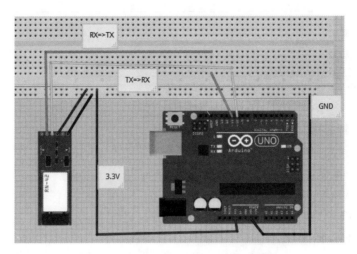

图 8.71　蓝牙连接 Arduino 电路设计图

其原理图如图 8.72 所示。

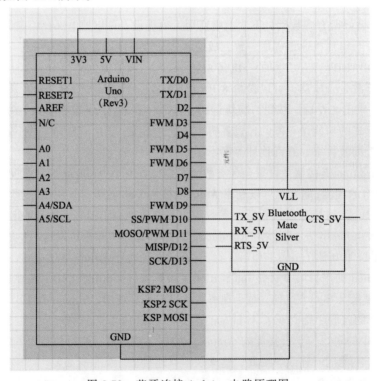

图 8.72　蓝牙连接 Arduino 电路原理图

b．Arduino 软串口程序设计。0 针与 1 针依旧作为 Arduino 串口，新设 10 针与 11 针作为一个新的软串口。相应程序如下。

程序实例：

```
#include <SoftwareSerial.h>
SoftwareSerial BT (10, 11); // 设 10 针为 RXD, 设 11 针为 TXD; 定义软串口名为
BT
char val;
```

```
void setup () {
  // put your setup code here, to run once:
 Serial.begin (9600);//注意此波特率要与蓝牙的波特率相同
 BT.begin (9600);
//Serial.println ("wangcd");
 BT.print ("1234");
}

void loop () {
  // put your main code here, to run repeatedly:
 if (Serial.available ()) {//Arduino原串口 (0pin, 1pin)输出有变化
   val = Serial.read ();//读串口数据
   BT.print (val);//将串口数据写到软串口BT
 }
 if (BT.available ()) {//软串口BT输出有变化
   val = BT.read ();//读软串口数据
   Serial.print (val);//将软串口数据写到串口上并可以在监视器上显示
 }
}
```

通过程序分析，可以发现，Arduino串口监视器即串口输出输入只有一个，即使做多个软串口，也必须将软串口的输入/输出转换到硬串口上才能完成人机交流。

将程序编译通过后，下载到Arduino UNO板卡上，注意在Arduino IDE中选好板卡型号和串口端口号，否则，上传会失败。打开串口监视器，选择好与蓝牙及Arduino程序相适应的波特率，输入AT命令回车，出现图8.73所示结果。

Arduino串口监视器与各种串口助手的作用是等价和一致的，此时，也可使用任何一种串口助手（比如SSCOM 3.2）来完成相应的蓝牙设置任务。但不能同时用一种或多种串口软件打开同一个串口。

图8.73 通过Arduino串口监视器设置蓝牙

④ LED灯基本实验。在连接蓝牙模块实验的基础上，再连接LED灯，做一个既可以通过串口控制LED灯，也可以通过手机蓝牙串口软件控制LED的实验。

单独就LED小灯实验而言，这是单片机中比较基础的实验之一，在"Hello World!"实验里已经利用到了Arduino自带的LED，这次我们利用其他I/O口和外接直插LED灯来完成这个实验，我们需要的实验器材除了必需的Arduino控制器和USB数据下载线外，其他器件如下：

- 红色或其他任何颜色的发光二极管直插LED 1个；
- 220Ω直插电阻1个；
- 面包板1个；
- 面包板跳线1扎。

按照下面的小灯实验原理图（见图 8.74）连接实物图，这里使用数字 12 接口。使用发光二极管 LED 时，要连接限流电阻，这里为 220 Ω 电阻，否则电流过大会烧毁发光二极管。连接 13 针接口的 LED 可以不接限流电阻，因为在 Arduino UNO 板卡内部电路中对 13 针已经做了限流处理。

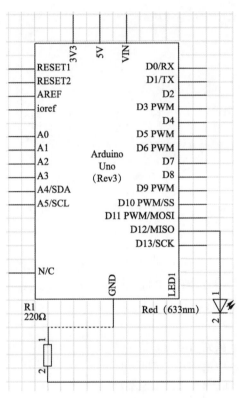

图 8.74　发光二极管连接原理图

实物图如图 8.75 所示，省略了接蓝牙的电路部分，但本实验应保留连接蓝牙模块部分。

对电阻值的确定，采用万用表直接测量最方便，但在计算机机房实验时又不太现实，因此，还是借用第三方软件为宜。色环电阻分为五环和四环，有四种颜色的为四环电阻，五种颜色标在电阻体上的为五环电阻。

按照图 8.75 链接好电路后，就可以开始编写程序了，我们让 LED 小灯按照接收的信息不同（1 或 0），点亮或熄灭。这个程序很简单，与 Arduino 自带的 Blink 相似，只是将 13 数字接口换做 10 数字接口。

参考程序是在蓝牙程序基础上完善的，如下：

```
#include <SoftwareSerial.h>
SoftwareSerial BT (10, 11); // 设 10 针为
RXD, 设 11 针为 TXD; 定义软串口名为 BT
//char val;
int ledPin = 12; //定义数字 12 接口
```

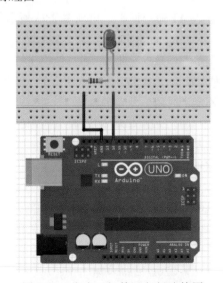

图 8.75　发光二极管面包板连接图

```
char val='n';  //注意，字符串的表示方法为单引号，双引号就会出现编译有误
void setup ( ) {
  // put your setup code here, to run once:
  Serial.begin ( 9600 );//注意此波特率要与蓝牙的波特率相同
  BT.begin ( 9600 );
  pinMode ( ledPin, OUTPUT );//定义小灯接口为输出接口
}

void loop ( ) {
  // put your main code here, to run repeatedly:
  if ( Serial.available ( ) ) {//Arduino原串口 ( 0pin, 1pin ) 输出有变化
    val = Serial.read ( );//读串口数据
    BT.print ( val );//将串口数据写到软串口BT
  }
  if ( BT.available ( ) ) {//软串口BT输出有变化
    val = BT.read ( );//读软串口数据
    Serial.print ( val );//将软串口数据写到串口上并可以在监视器上显示
  }
  if ( val=='1' ) {
      digitalWrite ( ledPin, HIGH ); //点亮小灯
      }
  if ( val=='0' ) {
    digitalWrite ( ledPin, LOW ); //熄灭小灯
    }
}
```

下载完程序就可以在串口监视器中输入 1 或 0 控制 12 口外接小灯点亮或熄灭，这样我们的小灯实验就完成了。

3. 实训内容

（1）内容：Android 手机通过 Arduino 软串口接蓝牙点亮 LED。

（2）实现步骤：

第一步，将蓝牙串口 App 程序 com.shenyaocn.android.BlueSPP.apk 通过信箱邮寄方式发送到学生个人 Android 手机上安装。

当然，也可通过手机助手的文件管理将 PC 上的 App 上传到手机，但这样做，对手机的安全和使用都会带来不便，因此，通过公开邮箱系统发送安装是最合适的。

第二步，蓝牙配对。

第一次连接蓝牙模块，一定要先行配对。有的软件会自行要求配对密码，但有的软件却不能自行配对，就要自己先行进行配对。可在"设置"中打开蓝牙，搜索到可用的蓝牙名称，输入密码进行配对，具体过程如下：

在手机设置（或设定）中，打开"蓝牙"，搜索可用设备，在手机可用设备列表中会显示 Arduino 已经连接的蓝牙模块，例如蓝牙模块的名称为"w123"。点中列表中蓝牙模块的名称，会出现蓝牙配对请求，输入 PIN 密码，点"确定"。配对成功。配对只需做一次就行，以后再使用同一个名称的同一个蓝牙模块时就不用再行配对了。

第三步，打开刚安装好的蓝牙串口"SPP"（见图 8.76）。点击右上方的"连接"，会出现已配对列表，如图 8.77 所示，选中自己要连接的蓝牙模块名称。等待一小会儿就会与 Arduino 的蓝牙相连，连接成功，Arduino 蓝牙的 LED 灯将不再闪烁，会进入常亮状态。

图 8.76　Android 手机蓝牙串口 "SPP" App 程序　　图 8.77　Android 手机蓝牙设备搜索与配对

　　第三步，通过 "聊天" 发送消息（数据）"1" 和 "0"，可以控制 Arduino 指挥 LED 灯亮和灭，如图 8.78 所示。

　　第四步，可以通过蓝牙串口 "SPP" 的 "键盘" 菜单，设置中文按钮指挥 LED 灯。具体设置过程：先将 "键盘" 的 "编辑模式" 打开，如图 8.79 所示，点第一个方框，出现按钮编辑器，在 "按钮文本" 提示中输入 "开灯"，在 "状态 按下" 的 "消息" 提示中输入 "1"，如图 8.80 所示。

　　点击 "确定"，完成一个按钮的编辑。同样，设置按钮 "关灯"，对应的消息数据为 "0"，结果如　图 8.81 所示。

图 8.78　通过 "聊天" 功能发送消息　　　　图 8.79　打开 Android 蓝牙串口的 "键盘" 的 "编辑模式"

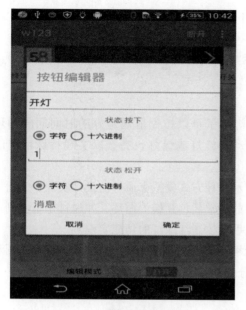

图 8.80　按钮编辑器操作

图 8.81　完成编辑后的按钮键盘

关闭"编辑模式"后，就可以通过点击按钮实现 LED 开关。

4．测试题

（1）分别通过 USB 转 TTL 和 Arduino 连接蓝牙模块 HC–06，设置蓝牙模块的波特率为 9600，蓝牙名为个人姓氏的第一个字母+学号后两位，密码为 1234。

（2）试验通过手机"SPP"的终端发送"0"和"1"的消息会出现什么现象，发送自己的名字，通过串口监控器出看到什么结果，通过串口助手 sscom3.2 又会出现什么情况，分别发送中英文试验，并写出详细的情况报告。

8.8　实训八：交通灯交互设计实验

1．实训目的

（1）了解 Arduino 控制交通灯的基本实现方法。

（2）熟悉 Arduino 通过蓝牙发出控制信号和接收信号的基本方法。

（3）熟悉 Android 蓝牙通过串口 APP 接收信号的操作过程。

2．实训范例

（1）范例环境

操作系统：PC（Windows 7 系统）、手机（Android 系统）。

硬件：除了与前面的 Arduino 实验相同的板卡与信号线设备之外，还需如下元件：1 个红色 M5 直插 LED、1 个黄色 M5 直插 LED、1 个绿色 M5 直插 LED、3 个 220Ω 电阻、1 个面包板、1 扎面包板跳线。

支持软件（存放在"实验软件与程序\实训 5"目录下）：com.shenyaocn.android.BlueSPP.apk、电阻色环的识别.exe、sscom3.2 串口助手。

（2）范例内容与步骤

在现实交通中，十字路口的红黄绿指示灯除了可以按先前规定好的时间间隔循环显示之外，有时在特殊情况下，交警还可以手动让红灯或绿灯长亮，以实现特殊情况的交通疏导。

本节我们按即可自动循环显示也可手动显示两种方式模拟交通灯的设计实现，交通灯由红黄绿三种颜色的灯组成，我们将实现交通灯的正常颜色互换的循环，并通过手机看到当前的亮灯颜色，以及在特殊情况下可以通过手机手动控制红绿灯的功能实现。

准备好元件可以按照上面小灯闪烁的实验举一反三，下面是我们提供参考的原理图和接线图，如图 8.82 和图 8.83 所示，我们使用的分别是数字 10、7、4 接口。

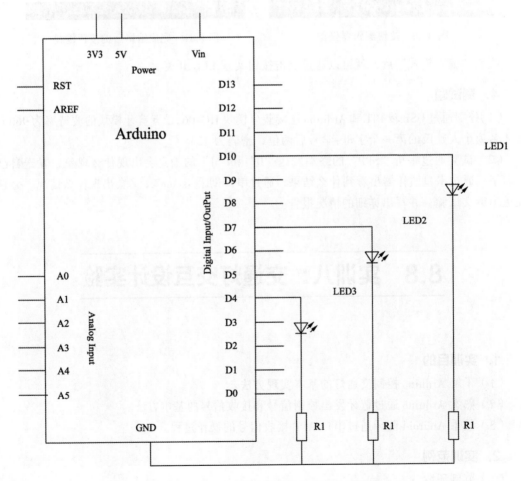

图 8.82　Arduino 控制交通灯基本设计原理图

图 8.83 Arduino 控制交通灯基本设计面包板实现图

既然是交通灯模拟实验，红黄绿三色小灯闪烁时间就要模拟真实的交通灯，我们使用 Arduino 的 delay()函数来控制延时时间。

下面是一段参考程序：

```
int redled =10; //定义数字 10 接口
int yellowled =7; //定义数字 7 接口
int greenled =4; //定义数字 4 接口
void setup ( )

{

pinMode ( redled, OUTPUT ) ;//定义红色小灯接口为输出接口
pinMode ( yellowled, OUTPUT ) ; //定义黄色小灯接口为输出接口
pinMode ( greenled, OUTPUT ) ; //定义绿色小灯接口为输出接口
}
void loop ( )
{
digitalWrite ( redled, HIGH ) ;//点亮红色小灯
delay ( 1000 ) ;//延时 1 s
digitalWrite ( redled, LOW ) ; //熄灭红色小灯
digitalWrite ( yellowled, HIGH ) ;//点亮黄色小灯
delay ( 200 ) ;//延时 0.2 s
digitalWrite ( yellowled, LOW ) ;//熄灭黄色小灯
digitalWrite ( greenled, HIGH ) ;//点亮绿色小灯
delay ( 1000 ) ;//延时 1 s
digitalWrite ( greenled, LOW ) ;//熄灭绿色小灯
}
```

将面包板电路图连接好，并下载程序完成，就可以看到我们自己设计控制的循环显示的

251

交通灯了。

3. 实训内容

（1）编写 Arduino 控制交通灯的程序。

将红黄绿灯亮的信号信息发送到软串口并显示。在图 8.82 和图 8.83 的基础上，将蓝牙接到 Arduino UNO 板上。与前面的项目连接蓝牙的针稍有不同，由于图 8.83 的 10 针被红灯所占，因此，我们将 Arduino 的第 2、3 针分别设为 RXD 和 TXD，并将 Arduino 的 2 针连接蓝牙的 TXD 针端，将第 3 针连接蓝牙的 RXD 针端。

Arduino 程序如下。

```
#include <SoftwareSerial.h>
SoftwareSerial BT (2, 3); // 设第 2 针为 RXD，设第 3 针为 TXD；定义软串口名为 BT；
//将 arduino 的第 2 针连接蓝牙的 TXD 针端，将第 3 针连接蓝牙的 RXD 针端
char val='n';  //注意，字符串的表示方法为单引号，双引号就会出现编译有误
char aD='a';
int redled =10; //定义数字 10 接口，接红灯
int yellowled =7; //定义数字 7 接口，接黄灯
int greenled =4; //定义数字 4 接口，接绿灯
void setup ()
{
Serial.begin (9600);//注意此波特率要与蓝牙的波特率相同
BT.begin (9600);
  // BT.print ("1234");
pinMode (redled, OUTPUT);//定义红色小灯接口为输出接口
pinMode (yellowled, OUTPUT); //定义黄色小灯接口为输出接口
pinMode (greenled, OUTPUT); //定义绿色小灯接口为输出接口
}
void loop ()
{
  if (Serial.available ()) {//Arduino 原串口（0pin，1pin）输出有变化
    val = Serial.read ();//读串口数据
    BT.print (val);//将串口数据写到软串口 BT
  }
    if (BT.available ()) {//软串口 BT 输出有变化
    val = BT.read ();//读软串口数据
    Serial.print (val);//将软串口数据写到串口上并可以在监视器上显示
    }
    if (val=='0'){
     aD='a';
    }
    if (val=='1'||val=='2'){
     aD='D';
    }
    if (aD=='a'){
       digitalWrite (yellowled, LOW);
       digitalWrite (greenled, LOW);
       digitalWrite (redled, LOW);
       auto1 ();}else{
       DIY1 (val);   }
}
void softwareSerial_print (char val1){//自定义子函数，数据写到蓝牙串口
 // Serial.print (val1);//输出到串口监控器
```

```
   BT.print (vall);//输出到蓝牙串口
 }
void DIY1 (char vall) {//手动控制交通灯的子函数
if (vall=='1') {
   digitalWrite (yellowled, LOW);
   digitalWrite (greenled, LOW);
   digitalWrite (redled, HIGH);//点亮红色小灯
   val='R';//发送红灯亮信号到 Android 手机端并显示红灯亮信息
    softwareSerial_print (val);
 }
 if (vall=='2') {
   digitalWrite (yellowled, LOW);
   digitalWrite (greenled, HIGH); //点亮绿色小灯
   digitalWrite (redled, LOW);
   val='G';//发送绿灯亮信号到 Android 手机端并显示绿灯亮信息
    softwareSerial_print (val);
 }
}
void auto1 () {
  digitalWrite (redled, HIGH);//点亮红色小灯
val='R';//发送红灯亮信号到 Android 手机端并显示红灯亮信息
softwareSerial_print (val); //自定义子函数 softwareSerial_print
delay (1000);//延时 1 s
digitalWrite (redled, LOW); //熄灭红色小灯
digitalWrite (yellowled, HIGH);//点亮黄色小灯
val='Y';//发送黄灯亮信号到 Android 手机端并显示黄灯亮信息
softwareSerial_print (val);
delay (200);//延时 0.2 s
digitalWrite (yellowled, LOW);//熄灭黄色小灯
digitalWrite (greenled, HIGH);//点亮绿色小灯
val='G';//发送绿灯亮信号到 Android 手机端并显示绿灯亮信息
softwareSerial_print (val);
delay (1000);//延时 1 s
digitalWrite (greenled, LOW);//熄灭绿色小灯
 }
```

设计了交通灯自动循环程序 auto1()子函数，接收手动控制交通灯的子函数 DIY1（char vall），当程序开始时和蓝牙串口接收到"0"数据指令，为交通灯正常循环状态，执行自动循环程序 auto1()子函数；当蓝牙串口接收到"1"和"2"数据指令，进入手动控制交通灯状态，执行手动控制交通灯的子函数 DIY1（char vall）。

将 Arduino 程序烧写到板卡，打开串口监视器或串口助手软件，分别输入 0、1、2，查看交通灯的变化情况，以及返回的信息，如图 8.84 所示。

（2）通过手机蓝牙串口 APP 控制交通灯实验

第一步，蓝牙名称命名。

第二步，蓝牙配对。

第三步，在 Android 手机上打开已经安装的蓝牙串口"SPP"软件，连接选中的蓝牙模块。在聊天菜单下会显示如图 8.85 所示。

当红、黄、绿灯循环闪亮时，在手机端会同步显示 R、Y、G 字母。在消息栏发送"1"，红灯常亮；发送"0"，绿灯常亮；发送"0"，又回到红、黄、绿灯循环闪亮。

第四步，查看终端显示，如图 8.86 所示。终端显示不分行。

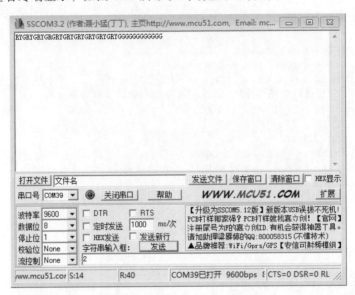

图 8.84　交通灯控制与返回消息

图 8.85　连接交通灯后的聊天界面　　　　图 8.86　连接交通灯后的终端显示界面

第五步，设计键盘按钮，如图 8.87 所示。

进入按钮编辑器，"红灯常亮"按钮下，在"状态 按下"中选择"字符"，输入消息"1"；"绿灯常亮"按钮下，在"状态 按下"中选择"字符"，输入消息"2"；"红黄绿自动循环"按钮下，在"状态 按下"选择"字符"，输入消息"0"。然后，关闭编辑模式，就可以做键盘按钮测验了。

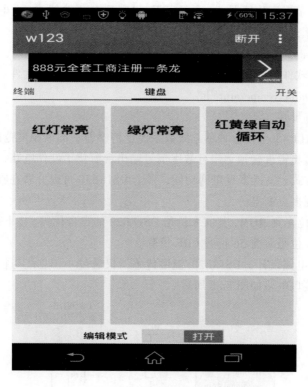

图 8.87　交通灯控制键盘按钮设计界面

4. 测试题

试验通过"SPP"的"开关"界面设计系列控制。

8.9　实训九：温度计设计实验

1. 实训目的

（1）了解 Android 与 Arduino 蓝牙串口通信的方式方法。

（2）熟悉蓝牙的主要方法。

（3）熟悉 Android 蓝牙串口 APP 的操作过程。

2. 实训范例

（1）范例环境

操作系统：PC（Windows 7 系统）、手机（Android 系统）。

硬件：除了与前面的 Arduino 实验相同的板卡与信号线设备之外，还需如下元件：1 个直

255

插 DS18B20；1 个数字温度传感器、1 个面包板、1 扎面包板跳线、1 个电阻（4.7～10kΩ）；以及 1 个两位数码管 SM410562、8 个 220Ω 电阻等。

支持软件：com.shenyaocn.android.BlueSPP.apk、电阻色环的识别.exe、sscom3.2 串口助手；库文件存放在"实验软件与程序\实训 7"目录下，包括单总线设备库文件 OneWire.h、DS18B20 温度传感器库文件 DallasTemperature.h。

（2）范例内容与步骤

DS18B20 是 DALLAS 公司一种单总线数字温度传感器，测试温度范围-55-125℃，自动实现 A/D 转换，直接将温度转换为串行数字信号输出，简化了硬件电路，但同时也增加了较为复杂的时序控制方式。支持多点组网功能，多个 DS18B20 可以并联在唯一的三线上，最多只能并联 8 个，实现多点测温。

DS18B20 有 64 位光刻 ROM，其前 8 位是 DS18B20 的自身代码，接下来的 48 位为连续的数字代码，最后的 8 位是对前 56 位的 CRC 校验。

① 温度传感器电路设计。DS18B20 温度传感器仅通过一条总线与控制器接口相连就可以完成温度采集，接口电路如图 8.88 所示。

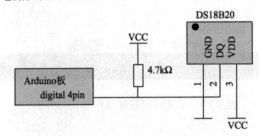

图 8.88　Arduino 连接 DS18B20 示意图

4.7 kΩ 的上拉电阻保证总线闲置时状态为高电平，如果手头没有 4.7 kΩ 电阻，最大可使用 10 kΩ 电阻替代，但不能使用低于 4 kΩ 电阻替代，否则读取的温度就会出现混乱；10 kΩ 电阻的 5 色环颜色是：棕、黑、黑、红、棕。

供电端 VCC 为 3.3V 或 5V， GND 接地，VDD 引脚接供电电源 VCC，DQ 为通信接口，将其连接到 Arduino 的数字端口的第 4 针上（不要接到 1 和 0 针，温度数据信息会与串口发送冲突）。

DS18B20 数字温度传感器接线方便，面对着扁平的那一面，左负（GND）右正（VCC），一旦接反就会立刻发热，有可能烧毁！同时，接反也是导致该传感器总是显示 85℃的原因。

② 添加库文件支持。编写 DS18B20 温度传感器的数据获取程序，需使用单总线设备库文件 OneWire.h、DS18B20 库文件 DallasTemperature.h 的支持。而这两个库文件并不是 Arduino 官方文件，因此，需要单独将其复制到 Arduino 系统的 Arduino\libraries 文件夹下，才能进行 DS18B20 的编程开发。本教程已经准备好 OneWire 和 DallasTemperature 文件夹，在"\实验软件和程序\实训 7"下，直接将 OneWire 和 DallasTemperature 复制到 Arduino\libraries 文件夹下，重启 Arduino IDE 即可使用。另外，需要另外说明的是，该库的添加不必通过 Arduino IDE 的"项目"|"导入库"|"添加库"完成，但有些库文件必须通过导入库完成才能使用，通过导入库添加的库文件，存放的目录是在用户目录下，不在 Arduino 系统目录（Arduino\libraries 文件夹）下。

③ 获取数码管管脚段值。

a. 数码管原理介绍。数码管是一种半导体发光器件，其基本单元是发光二极管。数码管按段数分为七段数码管和八段数码管，八段数码管比七段数码管多一个发光二极管单元（即多一个小数点显示），本实验所使用的是八段数码管。数码管段值表示如图 8.89 所示。

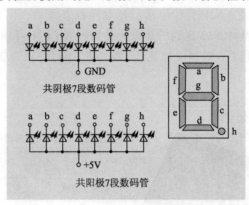

图 8.89　数码管段值表示

按发光二极管单元连接方式可将数码管分为共阳极数码管和共阴极数码管两类。简单来说，共阴的就是公共端接地，共阳的就是公共端接正极。

共阳数码管在应用时应将公共极 COM 接到+3.3V 或+5V，当某一字段发光二极管的阴极为低电平时，相应字段就点亮。当某一字段的阴极为高电平时，相应字段就不亮。共阴数码管是指将所有发光二极管的阴极接到一起形成公共阴极（COM）的数码管。共阴数码管在应用时应将公共极 COM 接到地线 GND 上，当某一字段发光二极管的阳极为高电平时，相应字段就点亮。当某一字段的阳极为低电平时，相应字段就不亮。

数码管的每一段是由发光二极管组成，所以在使用时跟发光二极管一样，也要连接限流电阻，否则电流过大会烧毁发光二极管的。如果不接限流电阻可以短时间使用而不至于立即烧毁发光二极管，此时，尽量接+3.3V 的电源（已有上拉电阻故不需要在串联电阻了），而不要接 5V 电源。有时我们会发现数码管的个别二极管烧毁，就是因为没有接限流电阻所致。所以，当有 220 Ω 或 100 Ω 的电阻时，切记要尽量在每个二极管接上限流电阻。

b．区分数码管极性。区分数码管极性就是分辨数码管是共阳还是共阴的二极管连接方式。我们可以在 Arduino 上找个电源针 VDD33V（3.3 伏，已有上拉电阻故不需要在串联电阻了）或 VDD5V（5 V）和 GND（接地）针，使用杜邦线将 VDD33V（或 VDD5V）和 GND 接在数码管的任意 2 个脚上，组合有很多，但总有一个 LED 会发光的，找到一个就够了，然后GND 不动，VDD33V 或 VDD5V 逐个碰剩下的脚，如果有多个 LED（一般是 8 个），那它就是共阴的了。相反用 VDD33V 或 VDD5V 不动，GND 逐个碰剩下的脚，如果有多个 LED（一般是 8 个），那它就是共阳的。

c. 记录数码管管脚对应的段选值。现实中的数码管其管脚与段值又是如何匹配的呢？由于各个厂家与型号的不同，并没有统一标准的匹配关系，这需要通过万用表或其他方式实际测量，才能知道其对应关系。

确定共阳或共阴位之后，当为共阳时，将电平位固定连接，用 GND 逐个碰剩下的引脚，得到段选 a、b、c、d、e、f、g、dp 对应引脚；同样，当为共阴时，将 GND 位固定连接，用

3.3 V 或 5 V 位逐个碰剩下的脚，也可得到段选 a、b、c、d、e、f、g、dp 对应引脚。将对应关系一一记录下来。

本设计采用两位一体共阳数码管 SM410562。其引脚有 10 个，包括高、低位的选通位（又称共阳极性位或共阴极性位）COM2、COM1；以及 a、b、c、d、e、f、g、dp 八个段位。COM2、COM1 为位选信号，分别是高位和低位位选，dp 是小数点段。

经过测试，数码管 SM410562 得到的结果为共阳，即 COM1 和 COM2 为高电平，段选位低电平时，数码管各段才能亮。经过试验验证，数码管 SM410562 位选和段选值标记如图 8.90 所示。

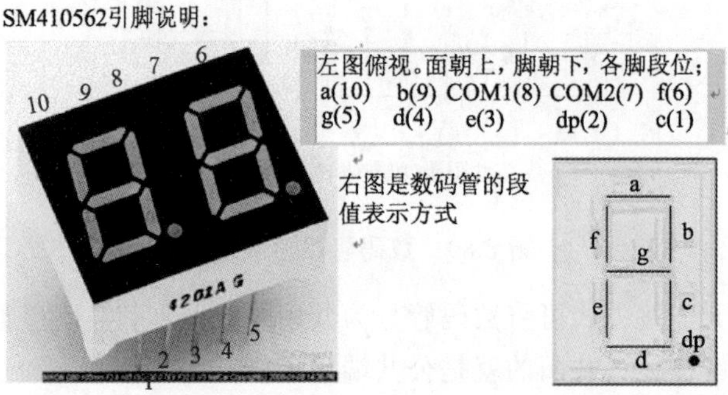

图 8.90　数码管管脚与段值对应图示

（3）Arduino 驱动数码管和 DS18B20 温度传感器的综合程序编写

程序如下：

```
#include <SoftwareSerial.h>
SoftwareSerial SofSer(2,3); // 设 2 针为 RXD，设 3 针为 TXD;定义软串口名为 SofSer
//将 arduino 的 2 针连接蓝牙的 TXD 针端，将 3 针连接蓝牙的 RXD 针端
#include <OneWire.h>
#include <DallasTemperature.h>
#define ONE_WIRE_BUS  A5   //DS18B20 数据线接 Arduino 的 A5 针
OneWire oneWire(ONE_WIRE_BUS);// 定义一个单总线设备
DallasTemperature sensors(&oneWire);//定义一个单总线设备的温度传感器。将
DS18B20 与单总线设备 oneWire(ONE_WIRE_BUS)连接。
//====以上为 DS18B20 设置的内，以下为数码管设置的内容=======
byte DIGITAL_DISPLAY[10][8] = { //设置 0~9 数字所对应数组
{ 1, 0, 0, 0, 0, 1, 0, 0 }, // = 0
{ 1, 0, 0, 1, 1, 1, 1, 1 }, // = 1
{ 1, 1, 0, 0, 1, 0, 0, 0 }, // = 2
{ 1, 0, 0, 0, 1, 0, 1, 0 }, // = 3
{ 1, 0, 0, 1, 0, 0, 1, 1 }, // = 4
{ 1, 0, 1, 0, 0, 0, 1, 0 }, // = 5
{ 1, 0, 1, 0, 0, 0, 0, 0 }, // = 6
{ 1, 0, 0, 0, 1, 1, 1, 1 }, // = 7
{ 1, 0, 0, 0, 0, 0, 0, 0 }, // = 8
{ 1, 0, 0, 0, 0, 0, 1, 0 } // = 9
//{ 0, 1, 1, 1, 1, 1, 1, 1 } // =小数点, { 0, 0, 0, 0, 0, 1, 0, 0 }, // = 0.
(含小数)
};
#define SEL_COM1 12   //低位公共，12pin
```

```
#define SEL_COM2 13  //高位公共端，13pin
unsigned char VH, VL;
int num = 0;
char comdata[25] ;//保存读取的硬串口数据
void setup(void)
{
  Serial.begin(9600);//注意此波特率要与蓝牙的波特率相同
  SofSer.begin(9600);//定义软串口的波特率
  Serial.println("Dallas Temperature IC Control Library Demo");
  sensors.begin();// 初始化温度传感器库

for(int i=4;i<=13;i++){
 //设定Arduino4-11号数字端口为输出，分别对应数码管a，b，c，d，e，f，g，dp;12,
13为公共端
  pinMode(i, OUTPUT);
  }
  }
void loop(void)
{
 sensors.requestTemperatures();// 发送命令获取温度
// Serial.println("DONE");//提示已经完成读温度
 num=sensors.getTempCByIndex(0);// 获取温度
itoa(num, comdata, 10);// 将INI数据转换为字符串
  Serial.print(" Temperature = ");
  Serial.print(sensors.getTempCByIndex(0));

  Serial.print("~") ; //相当于显示o符号
  Serial.println("C") ; //显示字母C
 Serial.flush() ;// 清空缓冲区

  SofSer.print("Temp=");
  delay(300);
  SofSer.println(sensors.getTempCByIndex(0));
  delay(300);

  SofSer.flush();

  VH = num/10;
  VL = num%10;
  digitalWrite(SEL_COM1, 1);
  digitalWrite(SEL_COM2, 0);
  LED8Show(VH);
  delay(10);
  digitalWrite(SEL_COM1, 0);
  digitalWrite(SEL_COM2, 1);
  LED8Show(VL);
  delay(10);

}
void LED8Show(char v){
int pin = 4;
for (int s = 0; s < 8; s++)
{
digitalWrite(pin, DIGITAL_DISPLAY[v][s]);
pin++;
}
```

```
//delay(20);
}
```

使用 DS18B20 库文件程序得到了大大的简化,读起来也更加顺畅。通过库函数完成单总线设备的定义后,并将单总线设备与 DS18B20 设备通过库函数连接一起,只需从设备名称上通过 get 获取温度数据即可。数码管的程序读起来略为复杂,需结合数码管的段选和位选的一起理解。

3. 实训内容

（1）按照电路设计图在面包板上连接电路,如图 8.91 所示。

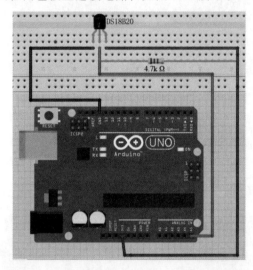

图 8.91　DS18B20 温度传感器电路面包板连接图

（2）Arduino 驱动数码管电路面包板连接。

（3）Arduino 驱动数码管电路设计。

在本项目中,Arduino 引脚和数码管引脚的对应关系通过表 8.1 表示出来。

表 8.1　Arduino 引脚与数码管引脚电路对接表示

Arduino 引脚	数码管引脚	Arduino 引脚	数码管引脚
D4（Digital 4pin）	dp(2)	D9（Digital 9pin）	g(5)
D5（Digital 5pin）	c(1)	D10（Digital 10pin）	e(3)
D6（Digital 6pin）	b(9)	D11（Digital 11pin）	d(4)
D7（Digital 7pin）	a(10)	D12（Digital 12pin）	COM1(8)
D8（Digital 8pin）	f(6)	D13（Digital 13pin）	COM2(7)

① 面包板硬件连接图如图 8.92 所示,数码管的上 5 针分别对应:a、b、COM1、COM2、f 段位;下 5 针分别对应:c、dp、e、d、g 段位。数码管的每个管脚要连接一个 220 Ω 的限流电阻,以免数码管亮的时间久了会烧坏 LED 段（笔）,出现所谓的数码管"缺笔"现象。

② 烧写 DS18B20 和数码管的综合驱动程序到 Arduino 开发板。

打开 Arduino 串口监控器,电路连接正确,运行驱动程序后,显示结果如图 8.93 所示。

由于具体连接 Arduino 时的串口端地址不同，其显示的端口有不同，该处是 COM39。

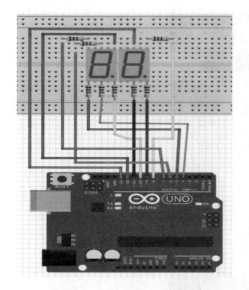

图 8.92　面包板硬件连接图　　　　　　　图 8.93　结果显示

③ 通过手机蓝牙串口 APP 查看温度显示。

第一步，蓝牙名称命名。

第二步，蓝牙配对。

第三步，在 Android 手机上打开已经安装的蓝牙串口"SPP"软件，连接选中的蓝牙模块。在终端菜单下会显示如图 8.94 所示。

此时，手机 App 显示的温度数据并不准确，因此，对于蓝牙通信，必须在 Android 端通过程序对不合理的数据屏蔽掉，主要是屏蔽大于 60 以上的个位与十位相同的数据，获取合适的数据显示出来 如图 8.95 所示。

图 8.94　手机温度显示界面　　　　　　　图 8.95　连接交通灯后的终端显示界面

第四步，设计键盘按钮，如图 8.96 所示。

图 8.96　交通灯控制键盘按钮设计界面

进入按钮编辑器，"红灯常亮"按钮下，在"状态 按下"中选择"字符"，输入消息"1"；"绿灯常亮"按钮下，在"状态 按下"中选择"字符"，输入消息"2"；"红黄绿自动循环"按钮下，在"状态 按下"中选择"字符"，输入消息"0"。之后，关闭编辑模式，就可以做键盘按钮测验了。

4. 测试题

（1）分别通过 USB 转 TTL 和 Arduino 连接蓝牙模块 HC-06，设置蓝牙模块的波特率数值为 9600，蓝牙名为个人姓氏的第一个字母+学号后两位，密码为 1234。

（2）试验通过手机"SPP"的终端发送"0"和"1"的消息会出现什么现象，发送自己的名字，通过串口监控器出看到什么结果，通过串口助手 SSCOM 3.2 又会出现什么情况，分别发送中英文试验，并写出详细的情况报告。

8.10　实训十：Arduino Wi-Fi 通信实验

1. 实训目的

（1）了解 Android 与 Arduino Wi-Fi 通信的方式方法。

（2）熟悉 ESP8266 Wi-Fi 模块的使用方法。

（3）熟悉 Android 网络通信 App 的操作流程。

2. 实训范例

（1）范例环境

操作系统：PC（Windows 7 系统）、手机（Android 系统）。

硬件：除了与前面的 Arduino 实验相同的板卡与信号线设备之外，还需如下元件：

- 1 个直插 DS18B20；1 个数字温度传感器；
- 1 个面包板；
- 1 扎面包板跳线；
- 1 个电阻（4.7 ~ 10 kΩ）。

支持软件如下。

- com.shenyaocn.android.BlueSPP.apk、电阻色环的识别.exe、sscom3.2 串口助手。
- 单总线设备库文件 OneWire.h、DS18B20 库文件 DallasTemperature.h。

自编温度采集显示手机软件 TCP-WIFI 客户端.apk 和 app-debug.apk、手机端网络测试助手 USR-TCP-Test.apk、PC 端网络测试助手 USR-TCP232-Test.exe。

（2）范例内容与步骤

① esp8266 模块（见图 8.97）的使用及测试。

a. TTL-USB 连接 esp8266 的方法。esp8266 是 Espressif（乐鑫信息技术）推出的一款物联网 Wi-Fi 物联网模块，特别注意：供电是 3.3V，千万不能是 5V，如果接 5V，有可能在 2 min 后芯片温度就达到 100℃以上，极易将芯片烧毁！

对于 esp8266 新版（全 I/O 口引出）的版本，若想从 Flash 启动进入 AT 系统，只需 CH-PD 引脚接 VCC 或接上拉（不接上拉的情况下，串口可能无数据），其余三个引脚可选择悬空或接 VCC，GPIO0 为高电平代表从 Flash 启动，GPIO0 为低电平代表进入系统升级状态，此时可以经过串口升级内部固件，RST（GPIO16）可做外部硬件复位使用。

测试系统不同，接线方法也有多种选择，推荐接法：在 CH-PD 和 VCC 之间焊接电阻后，将 UTXD、GND、VCC、URXD 连上 USB-TTL（两者的 TXD 和 RXD 交叉接），然后即可进行测试。

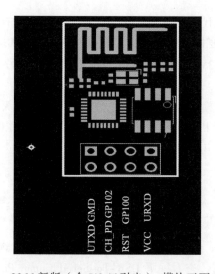

图 8.97　esp8266 新版（全 I/O 口引出）：模块正面 I/O 示意图

可通过 USB_TLL 串口线连接 Wi-Fi 模块，USB_TLL 串口线有包线和不包线两种样式，不包线的可通过杜板线按标记连接，包线的连接标记如图 8.98 所示，USB 转 TTL 转换器上有四根线，定义如下：线序定义红色+5V，黑色 GND，白色 RXD，绿色 TXD。

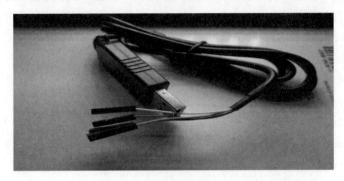

图 8.98   USB_TLL 串口线

按图 8.99 所示将 USB-TTL 与 Wi-Fi 模块硬件连接好。［本实验只需连接 5 个针，其余 3 个针（RST、GPIO0、GPIO2）暂悬空即可。］

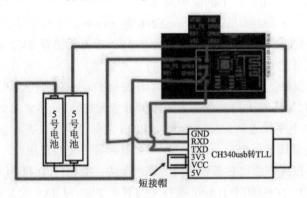

图 8.99   esp8266 与 TTL-USB 连接示意图

也可以利用现有的电源代替干电池。比如，Wi-Fi 模块上有两个 3.3V 的接口（一个是 VCC，另一个是 CH-PD）需要接，可利用 TTL-USB 的 3.3 V 接 Wi-Fi 模块的 VCC，另将 Wi-Fi 模块的中间（CH-PD）的 3.3V 端接到 Arduino 的 3.3 V 输出；另外，esp8266 模块的 RX 端与 TTL_USB 模块的 TX 端对接，反之亦然。

硬件连接正确，Wi-Fi 模块上电后，蓝色灯微弱闪烁后熄灭，红灯长亮。此时，可通过具有 Wi-Fi 功能的电脑或手机搜索无线网络，可见 AI-THINKER_XXXXXX 已经处于列表中（后面的数字是 MAC 地址后几位），如图 8.100 所示。

图 8.100   无线网络列表中的 esp8266 显示

右击"我的电脑"图标，选择"属性"命令，选择"硬件"选项卡，找到"设备管理器"，找到"端口（COM 和 LPT）"，查看一下 USB-To-Serial Comm Port 后面括号里对应的内容，这个就是模块的接口号，记住下面要用到这个号，如图 8.101 所示。

图 8.101　串口设备端口

现在开始进入调试阶段：

运行串口调试工具 SSCOM4.2，串口号选择刚刚看到的这个端口，看到的是 COM6，出厂波特率（默认）数值为 115200，勾选"发送新行"复选框。如图 8.102 所示。

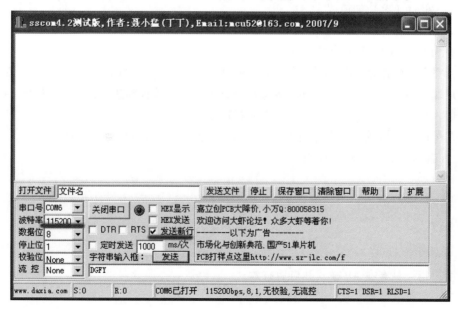

图 8.102　sscom 设置示意

提示：使用 USR-TCP232-Test.exe 等其他串口软件进行测试时，在输入命令后必须再按回车键，然后再进行发送。

然后单击"打开串口"，上面的窗口有可能会出现一堆乱码，先不用管它：单击右边的"清除"按钮可以清屏。

AT+RST 这条命令是让模块重启。

只要能显示上面的信息，说明重启动成功。如果没有任反映，请把中间（CH-PD）的这个 3.3 V 的线重拔插一下再试。

配置模块波特率：

```
AT+UART =<baudrate>, <databits>, <stopbits>, <parity>, <flow control>
```

b. 应用举例：

```
AT+UART=9600, 8, 1, 0, 0
```

表示配置为波特率 9600，数据位 8 位，停止位 1 位，无校验，无数据流控制。

注意：一般 esp8266 固件中已经配置好了波特率为 115200，修改为 9600 后，固件恢复出厂设置后又会变为 115200，只有重刷固件才能根本修改。通过 AT+RST 重启并不改变已有的修改。

c. 设置 Wi-Fi 模块的工作模式

接着输入 AT+CWMODE=3，显示如下。

```
————————分隔线————————
AT+CWMODE=3
OK
————————分隔线————————
```

以上这句是把模块设置为 softAP+station 共存模式。注：模块一共有三种工作模式：

（a）.Station（客户端模式）。

（b）.AP（接入点模式）。

（c）.Station+AP（两种模式共存）。

执行完上面的命令，模块就工作在第三种模式下了。现在它即是一个无线 AP，又是一个无线客户端。当然，要让它生效还必须重启一下模块。直接拔插边上的 3.3 V 电源（VCC），就能重启，也可以用第一步中的命令（AT+RST）重启。

现在可以在手机或笔记本电脑上看到多出一个网络信号，如图 8.103 所示。

d. 配置 AP 参数（设置 AP 接入点）

发送命令：

```
AT+CWSAP="TEST", "123456123456", 1, 3
```

指令模式：

```
AT+ CWSAP= <ssid>, <pwd>, <chl>, <ecn>
```

说明：指令只有在 AP 模式开启后有效

<ssid>:字符串参数，接入点名称。

<pwd>:字符串参数，密码最长 64 字节。

<chl>:通道号。

< ecn >：0–OPEN，1–WEP，2–WPA_PSK，3–WPA2_PSK，4–WPA_WPA2_PSK。

响应：OK。

这说明已经连接到 AP 的无线路由器了。

刷新无线网络列表，可见到 SSID 为 TEST 的无线网络（替代原来的 AT_THINKER_XXXXXX）列于其中，如图 8.104 所示。

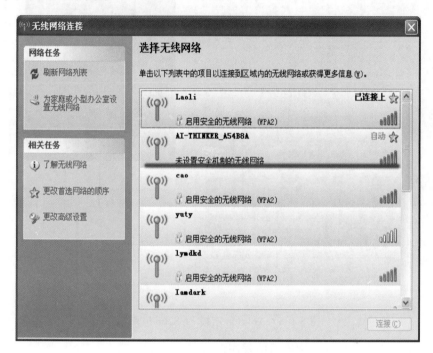

图 8.103　设置成功后多出的 AP 信号图

图 8.104　修改 SSID 后无线列表

 　　注意：此时连接网络会如果出现连接不上的情况，请发送 AT+RST 命令并等待几分钟之后再连接。

② 数据发送与接收。以下数据接收发送的不同设置预先做重启模块 AT+RST，不再重复说明此步骤。

3. 实训内容

本实验使用 esp8266 模块将 Arduino 连接到无线局域网中，与同一网络中的其他设备进行网络通信。

（1）Arduino 连接 esp8266 电路图

为方便调试，设置软串口连接 esp8266 模块，将 Arduino 的第 2 针设为软串口的 RX，第 3 针设为软串口的 TX。LED 灯不再另外连接，直接使用开发板上 13 针所接好的 LED 灯作开关灯实验测试。DS18B20 温度传感器的连接方法与上一实验相同，不再重复介绍。

具体连线如图 8.105 所示。

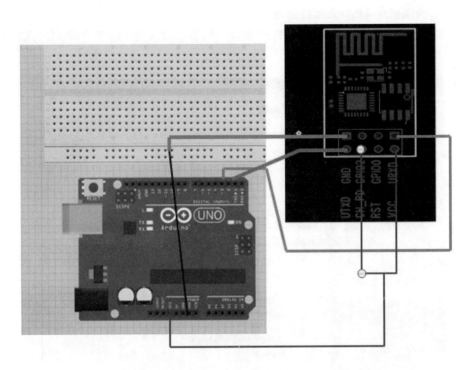

图 8.105　Arduino 连接 esp8266 电路图

（2）Arduino 连接 esp8266 网络通信程序设计

①　设计目标：将 esp8266 设为服务器端，从 Arduino 软串口接收客户端的数据，并通过硬串口显示接收的数据，Arduino 硬串口发送数据到客户端，客户端接收数据。当软串口接收到"1"时，开发板上的 LED 灯亮，当软串口接收到"0"时，开发板上的 LED 灯灭；当软串口接收到"2"时，返回温度传感器采集的温度数据。温度传感器使用 DS18B20，电路连接方法按实训 7 的要求连接。

②　设计步骤：

第一步，esp8266 发送接收数据模式设置。将 esp8266 设置为 Station 模式，实现发送接收数据，并将 esp8266 设为服务器端。因为 Station 模式需要将 esp8266 加入当前的无线局域网，因此必须先行获得当前的无线网的 SSID 名称和密码。具体设计详见程序的 setup() 部分。

第二步，服务器端接收数据。接收软串口的数据并进行相关处理，详见程序中 if（esp8266.available()）判断部分。

第三步，向客户器端发送数据。接收硬串口的数据并通过 AT 发送命令完成发送任务，详见程序中 if（Serial.available()）判断部分。

esp8266 模块的 AT 命令发送，通过 SendCommand 函数完成；数据发送的 AT 命令通过 sendCIPData 函数实现，具体数据的发送由函数 sendData 完成。

③　该程序使用到的 AT 命令与实现的目标。该程序要将 esp8266 模块设置为 STA 模式，

加入到当前无线网络中，并设为 TCP 服务器端。以便与加入到当前无线网络中的手机端（客户端）处于同一个网络中，方便通信和设计。

esp8266 模块复位：AT+RST。

模块工作模式设置（设置为 Station 模式）：AT+CWMODE=1。

模块入网：AT+CWJAP。

查看模块的 IP 地址：AT+CIFSR。

开启多路连接模式：AT+CIPMUX=1。

将 esp8266 模块设置为 TCP 服务器：AT+CIPSERVER=1,80。

单片机的端口地址可以设置为 TCP/IP 协议端口号范围（0 ~ 65535）中的任一数值，这一点与有操作系统支持的 PC 有所不同。有操作系统支持的计算机中，有一些固定的端口号，范围从 0 到 1023，这些端口号一般固定分配给一些服务。例如，21 端口分配给 FTP 服务，25 端口分配给 SMTP（简单邮件传输协议）服务，80 端口分配给 HTTP 服务，135 端口分配给 RPC（远程过程调用）服务等。动态端口的范围从 1024 到 65535，这些端口号一般不固定分配给某个服务，也就是说许多服务都可以使用这些端口。只要运行的程序向系统提出访问网络的申请，那么系统就可以从这些端口号中提供一个分配给该程序使用。

④ 程序源码。在将程序源码复制到编译环境下时，一定要修改网络名称与密码。即将 esp8266 模块加入当前的无线局域网中，网络名称与密码要与你当前的网络相一致。修改这条语句的内容：

```
sendCommand（"AT+CWJAP=\"wxy\", \"sdefwngb\"\r\n", 3000, DEBUG）;
```

该条语句的中的网络名称："wxy"；密码是："sdefwngb"。但实验的具体网络环境肯定与此不符，因此，一定要修改这条语句的内容才可以进行。

```
#include <SoftwareSerial.h>
#include <OneWire.h>
#include <DallasTemperature.h>
#define ONE_WIRE_BUS  A5   //DS18B20 数据线接 Arduino 的 A5 针
OneWire oneWire（ONE_WIRE_BUS）;// 定义一个单总线设备
DallasTemperature sensors（&oneWire）;//定义一个单总线设备的温度传感器。将
DS18B20 与单总线设备 oneWire（ONE_WIRE_BUS）连接。
//====以上为 DS18B20 设置的内，以下为数码管设置的内容=======
byte DIGITAL_DISPLAY[10][8] = { //设置 0~9 数字所对应数组

{ 1, 0, 0, 0, 0, 1, 0, 0 }, // = 0
{ 1, 0, 0, 1, 1, 1, 1, 1 }, // = 1
{ 1, 1, 0, 0, 1, 0, 0, 0 }, // = 2
{ 1, 0, 0, 0, 1, 0, 1, 0 }, // = 3
{ 1, 0, 0, 1, 0, 0, 1, 1 }, // = 4
{ 1, 0, 1, 0, 0, 0, 1, 0 }, // = 5
{ 1, 0, 1, 0, 0, 0, 0, 0 }, // = 6
{ 1, 0, 0, 0, 1, 1, 1, 1 }, // = 7
{ 1, 0, 0, 0, 0, 0, 0, 0 }, // = 8
{ 1, 0, 0, 0, 0, 0, 1, 0 } // = 9
//{ 0, 1, 1, 1, 1, 1, 1, 1 } // =小数点, { 0, 0, 0, 0, 0, 1, 0, 0 }, // = 0.
（含小数）
};
char comdata[25];
String comdata1;
```

```
    float num = 10.01;
    float num1 = 10.01;

    #define DEBUG true
    SoftwareSerial esp8266(2,3); // 设软接口 RX 为 Arduino 线的第 2 针,TX 为 Arduino
线的第 3 针。
          // 这意味着你需要将 esp8266 模块的 Tx 线连接到 Arduino 的引脚 2
          // 同时，将 esp8266 模块的 Rx 线连接到 Arduino 的引脚 3
    String SoftwareSerialdata1 = "";//保存读取的软串口数据
    String Serialdata1 = "";//保存读取的硬串口数据
    String content;
        int connectionID, i;

    void setup()
    {
      Serial.begin(9600);
      esp8266.begin(9600);
    //一般 esp8266 固件中已经配置好了波特率为 115200，修改为 9600，固件重启又会变为
115200
      pinMode(13, OUTPUT);
      digitalWrite(13, HIGH);
        sensors.begin(); // 初始化温度传感器库
    //esp8266 模块 sta 模式，入网，Server 方法发送接收数据设置命令
      sendCommand("AT+RST\r\n", 2000, DEBUG); // 复位 esp8266 模块
      sendCommand("AT+CWMODE=1\r\n", 1000, DEBUG); // 配置 wifi 模块的工作模" 1"
为 Station 模（客户端模）
      // sendCommand("AT+CWJAP=\"mySSID\", \"myPassword\"\r\n", 3000, DEBUG);
      //将 esp8266 模块加入到当前的无线局域网中，网络名称与密码要修改
      sendCommand("AT+CWJAP=\"wxy\", \"sdefwngb\"\r\n", 3000, DEBUG);
      delay(10000);
      sendCommand("AT+CIFSR\r\n", 1000, DEBUG); // 查看 esp 模块的 IP 地址
      sendCommand("AT+CIPMUX=1\r\n", 1000, DEBUG); // 开启多路连接模式
      sendCommand("AT+CIPSERVER=1, 80\r\n", 1000, DEBUG); // 将 esp8266 模块
设置为 TCP 服务器,打开端口 80 上的服务器,
      Serial.println("Server Ready");
    }
    void loop()
    {
      sensors.requestTemperatures(); // 发送命令获取温度

      num1=num;
        num=sensors.getTempCByIndex(0); // 获取温度
        if(num!=num1){//温度发生变化才显显示和发送数据，不变化不显示
          Serial.print(" Temperature = ");
      Serial.print(sensors.getTempCByIndex(0));

      Serial.print("~"); //相当于显示 o 符号
      Serial.println("C"); //显示字母 C
        dtostrf(num, 2, 2, comdata); // 将 浮点数数据转换为字符串
        // sendCIPData(connectionID, " Temperature = ");
        comdata1="";
        for(i=0;i<6;i++){
          comdata1+=comdata[i];// string (char 数组) 转换为 String
        }
          comdata1="Temp:"+comdata1;
          comdata1+="          \r\n";
```

```
//            sendCIPData (connectionID, comdata1);
                   }

     //软串口 esp8266 数据处理，即 Wi-Fi 模块端数据接收处理
   if (esp8266.available ( ))  // 软串口输出有变化
{
    delay (100);  // 等待数据传完
    SoftwareSerialdata1="";//接收网络另一端数据字符串
    while (esp8266.available ( )>0) {//软串口输出有变化，读一串字符的方法

      SoftwareSerialdata1 += char (esp8266.read ( ));
      //延时一会儿，让串口缓存准备好下一个数字，不延时会导致数据丢失
      delay (4);
    }
    esp8266.flush ( );
    while (esp8266.read ( ) >= 0) {};
    //1.0 版本之前 Serial.flush ( );  为清空串口缓存，现在该函数作用为等待输出数据
传送完毕
    //如果要清空串口缓存的话，可以使用：while (Serial.read ( ) >= 0) 来代替
    Serial.print ("receive data (+IPD) =");  //接收数据
    Serial.println (SoftwareSerialdata1);
    int ipd=SoftwareSerialdata1.indexOf ("+IPD, ");
    //判断返回的数据是否含有+IPD
    String SoftwareSerialdata2="";//取消多余字符后的数据
    if (ipd>-1) //参见 10.1.3 程序中对字符串的处理和 Arduino 字符串处理函数介绍
    {
      connectionID=SoftwareSerialdata1.substring (5, 1) .toInt ( );
      //取网络连接序号
      Serial.print ("connectionID=");  //显示网络连接序号
      Serial.println (connectionID);
      if (SoftwareSerialdata1.indexOf (":") >-1) {//截取接收的真实数据
   SoftwareSerialdata2=SoftwareSerialdata1.substring
(SoftwareSerialdata1.indexOf (":") +1);
      Serial.print ("receive data=");  //显示接收的真实数据
      Serial.println (SoftwareSerialdata2);
      if (SoftwareSerialdata2=="0") {
        digitalWrite (13, LOW);//开发板 LED 灯关
      }
      if (SoftwareSerialdata2=="1") {
        digitalWrite (13, HIGH);//开发板 LED 灯亮
      }
       if (SoftwareSerialdata2=="2") {
      sendCIPData (connectionID, comdata1);
       }
     }
   }
}
 //===============
 //硬串口发送数据处理，即 Wi-Fi 模块端数据发送处理
 if (Serial.available ( ))  // 串口输出有变化
{
    delay (100); // 等待数据传完
    Serialdata1="";//接收串口数据字符串

   while (Serial.available ( )>0) {//串口输出有变化，读一串字符的方法
```

```
      Serialdata1 += char ( Serial.read ( ) ) ;
      //延时一会，让串口缓存准备好下一个数字，不延时会导致数据丢失
      delay ( 2 ) ;
      }
      Serial.flush ( ) ;
      while ( Serial.read ( ) >= 0 ) {};//1.0 版本之前 Serial.flush ( ) ;为清空串口
缓存，现在该函数作用为等待输出数据传送完毕。如果要清空串口缓存的话，可以使用：while
( Serial.read ( ) >= 0 ) 来代替

      content=Serialdata1;
      sendCIPData ( connectionID, content ) ;
      // 断开连接  make close command  关闭命令
      // if ( content=="OFF" ) {
      //String closeCommand = "AT+CIPCLOSE=";
      //closeCommand+=connectionID; // append connection id
      //closeCommand+="\r\n";
      //sendCommand ( closeCommand, 1000, DEBUG ) ; // close connection
      //}
    }

  /*
  char* dtostrf ( double _val, signed char _width,  unsigned char prec,  char*
_s )
  _val:要转换的 float 或者 double 值
  _width:转换后整数部分长度
  _prec: 转换后小数部分长度
  _s:保存到该 char 数组中
  */
    }
  /*
  名称: sendData
  功能描述: 用于将数据发送到 esp8266
  参数: 命令数据/命令发送; 超时的时间等待响应; 调试打印串行窗口吗? ( true=是的, False=
不是 ) 返回: 从 esp8266 响应 ( 如果有反应 )
  */
  String sendData ( String command, const int timeout, boolean debug )
  {
    String response = "";
    int dataSize = command.length ( ) +1;
    char data[dataSize];
    command.toCharArray ( data, dataSize ) ;
    esp8266.write ( data, dataSize ) ; // send the read character to the esp8266
    if ( debug )
    {
    Serial.println ( "\r\n====== sendData Response From Arduino ======" ) ;
      Serial.write ( data, dataSize ) ;
      Serial.println ( "\r\n====================================" ) ;
    }
    long int time = millis ( ) ;
    while ( ( time+timeout ) > millis ( ) )
    {
    if ( esp8266.available ( ) ) {     delay ( 100 ) ; // 等待数据传完

    while ( esp8266.available ( ) )
    {
```

```
      // The esp has data so display its output to the serial window
      char c = esp8266.read(); // read the next character.
      delay(2);
      response+=c;

    }
  }

  }
  esp8266.flush();
  while(esp8266.read() >= 0){};
  if(debug)
  {
    Serial.print(response);
  }
  return response;
}
/*
* Name: sendCIPDATA
* Description: sends a CIPSEND=<connectionId>, <data> command
*向网络连接的设备 id 发送数据 data
*/
void sendCIPData(int connectionId, String data)
{
  String cipSend = "AT+CIPSEND=";
  cipSend += connectionId;
  cipSend += ", ";
  cipSend +=data.length();
  cipSend +="\r\n";
  sendCommand(cipSend, 100, DEBUG);
  sendData(data, 100, DEBUG);
}

/*
*名称: SendCommand
*说明: 函数用于将数据发送到 ESP8266。
*参数: 命令数据/命令发送; 超时的时间等待响应; 调试打印串行窗口吗? (TRUE =是的, False=不)
*返回: 从 esp8266 响应 (如果有反应)
*/
String sendCommand(String command, const int timeout, boolean debug)
{
  String response = "";
  esp8266.print(command); // send the read character to the esp8266
  long int time = millis();
  while( (time+timeout) > millis())
  {
    while(esp8266.available())
    {
      // The esp has data so display its output to the serial window
      char c = esp8266.read(); // read the next character.
      response+=c;
    }
  }
  if(debug)
  {
```

```
        Serial.print(response);
    }
    return response;
}
```

⑤ 程序运行：

第一步，将程序源码烧写到 Arduino 板，打开串口监视器，如图 8.106 所示，记住 esp8266 加入无线网络后获得的 STAIP 地址，此即为服务器端 IP 地址（即 esp8266 模块 IP 地址）。

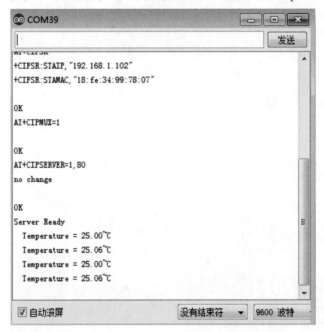

图 8.106　Arduino 串口监视器显示启动 esp8266

在计算机端（确保该设备已经接入当前的无线局域网中，与 esp8266 处于同一网络中）打开实验软件与程序\实训 8\网络调试助手 USR-TCP232-Test.exe，选择网络协议类型为：TCP Client，Server IP 为 esp8266 的 STAIP，端口与 esp8266 定义的一致，单击 Connect 后，连接成功，如图 8.107 所示。

此时，可通过 Arduino 串口监视器发送数据到网络助手，也可通过网络助手发送数据到 Arduino 接收。当在客户端发送"1"时，Arduino 控制 LED 灯亮，发送"0"时，Arduino 控制 LED 灯灭。双向传送时不仅可传送英文字母和数字，也可正确传送汉字。

第二步，将实验软件与程序中"app-debug.apk"或"TCP-WiFi 客户端.apk"（两个版本是分别通过 Android studio 和 Eclipse 对应不同的 API 级别编译的结果，可根据各自手机的不同版本试验使用）通过邮件等方式安装到 Android 手机上，启动 TCP-WiFi 客户端.apk，将目标 IP 选择修改为 esp8266 加入网络时的 IP 地址。单击"连接"按钮，然后就可以试验单击"温度""开灯""关灯"等按钮，查看温度读取信息和开发板上 LED 灯的反应。

也可以在按钮上一行中输入汉字等信息，单击"发送"按钮，查看计算机中串口监控器中的反应信息。当然，也可以从串口监控器中发送信息到手机，如图 8.108 所示。

特别说明：由于手机版本不同，第三步中使用自编的 App 采集温度时可能出现连接

esp8266 无效的情况，即在高版本 Android 下，自编 App 的 Wi-Fi 功能可能无法正常工作，此时，可在手机上安装 USR-TCP-Test.apk（在 "\实验软件与程序\实训 8" 目录下），打开该软件，通过增加 "tcp client"，添加获得的 esp8266 模块 IP 地址和固定端口地址 "80"，实现 Wi-Fi 连接，分别发送 "0/1/2"，实现开发板上的关灯（0）、开灯（1）和温度接收（2），如图 8.109 所示。

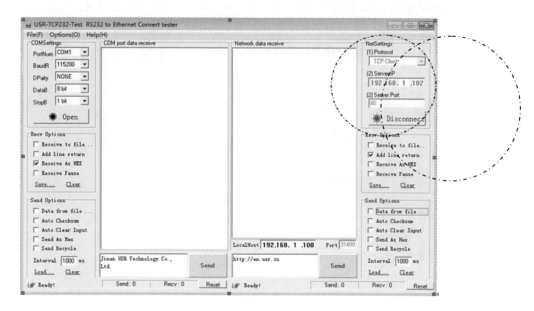

图 8.107　客户端设置

图 8.108　查看信息

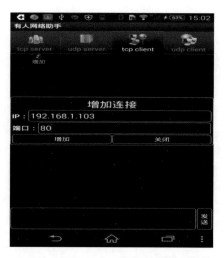

图 8.109　USR-TCP-Test 连接 esp8266 操作界面

在图 8.109 中，输入 esp8266 的 IP 地址，保持端口为 "80"，单击 "增加" 按钮，就可以在 "发送" 按钮的左边的方框中分别输入 "0/1/2"，点击 "发送"，查看 LED 灯的变化和温度采集。

4. 测试题

（1）分别通过 USB 转 TTL 和 Arduino 连接蓝牙模块 HC-06，设置蓝牙模块的波特率数值为 9600，蓝牙名为个人姓氏的第一个字母+学号后两位，密码为 1234。

（2）试验通过手机"SPP"的终端发送"0"和"1"的消息会出现什么现象，发送自己的名字，通过串口监控器出看到什么结果，通过串口助手 SSCOM3.2 又会出现什么情况，分别发送中英文试验，并写出详细的情况报告。

参 考 文 献

[1] 慧媛，晓峰. 移动互联网与 WAP 技术[M]. 北京：电子工业出版社，2002.

[2] 罗军舟. 移动互联网：终端，网络与服务[J]. 计算机学报，2011，34(11).

[3] 梁春丽，李晓娟. 移动安全，如何安全移动?[J]. 金融科技时代，2013(1)：39-46.

[4] 朱云龙. 数字移动通信综述[J]. 电信科学，1990(5).

[5] 王文博，常永宇,李宗豪. 移动通信原理与系统[M]. 北京：北京邮电大学出版社，2005.

[6] 范俊谱，李巍. 3G 移动终端操作系统发展趋势展望[J]. 现代通信，2007(3)：101，103.

[7] 杨志强，张炎. 构建移动互联网应用基础设施：打造"开放花园"[J]. 中兴通讯技术，2009，15(4)：1-4.

[8] 刘强，崔莉，陈海朗. 物联网关键技术与应用[J]. 计算机科学，2010，37(6)：1-4.

[9] 童丽霞. 基于智能终端的 Widget 关键技术研究[D]. 宁波：宁波大学，2012.

[10] 廖军. 移动微件技术及标准进展[J]. 移动通信，2009(12)：82-85.

[11] 于和琪. 基于 Widget 的物联网应用设计与实现[D]. 北京：北京邮电大学，2011.

[12] 罗淑元. Android 系统中 Widget 的设计与实现[D]. 北京：北京交通大学，2012.

[13] 程宝平，朱春梅. 移动微技应用开发权威指南[M]. 北京：电子工业出版社，2010.

[14] 王志良，王粉花. 物联网工程概论[M]. 北京：机械工业出版社，2011.

[15] 王志良，石志国. 物联网工程导论[M]. 西安：西安电子科技大学出版社，2011.

[16] 张春红，裘晓峰，夏海轮. 物联网技术与应用[M]. 北京：人民邮电出版社，2011.

[17] 张新程，付航，李天璞，等. 物联网关键技术[M]. 北京：人民邮电出版社，2011.

[18] 彭力. 物联网应用基础[M]. 北京：冶金工业出版社，2011.

[19] 刘幺和. 物联网原理与应用技术[M]. 北京：机械工业出版社，2011.

[20] 孙利民，李建中. 无线传感器网络[M]. 北京：清华大学出版社，2005.

[21] 解相吾. 现代通信网概论[M]. 北京：清华大学出版社，2008.

[22] 杨洪涛. 电子商务对消费者需求的影响与企业营销策略[J]. 中国科技信息，2005(6).

[23] 赵冬梅. 电子商务市场价格离散问题研究[D]. 北京：中国农业大学，2005.

[24] 杨坚. 电子商务网站典型案例评析[M]. 西安：电子科技大学出版社，2005.

[25] 郑黎榕. 电子商务背景下的物资采购管理分析[J]. 中国市场，2014(22).

[26] 王学东. 电子商务管理[M]. 北京：高等教育出版社，2006.

[27] 印润远. 信息安全导论[M]. 北京：中国铁道出版社，2011.

参 考 文 献